U0845614

20~30岁，你拿这10年投什么

郑一◎编著

中国纺织出版社

内 容 提 要

二十几岁的生命，活力四射，生机勃勃；二十几岁的人生，充满机遇，富有挑战，二十几岁，面临着人生诸多角色的变化，面临着许多选择，二十几岁无疑会决定人的一生，本书旨在指导二十几岁的年轻人活出自己，活出心情，处理好二十几岁时人生应该重点面对的问题。让你在品生活的艰辛、困苦、压力的同时，拥有良好的处世心态，使你的人生在追求完整和完美的过程中熠熠发光。

图书在版编目（CIP）数据

20～30岁，你拿这10年忙什么 / 郑一编著. -- 北京：中国纺织出版社，2015.7（2023.10重印）
ISBN 978-7-5180-1689-1

Ⅰ. ①2… Ⅱ. ①郑… Ⅲ. ①成功心理—通俗读物 Ⅳ. ①B848.4-49

中国版本图书馆CIP数据核字（2015）第118422号

策划编辑：闫　星　　　　责任印制：储志伟

中国纺织出版社出版发行
地址：北京朝阳区百子湾东里 A407 号楼　邮政编码：100124
邮购电话：010—87155894　传真：010—87155801
http：//www.c-textilep.com
E-mail：faxing@c-textilep.com
中国纺织出版社天猫旗舰店
官方微博http：//www.weibo.com/2119887771
新乡市龙泉印务有限公司印刷　各地新华书店经销
2015年7月第1版　2023年10月第9次印刷
开本：710×1000　1/16　印张：19
字数：232千字　定价：78.00元

序言

在少年时，我们还可以“为赋新词强说愁”。但当我们活到二十多岁时，已经逐步完成由青涩少年到成熟人士的过渡，把握梦想，主宰自己的前程，是目前“活着”最重要的事。

年近八旬的经济学家茅于轼先生说：“人生的意义在于寻找人生的快乐。”

今天二十几岁的年轻人，更注重个性的体验，不再把自己的人生概括在某一句话里。这句话给我们的启示是：人生的意义在于它正面的内容，比如成功与富裕，比如自由与爱情，追求人生的美好是切实可行而且无可厚非的一件事。

年轻人成长，要坚韧、勤奋、自信……这些都是一个人成功的必备素质，其间没有捷径可走，唯有耕耘才有收获，这是亘古不变的真理。但值得注意的是，有些年轻人往往会迷失在“奋斗”的海洋里，形成一种必须经历忧患才能成功，必须经历漫长的艰苦奋斗才能成才的错觉。

事实上，这种观念与成功的现实意义并不合拍。

其一，一个社会尚且以文明、富裕为发展方向，对个人来说，追求更高的社会地位、更好的物质享受同样无罪。而且这种欲望，在适宜的条件下就可以转化为奋斗的动力，激发我们的信心和创造力。

其二，成功就是对自己目标的达成，它不再承载过多人为的附加意义。经历了艰辛苦难后采摘的果子固然甘甜，但在顺境中的所得也具备同等的味道，这并没有让你投机取巧的意思。美国著名牧师内德·兰赛姆，在

94岁临终时留下这样一句遗言：“假如时光可以倒流，世上将有一半的人成为伟人。”一个人的命运，取决于他的思想认识和人生态度，如果可以重新活一次，他以成熟的、经历了社会检验的阅历重新选择人生，必然会少走弯路。同样，年轻人在二十几岁时，如果能早一些认识现实，消解身上的生涩、偏执和意气，成功就会来得更顺畅一些。

这中间最为关键的一点，就在于对世俗的认识与理解。很多人在二十几岁时涉世，受了许多挫折，吞咽了许多苦果之后，才逐步看清了现实的真实面目，明白了自己的得失与方向。但是在这几年或十几年的历练中，他们已经消磨了最初的激情与锐气，失去了无数不可复得的大好机会。

对于二十几岁的年轻人来说，对压力、选择、金钱、人脉等现实问题认识得越早、越明确，就越能稳妥地把握自己的人生历程。林肯曾经说过：“智慧可以帮助我们，让我们不必用烫伤自己的方法去体验火的炙热；也可以让我们在陷阱面前适时止步，做出明智的选择。”所以，我们在本书中所讲述的观念，不仅仅是对能力与信念的激励，对年轻人也是一种睿智的提携。

一个人在二十几岁时的行止见识，将决定他一生的高度。

编著者

2014年12月1日

目　录

第1章

时间都去哪儿了，别让自己再迷糊了

有许多二十几岁视而不见的东西，往往在三十几岁时才能够发现它的价值。这些二十几岁不以为然的东西，能够在现实的矛盾面前，选择让自己不后悔的一条路，这便是世俗的智慧。让自己变得世俗，才能够做出既符合现实又明确的选择。

认清现实的现状，重视生存的能力

20岁以后，年轻人常把理想放在第一位。目标可以使我们在行进之中不至于茫然失措、三心二意，理想的意义是无限的，但人不能光靠理想过日子，对于二十几岁的年轻人，目前最切实的问题是生存能力的训练。

荒废时光，憧憬理想，无疑只是纸上谈兵。一个人在少年不识愁的岁月里吹着口哨穿梭街头，或许还可以给人青春、阳光的印象，但接近而立之年时，依然在向父母伸手要钱，即使别人不嫌寒酸，自己也觉得苦涩。

纳尔逊中学是美国最古老的一所中学，它是由第一批登上美洲大陆的73名教徒集资创办的。在这所中学的大门口，有两尊用苏格兰黑色大理石雕成的雕像，左边是一只苍鹰，右边是一匹奔马。300多年来，这两尊雕塑已经成了纳尔逊中学的标志。它们或被刻在校徽上，或被印在明信片上，或被缩成微雕摆放在礼品盒中。许多人以为鹰代表着鹏程万里，马代表着马到成功。可是事实并非如此。那只鹰代表的不是鹏程万里，而是一只被饿死的鹰。这只鹰为了实现飞遍世界的远大理想，苦练各种飞行本领，结果忘了学习觅食的技巧，在踏上征途的第四天就被饿死了。那匹马代表的也不是马到成功，而是一匹被剥了皮的马。开始的时候马嫌它的第一位主人——一位磨坊主给的活多，乞求上帝把它换到一位农夫家。上帝满足了它的愿望，可是后来它又嫌农夫给它的饲料少。最后它到了一位皮匠手里，在那里不用干活，饲料也多，可是没几天，它的皮就被剥了下来。

人生对每个人都是一场综合的考验，不会对谁网开一面。书本上的理论掌握的多寡，并不能代表实际能力的强弱。真正能把人从饥饿、贫困和痛苦中拯救出来的，是劳动和生存的技能。那73名教徒把这两尊雕塑耸立在学校的大门口，就是为了时刻警醒学生们。在现实生活中，想得远不是错误，前提是你必须做得踏实。年轻人的浮躁是普遍存在的，具体表现在事情刚做到一半，就觉得要大功告成，开始飘飘然起来。急功近利，只讲速度，不讲质量，看不起眼前的小事，认为如此做不出成绩，没有意义。他们的兴趣没有被提升起来，挑战自己和别人的欲望也被压抑着。

作为走向社会不久的年轻人，让自己沉下心来进入角色是非常重要的，越早进入就意味着越早步入事业的轨道。每天都让自己成熟一些，浮躁之气自然会减少。

约瑟夫大学毕业时，他决定在纽约扎根并做出一番事业来。他所学的专业是建筑设计，本来毕业时和一家著名的建筑设计院签了工作意向，但由于那家设计院在外地，约瑟夫未经考虑就决定不去。如果去了，他会受到系统的专业训练和锻炼，并将一直沿着建筑设计的道路走下去。可是一想到几十年在一个不变的环境里工作，或许永远没有出头之日，约瑟夫就彻底断了去那里工作的念头。

约瑟夫在纽约找了几家建筑公司，大公司不要刚出校门的没有经验的学生，小公司约瑟夫又看不上，无奈只好转行，到一家贸易公司做市场销售工作。一段时间后，由于业绩得不到提高，身心疲惫的约瑟夫对工作产生了厌倦情绪。但心高气傲的他觉得如果自己单干肯定会更好，于是他联系了几个朋友一起做建材生意。本以为自己是“专业人士”，做建材生意有优势，可是建筑设计不同于建材销售。不到一年，生意亏本了，朋友们也因利益关系闹得不欢而散。

无奈之下的约瑟夫只好再换工作，挣钱还债。由于对工作环境不满意，几年下来，他先后换了几次工作，约瑟夫对前途彻底失去了信心。现在能记得的专业知识已所剩无几，由于没有实践经验，也无法再想做设计了。虽然约瑟夫工作经验丰富，涉足好几个行业，可是没有一段经历能称得上成功……现实的残酷使约瑟夫陷入尴尬的境地，这是他当初无论如何也没想到的。

生活中，输得最惨的往往是聪明人而不是笨人。原因就在于笨人知道自己不够聪明，只能靠苦干、实干才能创造好的生活，最终他们如愿以偿了。而聪明人做事时则不肯下力气，总想着要小聪明、投机取巧，所以往往输得很惨。因此，智慧和实干相比，实干更加不可或缺。

当一个人陷入“这山望着那山高”的境地时，表示他忘记了理想必须扎根于现实的土壤，结果只能被理想和现实同时抛弃。在人生的路途中会看到许多山峰，但你不可能翻越每一座山峰，得到所有美好的东西。命运对任何人都是公平的，当你为没有得到而苦恼时，还是仔细想一下自己将会失去什么吧！

伟大的哲学家卢梭说过：“节制和劳动是人类的两个真正的医生。”即使每个年轻人都是块好铁，总得经过锻炼才能成钢，就在你为生存而付出的劳动里，锻炼了一切与理想相关的东西，比如自信、尊严、才识和能力。沉重是生活的一部分，我们享受生活的欢乐，也要接纳生活的沉重，因为生命中有一些责任是你必须要承担的，负重前行，脚步才不会太飘忽。

不因年轻而高傲，现实要求脚踏实地

人有抱负是好事，只想一鸣惊人的想法却不可取。生活中那些自命清高，不屑从底层做起的人，永远都无法完成自己的原始积累。等到他看见比自己起步晚的、比自己天资差的，都已经有了可观的收获时，才惊觉自己在这片园地上还是一无所有。这时他才明白，不是上天没有给他理想或志愿，而是他一心只等待丰收，却忘了播种。

你刚刚二十出头，还是默默无闻和不被人重视的时候，不妨试着暂时降低自己的物质目标、经济利益或事业野心，脚踏实地，做好一个普通人的普通事，这样你的视野将更广阔，或许会发现许多意想不到的机会。

维斯卡亚公司是20世纪80年代美国最为著名的机械制造公司，许多大学生毕业后到该公司求职均遭拒绝。原来，该公司的高技术人员爆满，不再需要各种高技术人才。但是令人垂涎的待遇和足以使人自豪、炫耀的地位仍然向求职者闪烁着诱人的光环。

史蒂芬是哈佛大学机械制造专业的高才生。和许多人的命运一样，在该公司每年一次的用人测试会上被拒绝申请，但史蒂芬并没有死心，他发誓一定要进入维斯卡亚重型机械制造公司。于是，他采取了一个特殊的策略——假装自己一无所长。

史蒂芬先找到公司人事部，提出愿意为该公司无偿提供劳动力，请求公司分派给他任何工作，他都不计任何报酬来完成。起初公司觉得这简直不可思议，但考虑到不用任何花费，也不用操心，于是便分派他去打扫车间里的废铁屑。

一年里，史蒂芬勤勤恳恳地重复着这种简单但是劳累的工作。为了糊口，下班后他还要去酒吧打工。虽然这样得到了老板和工人们的好感，但是仍然没有一个人要录用他。

20世纪90年代初，公司的许多订单纷纷被退回，理由均是产品质量问题，为此公司将蒙受巨大的损失。公司董事会为了挽救颓势，紧急召开会议商议对策，当会议进行一大半仍未见眉目时，史蒂芬闯入会议室，提出要直接见总经理。

在会议上，史蒂芬对这一问题出现的原因做了令人信服的解释，并且就工程技术上的问题提出了自己的看法，随后拿出了自己对产品的改造设计图。这个设计非常先进，恰到好处地保留了原来机械的优点，同时克服了已出现的弊病。

总经理及董事会的董事见到这个编外清洁工如此精明在行，便询问他的背景以及现状。史蒂芬当即被聘为公司负责生产技术问题的副总经理。

原来，史蒂芬在做清扫工时，利用清扫工到处走动的特点，细心察看了整个公司各部门的生产情况，并一一做了详细记录，发现了所存在的技术性问题并提出了解决的办法。他花了近一年的时间做设计，获得了大量的统计数据，为最后一展才干奠定了基础。

如果我们也有史蒂芬这种放下身份、脚踏实地的实干精神，有在平凡中求伟大的品性，离成功也就不远了。要知道，在整个社会中，除了一些特殊的人从事特定工作之外，一般人的工作都是平凡的。虽然是平凡的工作，但只要努力去做，和周围的人配合好，依然可以做出不平凡的成绩。

如果你想在社会上走出一条路，就要放下清高，也就是：放下你的学历、放下你的家庭背景、放下你的身份，让自己回归到“普通人”中，走你认为值得走的路。

人不怕被别人看低，怕的恰恰是人家把你看高了。看低了，你可以寻找机会全面展示自己的才华，让别人一次又一次地对你“刮目相看”；而看高了，你就很难再有周旋的余地，甚至还会让别人一次又一次地对你失望。

空想是没有价值的，世界上绝对没有不劳而获的事情，成功的人无一不是按部就班、脚踏实地努力的结果。

1947年出生于广东惠州的杨钊，家里有10个兄弟姐妹，在这样的环境下他生活极为艰难。但一种求生和奋发向上的本能驱使他离开了家乡，孤身到香港寻找发展的机会。

杨钊到香港一个多月，四处寻觅工作的机会，后来终于在一位老乡的介绍下，找到了一份制衣厂杂工的工作。

杨钊把自己的打工生涯视作奠定创业的根基，为此他既努力工作，又时刻注重学习，从中不断提高自己的技术本领。

经过近5年的制衣厂打工生涯，杨钊不仅掌握了制衣的技术，懂得了工厂的管理之道，并摸清了服装的销售渠道。1971年，他开始自己创业，挂起“旭日制衣厂”的牌子，由小本买卖入手，逐步把生意做大。

经过20年的勤奋拼搏，杨钊的“旭日制衣厂”已变为“旭日集团”，现在正如日中天，其业务包括制衣、销售贸易、地产投资及物业管理等。目前，他的集团拥有年产2000万条裤子的生产线，有16000名雇员，赢得了“裤王”的称誉。

如果你想成就一番伟业，在你确立远大的目标之后，静下心来，认认真真、脚踏实地地开始你的行程吧！在通往成功的路上，不要梦想一步登天，如果基地不扎实，你的成功就恰如“空中楼阁”摇摇欲坠。所以，真正聪明者，请一步一个脚印地走好！

有些二十几岁的年轻人，自认为才高八斗、学富五车，是从一流学府走出来的天之骄子，无论是找工作还是做其他事，总放不下清高的架子。他们完全没有意识到，现实需要脚踏实地，来不得半点投机取巧。在激烈的竞争面前，他们才会尝到自酿的苦酒。

任何好高骛远的人，不肯脚踏实地从小事做起，结果只能是离目标越来越远。

上帝对任何人都是公平的，当你感慨人生之路坎坷难行时，还是仔细想一下自己的过失吧。

九层之台，起于垒土。不积小流，无以成江河。我们无论做什么事情，都是由点点滴滴的经验、点点滴滴的努力汇集而成的。所以真正懂得成功内涵的人，都是脚踏实地的人，都不会放弃这种积累的过程。

准确定位，用自己的特长求发展

一个人能否成功，在某种程度上取决于自己对自己的评价，这种评价有一个通俗的名词——定位。你给自己的定位是什么，你就是什么，因为定位能决定人生，定位能改变一个人的命运。

为了使自己充分发展，进行全面准确的定位是至关重要的，记住：在很大程度上，你可以掌握自己的命运，决定自己的价值！

在给自己定位时，有一条原则不能变，即无论你做什么，都要选择你最擅长的。只有找准自己最擅长的，才能最大限度地发挥自己的潜能，调动自己身上一切可以调动的因素，并把自己的优势发挥得淋漓尽致，从而获得成功。

许多成就卓著的人士，他们的成功首先得益于他们充分了解自己的长处，根据自己的特长来进行定位或者重新定位，最终找准了真正属于自己的行业。

生活中，很多二十几岁的年轻人对自己的长处认识得还不够充分。例如，善于接人待物的人并不认为他们的特长与他人有什么区别；口才出众的人也不一定会想到这是自己的长处，有时，正是因为我们在生活中会不假思考地运用自己的特长，反而更容易忽视它们，不知道它们对自己有多么重要。这种人的失败，在于没有找准自己的位置，丢了自己的长处，而用了自己的短处。

自己的长处是帮助自己实现成功的最好工具。如果一个人对自己的长处不够了解，所处位置不当，就不能有所建树。反之，如果找到自己的长处，就会挖掘出自己无限的潜能，便更容易取得成功。

一个人竭尽全力去做一件事而没有成功，并不意味着他做任何事情都无法成功。如果他选择了不适合自己性格的职业，这就注定难以成功。莫里哀和伏尔泰都是失败的律师，但前者成了杰出的文学家，而后者成了伟大的启蒙思想家。

世界上有半数的人从事着与自己的天性格格不入的职业，因此失败的例子数不胜数。在职业生涯的选择方面，要扬长避短。西德尼·史密斯说："不管你擅长什么，都要顺其自然；永远不要丢开自己天赋的优势和才能。"

一个人只有选择了适合他的工作，找到了适合他的位置时，他才有可能获得成功。就像一个火车头，它只有在铁轨上才是强大的，一旦脱离轨道，它就寸步难行。

马克·吐温作为职业作家和演说家，取得了极大的成功，可谓名扬四海。你也许不知道，马克·吐温在试图成为一名商人时却栽了跟头，吃尽苦头。马克·吐温投资开发打字机，最后赔掉5万美元，一无所获。马克·吐温看见出版商因为发行他的作品赚了大钱，心里很不服气，也想发这笔财，于是他开办了一家出版公司。然而，经商与写作毕竟风马牛不相及，马克·吐温很快陷入了困境，这次短暂的商业经历以出版公司破产倒闭而告终，作家本人也陷入了债务危机。

经过两次打击，马克·吐温终于认识到自己毫无商业才能，于是断了经商的念头，开始在全国巡回演说。这次，风趣幽默、才思敏捷的马克·吐温完全没有了商场中的狼狈，重新找回了感觉。最终，马克·吐温靠工作与演讲还清了所有债务。

马克·吐温取得了成功，因为他终于明确了自己的社会角色，及时调整了自己的方向，从适合他自己的角度来从事社会活动。

尺有所短，寸有所长。你也许兴趣广泛，掌握多种技能，但所有技能中，总有你的长项。因为唯有利用自己的长处，才能给自己的人生增值；相反，利用自己的短处会使自己的人生贬值。

二十几岁的年轻人涉世不深，只会羡慕别人，或者模仿别人做事，很少有人能认清自己的专长，了解自己的能力，然后发挥专长，所以不能成就大事。

据调查，有28%的人正是因为做了自己最擅长的事，才彻底掌握了自己的命运，并把自己的优势发挥得淋漓尽致，这些人自然都跨越了弱者的门槛，迈进了成功者之列；相反，有72%的人正是因为总是做着最不擅长的事，所以不能脱颖而出，更谈不上成大事了。

如果你用心去观察那些卓越的人士，就会发现，他们几乎都有一个共同的特征：不论聪明才智高低与否，也不论他们从事哪一种行业、担任何种职务，他们都在做自己最擅长的事。

很多人往往一时很难弄清楚自己的优势所在，这就需要你在实践中善于发现自己、认识自己，不断地了解自己能干什么，不能干什么。如此才能取己所长、避己所短，进而取得成功。

富兰克林说，有事可做的人就有了自己的产业，而只有从事天性擅长的职业，才会给他带来利益和荣誉。

一个人做自己最擅长的事，是获取成功的一大法则。只有做自己最擅长的事，才能在芸芸众生中脱颖而出。

安于现状，生活只会是一潭死水

平凡的人之所以没有大的成就，就是因为他太容易满足而不求进取。他一生只会盲目地工作，挣取足够温饱的薪金。

但是追求成功的人绝不是这样，他会尽力寻求对自己现状不满足的地方，以发现自己的缺点，并加以改进。不满足是进步的先决条件，不满足才能锐意进取，才能在人生中找到成功的路。

有些人常常这样想："我现在的生活充满喜悦和满足，以后要怎么做才能维持目前的这种状态呢？"这种自守的心态终究会使人永远停滞不前。

谭盾是一个喜欢拉琴的年轻人，可是他刚到美国时，却必须到街头拉小提琴卖艺来赚钱。

非常幸运，谭盾和一位认识的黑人琴手一起，抢到了一个最能赚钱的好地盘，即一家商业银行的门口。

过了一段时间，谭盾卖艺赚到不少钱后，就和那位黑人琴手道别了，因为他想进入大学进修，也想和琴艺高超的同学相互切磋。于是，谭盾将全部的时间和精力投入到了提高音乐素养和琴艺中……

10年后的一天，谭盾路过那家商业银行，发现昔日的老友——那位黑人琴手，仍在那“最赚钱的地盘”拉琴。

当那个黑人琴手看见谭盾出现时，很高兴地说道：“兄弟啊，你现在在哪里拉琴啊？”

谭盾回答了一个很有名的音乐厅的名字，但那个黑人琴手反问道：“那家音乐厅的门前也是个好地盘，也很赚钱吗？”他哪里知道，10年后的谭盾，已经是一位国际知名的音乐家，他经常应邀在著名的音乐厅中登台献艺，而不是在门口拉琴卖艺。

我们会不会像那位黑人歌手一样，死守着“最赚钱的地盘”不放，甚至沾沾自喜，洋洋得意呢？你的才华、潜力、前程，会因死守着“最赚钱的地盘”而白白断送。在激流湍急的生活中，一定要记住：停滞就是失败。

有些人对现状心满意足，一心一意想要维持下去。然而，“要维持现状”这种观念采取的是“守”的态度，终究只是一种消极的态度，没有积极向前的动力，成长便会停顿。不要满足于现在的自己，要求更好，时时努力超越自己，才能创造一个更美好的人生。

失败的人有失败的心态，成功的人有成功的心态，心态影响思想，思想影响行为，这是一连串的因果效应。求发达，自然也要有强烈的发达心态，要发达就要想发达，如果没有想发达的心态，是不可能成功的。

“只要能安稳地过一辈子就行了。”“只要生活过得去就好，不必过于苛求。”如果你有了这种念头，就只能过一种安稳单调的生活。

英国新闻界的风云人物，伦敦《泰晤士报》的老板来斯乐辅爵士，在刚进入该报社时，就不满足于90英镑周薪的待遇。经过不懈的努力，当《每日邮报》已为他所拥有的时候，他又把取得《泰晤士报》作为自己的努力方向，最后他终于猎狩到他的目标。

他一直看不起生平无大志的人，他曾对一个服务刚满3个月的助理编辑说：“你满意你现在的职位吗？你满足你现在每周50镑的周薪金吗？”当那位职员答复已觉得满意的时候，他马上把他开除，并很失望地说：“你应了解，我不希望我的手下对每周50镑的薪金就感到满足，并为此放弃自己的追求。”

凡有过成功体验的人都知道，一切都会过时，创新才是出路。美国石油大王保罗·盖蒂说：“真正成功的人，本质上是一个持异议的叛徒，也极少满足于维持现状。”

如果你满足于住茅草屋，一辈子也不会拥有花园洋房；如果你满足于当小职员，永远也不会升到独当一面的位置。如果条件允许，请体验一下“成功人士”的生活，树立起奋发向上的心态。

我的一个大学同学，毕业后去了上海，有一份好工作，生活得很好。有一次我到上海出差顺便去看他，他带我到锦江饭店去用餐。他虽不缺钱，但也不足以随便去锦江饭店。所以，我对他说：“都是老同学了，随便找个地方就行了。”他看出了我的意思，便说道：“我不是打肿脸充胖子，到这地方来对你对我都有好处。”我不解地问：“为什么？”他说：“只有到这里，你才知道自己包里的钱少，你才知道什么是有钱人来的地方，才会刺激自己努力改变现状。总去小吃店，你就永远也不会有这种想法，我相信只要努力，总有一天我会成为这里的常客。”听了他的话我深有感触，他的话不一定对，但他那种一定要发达的生活态度是值得学习的。

一些人之所以一辈子碌碌无为，直到走到人生的尽头也没有享受到真正成功的快乐和幸福的滋味，就是因为他们安于现状，不敢冒险，从来没有更上一层楼的信心。

茫茫世界风云变幻，漠漠人生沉浮不定，未来的风景却隐在迷雾中，向那里进发，有坎坷的山路，也有阴晦的沼泽，虽然有危险，但这是在有限的人生道路上通往成功与幸福的捷径。

二十几岁的年轻人，刚走上社会，一方面要通过学习和实践不断增长智慧，另一方面还要继续保持身上的“不安分因子”。谨慎小心虽是一种优秀的品质，但裹足不前，安于现状，只能让你在当今瞬息万变的社会中被淘汰出局。

走过的是路，没走过的是人生

所谓“条条大道通罗马”，人生的道路原本有很多条，但并不是任何一条路都是最适合自己的。通常，一次选择就能获得成功的人是很幸运的，这源于个人的兴趣、爱好和毅力，并且较好地把握了“自知之明”。

但是，对于更多的人来说，并不是一下子就能认清自己的本质，选准努力的方向。而是经过社会实践的磨练之后，审慎地做出判断，逐渐找到适合自己的行业。人生忌恋战，有些事，大局既已无望，宜迅速放弃，另谋出路，不可空耗自己一生。

秦朝的李斯，曾经只是一个管粮仓的小官。有一天，他到粮仓外的一个厕所解手，看见一群老鼠尖叫着四处逃散。这群在厕所内安身的老鼠，个个瘦小干枯，探头缩爪，且毛色灰暗，身上又脏又臭。

李斯看见这些老鼠，忽然想起了自己管理的粮仓中的老鼠。粮仓里的老鼠和厕所里的老鼠的生活境遇差别很大，那里的老鼠一个个吃得脑满肠肥，皮毛油亮，整日逍遥自在。

看到这些，李斯陷入沉思：人生如鼠，不在仓就在厕，位置不同，命运也就不同。自己在这个小小的仓库中做了多年的小文书，从未出去看过外面的世界，不就如同这些厕所中的小老鼠吗？整日在那里挣扎，却全然不知外面有粮仓这样的天堂。于是，李斯下定决心，决定换一种活法，为自己开创一个新的天地，使自己由穷官吏发展为达官贵人。第二天，他就离开了这个小城，去投奔一代儒学大师荀况，开始了寻找“粮仓”之路。

20年后，李斯成为秦朝的丞相。

机遇对我们每个人都是公平的，但机遇又对能及时把握机遇的人情有独钟。如果你不能做出明智的判断，当机遇出现时，只能与之擦肩而过，失之交臂。我们一旦踏上某条道路，通常很难再重新选择，因为重新选择的成本太高。但当你真的发现不再适合自己的工作、不再适合自己的事业时，最好勇敢地走出来。美国著名牧师内德·兰赛姆，在94岁临终时留下这样一句遗言：“假如时光可以倒流，世上将有一半的人成为伟人。”也许就因为一念之差，才使世界上有了富翁与乞丐。也就是说，在人生的道路上，有什么样的抉择，就有什么样的人生。

虽然说生活中处处是机会，但是，对人生具有重大影响的选择机会并不多。因此，在关键的时候，一定要做出明智的选择，以免造成终身的遗憾。

在瞬息万变、危机与诱惑并存的现实社会，更需要我们保持一种平稳的心态，远离浮躁，从容选择。面对人生的选择，最重要的是要关注今天。我们的要务不是望着远方模糊的事物，而是做手里清楚的事情。一步一个脚印，踏踏实实地向未来迈进。

我们需要理想，但我们不能沉浸于理想。一个人想干什么和能干什么是两码事，必须在能干的范围内选择想干的事。若在某个圈子长期做不出成绩，不如改行做更适合自己的事业。抛弃虚荣心，哪怕降低一个档次，只要能发挥自己的特长，就能做出更大的成就，找到自己的人生价值。

一个人在二十几岁时，正面临着命运的岔口，在现实面前，逐步走向成熟。在人生方向的选择上，首先要有大环境里才有大机遇的观念，尽可能地让自己“运动”起来，只要上升空间够大，起点低也不要退缩。“人往高处走”不是舒服的走法，但就是在这种适应过程中，你提高了层次，激发了潜能。同时应该知道，这种选择也不是无限次的，衡量自己的志趣、特长、教育水平和学习能力之后，你应当可以做出最恰当的判断。尽可能地寻找最大的林子，再细心挑选一个适合自己胃口的果子，你的成功就已经拥有了可靠的基础。

无悔青春，勇于尝试新的体验

许多二十几岁的年轻人，时常把“自我突破”4个字挂在心上，但又往往不知道应该从哪里下手。那么，请你先来回答一个问题：你觉得自己是个老实人吗？

“老实人”在现代社会不一定是个褒义词，它暗示着某个人缺乏探索的勇气。勇气是一种精神，只有具有健康心态的人才有勇气。老实人总是瞻前顾后地害怕跌倒，因此永远跑不快。二十几岁的年轻人，首先要突破的就是老实人的裹足不前。

许多能做大事的人，在他们心目中也并没有许多明确的目标，相反却是变动得非常快，有时甚至连目标是什么都不知道。他们只是不断地去尝试新的事物，大胆接受新的信息，直到对自己所做的选择有所把握为止。

有成功潜质的人，永远在不断地改善自己的行为、态度和自己的人格，他们总是希望更有活力，总是希望产生更大的行动力。相比之下，很多人饱食终日，无所用心，不做运动，不学习，不成长，每天都在抱怨一些负面的事情，虚度时日。

21世纪是一个“快鱼吃慢鱼”的信息时代，不前进，就意味着后退，只有积极行动，才能使我们在激烈的竞争中获得一个更为有利的位置。网易总裁丁磊说：“人生是个积累的过程，你总会摔倒，但即使跌倒了，你也要懂得抓一把沙子在手里。”

衡量一个人成功与否，与金钱无关，与年龄无关，关键在于他是否抱有理想，是否勇于进取。

大学毕业后，丁磊回到家乡，在宁波市电信局工作。电信局旱涝保收，待遇不错，但丁磊觉得那两年工作非常辛苦，同时也感到一种难尽其才的苦恼。

1995年3月，他准备从电信局辞职，遭到家人的强烈反对，但他去意已定，一心想出去闯一闯。

他这样描述自己的行为："这是我第一次开除自己。人的一生总会面临很多机遇，但机遇是有代价的。有没有勇气迈出第一步，往往是人生的分水岭。"

他选择了广州。初到广州，走在陌生的城市里，面对如织的行人和车流，丁磊越发感到财富的重要性。最现实的是一日三餐要花钱，也不可能睡在大街上成为乞丐。

不知去过多少公司面试，也不知费过多少口舌，凭着自己的耐心和实力，丁磊终于在广州安定下来。1995年5月，他进入外企工作。

1997年5月，丁磊决定创办网易公司。此后，在中国IT业，丁磊成了举足轻重的人物。自从2001年年底推出《大话西游》以来，网易已经从网络游戏领域的"小人物"变成该领域的巨头之一。

事实证明，尽管网络游戏市场竞争激烈，网易的投入还是获得了很好的回报。

一个人想要实现自己的目标，除了勤奋之外，还要积极进取和创新。丁磊能在信息产业中站稳脚跟不是偶然的，从创业到现在，他每天都在关心新的技术，密切跟踪互联网的新发展，每天工作16个小时以上，其中有10个小时是在网上。他的邮箱有数十个，每天都要收到上百封电子邮件。

丁磊认为，虽然每个人的天赋有差别，但作为一个年轻人，首先要有理想和目标。丁磊就在技术方面爱动脑筋，有聪明之处，但如果没有积极进取的态度，没有在技术方面不停地摸索，也不会有熟能生巧的本领和创新。

年轻的朋友也许会以为，创造价值神化的时代已经过去，先行者已经占据了有利的地形，留给无名小辈的机会越来越少。其实能否自我突破，更注重的是一种心理体验，在日常工作生活中，随时都会有新的障碍考验你的冲劲儿。

怕了一辈子鬼的人，一辈子也没见过鬼，恐惧的原因是自己吓唬自己。世上没有什么事能真正让人恐惧，恐惧只不过是人心中的一种无形障碍。不少人碰到棘手的问题时，习惯设想出许多莫须有的困难，这自然就产生了恐惧感，遇事你只要大着胆子去做，就会发现事情并没有自己想象的那么可怕。

有时候，我们不敢学外语，不敢学小提琴，不敢下水学游泳，不敢在课堂上提问，不敢上台讲演，明知这件事不对也不敢说个“不”字……这种种不敢，其实都是我们自己给自己设下的无形的障碍！也正是这种无中生有的无形障碍，使我们裹足不前，错过了许多我们本来应该去做，而且能够做好的事。要记住，在尝试新事物的过程中肯定有输有赢，但如果什么都不敢去做，那就是自动投降，就会一输到底。

别让将来的你看不起现在的自己

世界上没有任何一件事是完全可以确定或保证的，但人们正是在危机中学会了快跑，在惊险中学会了自救。二十几岁时，你可以没有足够的金钱，可以没有功成名就的事业，但你不能没有激情。年轻的锐气是有时限的，如果不好好利用，它就会在生活的重压里消磨殆尽。

你看过船夫拉纤的情景吗？那真是生活中最惊心动魄的一幕！波涛滚

滚而下，木船逆流而上，纤夫紧紧地拽着纤绳，喊着号子，踏着砂石，拼力向前迈进。没有彷徨，没有懈怠，更没有停留和后退。因为，只要稍微放松手中的纤绳，船就要顺流而下，后果不堪设想。

我们都知道在前进中会有许多未知的危险，却不知停滞不前的危险更大，若不想被生活的潮流吞没，向前走才是安全的。强者的本色，应该是在进攻中站稳脚跟。

拼搏者，勇往直前也。人生犹如战场，唯有拼搏才会胜利。喜欢拼搏的人，总是积极向上；害怕奋斗的人，在气势上已先输了一筹。生活中，有许多年轻人之所以懒洋洋地提不起精神，不是因为缺乏向上的实力，而是因为主观认识不足。

青春意味着时间的富翁，健壮的体魄，敏捷的思维，无忧的心绪。最富有的东西，是最容易被轻视、糟蹋的东西；最缺少的东西，也是人们最渴望得到、最珍惜的东西。长处往往导致弱点：富有时间——来日方长，不珍惜当下；思维敏捷——一学就会，不求甚解；体魄健壮——啥都能干，何须忙于去做；心绪无忧——把生活视为一桶香甜的蜜，不曾想过生活中的艰难。千万不能仅仅这样来理解青春，更不能进行这样的生活推理!

随波逐流固然轻松愉快，但长此以往就要被生活的波涛吞没。有的朋友也知道不应该放纵自己，但他想：“先放纵自由一段时间，待以后再抓紧也不迟。”然而，要回过头来再抓紧自己是很难的，需要付出十倍、百倍的代价，因为你已经习惯了顺流而下。而那些义无反顾地投入到生活中去的人，即使暂时还没有品尝到成功的果实，也已经磨砺了自己的精神体魄，增强了与命运对抗的能力。

人的潜能就像一种强大的动力，有时候它爆发出来的能量，会让所有人大吃一惊。

台湾十大杰出青年企业家赖东进成名前曾经是一个乞丐，从小到处流浪要饭。在奔波行乞的日子里，他经常抱着弟妹长途行走，动辄就是几十公里；每天用破水桶到水沟往栖身处提水，一折腾就是数十个来回；在夜市或车站躲避抓捕，见到警察就拼命地奔逃；在野地或大宅门前，不时遭遇恶狗疯狂追逐。长期如此的磨难练就了他出奇的爆发力。

一次学校举办运动会，他报了短跑项目。发令枪一响，他奋力往前冲，只顾专心奔跑，并没有感受到场外的异常。快到终点时，他才突然发现全场一片寂静，还来不及琢磨发生了什么事，人已冲到了终点。看台上的师生全都站立起来，响起了暴风雨般的掌声和口哨声。赖东进回头一看才弄明白，原来同组竞赛的同学才跑到一半。他那惊人的速度，让大家看傻了眼。

人的力量都是拼出来的，灾厄就是最好的教练。赖东进早年在底层所遭受的所有艰难困苦，都成了他宝贵的财富，这种无论在什么条件下都要拼命向前的精神，足以使他后来在商界与政界笑傲人生。一个强有力的人，正是一个能战胜自己的人。要纠正偏见，改变习惯，克服弱点，主宰感情，驾驭性格……总之，就是不要被生活牵着鼻子走，而是做自己命运的主宰。

成功是个人的选择，只有选择成功的人，才能成功。如果我们能在最恶劣、最不利的情况下取胜，就能激励自己必胜的信心，用强烈的刺激唤起那敢于超越一切的潜能。当我们不必遭受赖东进那样的艰苦境遇时，更应该时刻提示自己超越生活中的平庸。

一个人在二十几岁时的选择，对自己一生的成就至关重要，给自己选了逆流险滩的年轻人，中年后才有享受人生的资格。你要时刻提醒自己，不管别人如何平庸，自己都不要随波逐流。看那随波而流的树叶，它们默默无闻地来，又默默无闻地去，最后消失在茫茫大海里。平庸者就如这树叶，与世无争，不愿付出什么，悄然出生，默默地成长，娶妻生子，生老病死。他们安于清贫，甘于寂寞，乐于稳当，他们从不曾知道成功是什么。他们深信树大招风，枪打出头鸟，他们珍惜自己的生命。他们也是缺乏生活激情的人，乐于平淡，安于平淡。大喜大悲他们都不适应，一点风吹草动也会让他们寝食难安。这些人注定要度过黯淡的一生。

然而，生活中也有这样一些人，有强烈的使命感和忧患意识，不甘寂寞，逆水行舟，渴望有所作为。他们关爱社会，希望能为社会尽绵薄之力，他们希望在人生的旅途上留下自己的足迹。他们不愿随波逐流，他们希望出人头地，他们是伟大的成功者。

人生选择环境，环境推进人生

人很容易受到环境的影响。人的天性中本来就有喜爱安逸、享受舒适的惰性。许多少年时满怀壮志、朝气蓬勃的人，最后之所以一事无成，大多是因为长期待在安逸的生活、工作环境中，渐渐地失去了斗志，缺少走出去为事业拼搏的勇气。再加上舒适的环境缺少激烈的竞争，人的思维能力和机变能力也渐渐地迟钝，失去敏锐性，最终只能成为环境的奴隶，庸庸碌碌地走过一生。

今天“80后”的年轻人，尽管周围的变化日新月异，生活的圈子五彩缤纷，他们的思想和经历还是相对单纯的。先读书，然后进入社会，再慢慢经营自己的小事业、小家庭，这种温室式的生活模式，最能弱化一个人的能力，限制一个人的发展。

有一个单位办公室门口摆着一个大鱼缸，缸里放养着十几条产自热带的杂交鱼。那种鱼长约三寸，大头红背，长得特别漂亮，惹得许多人驻足凝视。

一转眼两年时间过去了，那些鱼在这两年时间里似乎没有什么变化，依旧三寸来长，大头红背，每天自得其乐地在鱼缸里时而游玩，时而小憩，吸引着人们惊羡的目光。

有一天，鱼缸的缸底被该单位领导顽皮的小儿子砸了一个大洞，待人们发现时，缸里的水已经所剩无几，十几条热带鱼可怜巴巴地趴在那儿苟延残喘，人们急忙把它们打捞出来。怎么办呢？人们四处张望了一下，发现只有院子当中的喷水池可以当它们的容身之所。于是，人们把那十几条鱼放了进去。

两个月后，一个新的鱼缸被抬了回来。人们都跑到喷水池边来捞鱼，结果人们大吃一惊。仅仅两个月的时间，那些鱼竟然都由三寸来长疯长到一尺来长！

人们七嘴八舌，众说纷纭。有的说可能是因为喷水池的水是活水，鱼才长这么长；有的说喷水泉里可能含有某种矿物质；也有的说那些鱼可能是吃了什么特殊的食物。

但无论如何，都有共同的前提，那就是喷水池要比鱼缸大得多！

环境可以塑造一个人，也可以毁灭一个人。如果生活在一个益于成长的大环境，能使人更好地成长，更好地发挥自己才能；如果生活在一个不宜成长的狭小环境中，由于受环境的影响，无法施展自己的才能，往往会自暴自弃。

二十几岁的年轻人，也许对现在所处的环境不满意，与其不断地抱怨坏环境，不如主动地适应环境，或选择环境，不断创造有利于自己的条件。

美国南部某州，每年举行一次番瓜大赛。一位农夫年年都是金奖得主，而且每次得奖后，都会把种子分给邻居，从不吝惜。有人问他为什么如此好心，不怕别人超过自己吗？他说："我这样做其实是在帮自己。"

原来，这位农夫的土地与邻居们的土地相连，如果别人家的番瓜品种都很差，蜜蜂在传花授粉时，势必使他家的番瓜受到污染，培养不出优质的番瓜。

环境的影响是巨大的，对植物如此，对人也是如此。有人说，在清华大学、北京大学住几年，哪怕不读书也能受到一些熏陶。的确如此，你是否属于优良品种，取决于你身边的人。假如你周围都是庸才，你因缺乏一流的沟通，终将变成庸才；假如你的对手都很弱小，你因缺少有力的挑战，终将变得弱小。

轻松的环境看起来固然不错，工作清闲，压力又小。但它充其量只是一个“大鱼缸”，没有活水源，也没有自己的发展空间，表面的平静之下，其实隐藏着巨大的危机。员工们每天面对着自然状态下的轻松工作环境，不久就会失去朝气，陷入周而复始的古老生活状态中，变成一群平凡而庸碌的人。即使中间还有有冲劲、有抱负的年轻的个体，时间一久也会被同化。这时再想出来，已经跟不上外面的节奏了，只能被时代无情地摒弃。

所以说，一个人要想有所作为，就不要去寻找容易的工作。安逸的环境，容易的工作没有多少压力，每天都轻轻松松，激发不了人的斗志，挖掘不出生命深处的潜力。

在任何情况下，我们都应该把自己放在能够焕发斗志的环境中。只有这样，才可以让我们渐渐走上发展事业的道路。另外，这样的环境也可以迫使我们慢慢克服自己身上的惰性，而不断地在压力中面对挑战，挖掘自身的潜力，开创出辉煌的业绩。

思考致富而不是努力工作致富

世界著名的成功学大师拿破仑·希尔曾著过《思考致富》一书。为什么是“思考”致富，而不是“努力工作”致富？希尔强调：最努力工作的人最终绝不会富有。如果你想致富，就需要“思考”，独立思考而不是盲从他人。成功者最大的一项资产就是他们的思考方式与众不同。

当代最出色的演员之一汤姆·汉克斯在电视上接受访问，回答一个问题时说：“多，不一定就更好。”他试图传达的信息是，忙碌会碍事。同时进行太多的事，有太多计划或细节要照料，可能会使我们分心，无法发挥最佳的状态。当你的脑子装得太满时，就没有空间可以装新想法和创意了。

许多年轻人跑来跑去，看起来都很忙碌，其实，他们根本没有做成多少事。他们的创意和智慧在忙碌中遗失了，他们看不见什么才是真正最重要的，新创意难以浮现。

那些在某些领域里的顶尖人物，都有他们独特的成功理念，值得后来者借鉴。通常，在决定成败的关键时刻，做最佳选择所需要的只是片刻的沉思。不过，如果你太忙了，通常就会错过重要的时刻。你会看到一团混乱，却看不见显而易见的答案。例如，有一位房地产买家，专门收购别人重新翻修以后再高价售出但失败了的房地产。他认为大部分情况的失败是出于一个忙碌心灵太冲动的后果。“你瞧，”这位成功的商人指出他正在研究的一个案子，“这幢房子需要的只是一点粉饰。我的前一任屋主就是想让它尽善尽美才破产的。这幢房子的确有许多问题，可是它们并没有想象中那么严重。他们慌慌张张地赶来赶去，却忽视了最显而易见的事。”

表面看来，忙碌是一种美德。不过，讽刺的是，当我们不再担心是否能够完成每件事，当我们不再表现出并告诉他人我们有多忙碌时，我们就能够比较容易地决定什么才是最重要的，我们就能镇定下来，想什么才是真正需要完成的。

有一位旅行者在路途中，忽然改变了原来选定的路线，决定抄近道前往目的地。未料到，在穿越一片表面平坦的草地时，没走几步，就被绊倒了。对此，他没有在意，从草地上爬起来，揉了揉有点儿疼痛的膝盖，继续前进。可是，没走出几十米，他又结结实实地跌了一跤。这次，他没有急着站起来，而是躺在那里，一边揉着受伤的腿，一边仔细地打量着脚下的草地。

最后，他发现绊倒他的是一个草环，是一种丛生的植物用疯长的、极柔韧的枝蔓编织的一个很隐蔽的草环，而且他跌倒的周围有很多这样的草环，行人稍不留意，就会绊倒。等他坐起来，将目光再往前延伸，不由得大吃一惊——前面不远的地方，掩藏在繁花绿草间的，居然是一片可怕的沼泽。回到另一条安全的路上，他反而庆幸刚才跌的那一跤，特别是庆幸自己没有像第一次那样漫不经心地急于爬起来赶路，而是细心地寻找自己跌倒的原因，并且仔细地打量了一下自己原本自信的道路……后来，他又心有余悸地听说，那片隐蔽在草地深处的沼泽，不久前吞噬了两个粗心的过路人。

只想到跌倒后赶紧爬起来远远不够，还要了解自己为什么会跌倒，怎样做才能不跌更大的跟头。

在人生的旅途上，不仅需要信心、激情和坚韧，还需要清醒的头脑，需要理智地经营。在你行进的过程中，不要只凭着惯性向前走，停下来，认真总结得失，才能避免更大的伤害。没有思考，就不会有符合客观事实的总结，就像一辆没有站台的火车，完全失去了行驶的意义。

二十几岁的年轻人，总觉得有大把的光阴在前面，所以很少静下心来对自己的人生进行规划。他们中的许多人总是听从生活的指派，在闹钟的提示中起床、吃饭、工作、回家，从一个地方逛到另一个地方，事情做完一件又一件，好像做了很多事，从来没有时间整理自己的东西和自己的思想。长期如此，即便有了时间和自由，他们也会在惯性的作用下继续过着一塌糊涂的日子。

当年轻人看到有些人做出不凡的成就时，往往会认为他们是起点高或者天生走运，却很少会想到是那些人善用脑力的结果。善于思考的人善于改变，思考对于行动，相当于“磨刀不误砍柴工”，将自己的现状、前景和方向分析得很透彻的人，远远胜于所有盲目的奔波。

多点自省，洗去浮躁与冲动

曾子曾说过：“吾日三省吾身。”大概意思是说，一个人每天都要多次反省自己，替人家谋虑是否不够尽心？和朋友交往是否不够诚信？老师传授的学业是不是反复练习实践了？反省，是一个人从幼稚走向成熟的必经之路，也是最快的途径。

不少年轻人每一天都是浮躁、冲动的，常常静不下心来做事，为了微不足道的小事反复思量，或者做事情更加常常不经思考，头脑一热就热血沸腾，好像真的发生了惊天动地的大事。难道他们真的需要如此吗？难道生活原本就是这样的吗？有这样一句话，至今仍然非常经典："人生有几件绝对不能失去的东西，自制的力量、冷静的头脑以及希望和信心。"

年轻人从来都不缺少希望和信心，甚至有时候对自己过分自信，而他们缺少的恰恰是冷静的头脑和自制的力量。你是否习惯在决定一件事之前，把各个方面都考虑清楚？还是一时心血来潮就决定做某件事？或者根据自己的直觉去做事，根本不会思考和考察？很多年轻人做决定前，从来不做实地考察，不会从各方面去搜集资料，只凭自己的直觉和喜好决定是否应该做某件事。有些年轻人明明犯了错误，却不知道反省自己的行为，只把过错推给客观障碍或别人。这只会让自己日后的行为更不理智、更偏颇。

曹操是一个很少反省自己的人，当年他因为一时冲动，杀害了吕伯奢一家。可是，他不懂得反省自己的冲动和错误，只说："宁可我负天下人，不可天下人负我。"结果，在赤壁之战中，中了周瑜的反间计，一时冲动杀了自己帐下的蔡瑁、张允两名熟悉水战的下属。如果他平时做事能够少一些冲动，多一些反省，就会在这时考虑一下，而不至于后悔了。

在平时，有些年轻人也很少反省自己，当中年人认为年轻人做事浮躁冲动、不计后果时，总有人觉得心里不舒服，觉得有失偏颇。可是，你要承认很多年轻人的确存在这种不足。难道你没有吗？回想一下，你是否也有心血来潮的时候，突然想要去做某件事，家人无论如何也不能劝阻？是否有时候一激动就不顾一切和别人吵翻，决定辞职了，再也不能忍受了？希望你能够三思，反省自己的行为，是真的要去做这件事，还是一时性起？是深思熟虑，还是一时冲动？

当你做某个决定时，不要轻易地下结论，一定要用更多的耐心去考察，去反复论证，不断反省自己，不断考虑可能出现的情况。当你结束了一天的工作，不妨把今天的经历仔细地整理一下，看看自己有哪些方面需要改进，看看自己一天中犯了哪些错误。

只有及时反省自己，才不会犯更大的错误；只有及时反省，才能知道自己错在哪里，才能增长做事的经验；只有及时反省，才知道自己原来这么幼稚。尤其是一个月，或者一年以后的反省，更是具有巨大的意义。也许当时我们不理解，但是当回顾这件事时，我们就会发现自己的错误。

年轻人做事，往往只图自己痛快，很少替周围的人考虑，这会导致自己与周围的人冲突不断。事实上，我们认真地想一想，就知道自己平时有很多地方都考虑得不够周到，自己有很多错误。无论是处世还是为人，都应该多反省自己，少要求别人，别人不会因你而改变，因此能够让自己觉得快乐的方法就只能是改变自己的做法。

儒家有很多思想是很实际的，个人的不停反思，才能导致集体意志的觉醒。一个人想要让自己少碰壁，就要不断反思自己。年轻人应该用深刻的自省来洗去因年龄问题而带来的浮躁、浅薄及冲动，让自己冷静理智地对待事情，让自己慢慢平静下来，厚重起来，然后内心才会感到安宁，才会感到快乐，而这就是成长的真相。

时间是一条河，别在岸边看它流逝

当我们呱呱坠地后，一转眼我们就能扶栏而立；当我们踏进校园，一转眼我们就已经身心成熟，面临着就业、成家立业；当我们还在为昨天伤感时，今天已经悄悄地溜走。光阴似箭，我们来不及感叹，来不及伤感，唯一能做的就是抓住眼前的每一分一秒，充分地利用时间，才不会让人生有遗憾。

二十几岁正值壮年，犹如新生的太阳，但年轻人千万不要认为自己有大把的青春、大把的时间可以挥霍。达尔说：“敢于浪费哪怕一个钟头时间的人，说明他还不懂得珍惜生命的全部价值。”

我们只有充分利用时间，才不至于在年老时留下无法挽回的遗憾。

鲁迅说过：“时间，就像海绵里的水，只要你挤，总是有的。”

正是他“拿别人喝咖啡的时间来写作”这种珍惜时间的习惯，让他完成了众多文学巨作，被称为“中国人的脊梁”。苏格拉底说：“当许多人在一条路上徘徊不前时，他们不得不让开一条大路，让那珍惜时间的人赶到他们的前面去。”珍惜时间，把握住现在的人才会拥有充实的人生。

苏联教育家苏霍姆林斯基有一个习惯，那就是在清晨尽早开始一天的工作。他每天5：30起床，做完早操，喝杯牛奶吃块面包，然后就开始工作，当他习惯了6：00开始工作以后，又努力再提早15～20分钟，几十年如一日，从不间断。他的30几本教育方面的书和300多篇学术论文都是在早上5：00～8：00写成的。好习惯成就了一位举世闻名的心理学家和教育学家。

人生永远有学不完的知识，年轻人不要在取得了一些成绩后便骄傲自满，故步自封，要知道，你要学习的东西还有很多，养成珍惜时间的好习惯，抓紧时间充实自己，才能为人生的成功添砖加瓦。

生命的价值在于求知和奋斗，而不是挥霍，挥霍时间只会自掘坟墓。所以，年轻人要学会珍惜，珍惜青春，珍惜一切的美好事物，让生命的步伐在欢快地舞蹈，舞过鲜艳的百花，舞过荡漾的荷塘，舞过飘落的枫叶，舞过纯洁的飞雪，舞向美丽的天堂。

一寸光阴一寸金，即使黄金也无法买来时间，时间的浪费是无法修复的，就如同爱迪生说的：“最大的浪费莫过于浪费时间。”

爱迪生从小就对很多事物感到好奇，而且喜欢亲自试验，直到明白了其中的道理为止。长大以后，他就根据自己这方面的兴趣，一心一意做研究和发明的工作。他在新泽西州建立了一个实验室，一生共发明了电灯、电报机、留声机、电影机、磁力析矿机、压碎机等总计2000余种东西。爱迪生的强烈研究精神，使他对改进人类的生活方式做出了重大的贡献。“最大的浪费莫过于浪费时间了。”爱迪生常对助手说，“人生太短暂了，要多想办法，用极少的时间办更多的事情。”一天，爱迪生在实验室里工作，他递给助手一个没上灯口的空玻璃灯泡，说：“你量量灯泡的容量。”便继续低头工作了。过了很久，他问：“容量多少？”他没听见回答，转头看见助手拿着软尺在测量灯泡的周长、斜度，并拿着测得的数字伏在桌上计算。他说：“时间，时间，怎么费那么多的时间呢？”爱迪生走过来，拿起那个空灯泡，向里面斟满了水，交给助手，说：“将里面的水倒在量杯里，马上告诉我它的容量。”助手立刻读出了数字。爱迪生说：“这是多么容易的测量方法啊，它既准确，又节省时间，你怎么想不到呢？还去算，那岂不是白白地浪费时间吗？”助手的脸红了。爱迪生喃喃地说：“人生太短暂了，太短暂了，要节省时间，多做事情啊！”

大凡能取得成功的人，对什么都不“吝啬”，唯独时间。所以，我们要好好珍惜所拥有的青春，珍惜朝气蓬勃的生命，养成珍惜时间、利用时间的好习惯，习惯决定人生，不要让岁月蹉跎，不要让时间惋惜。或许，若干年后，当你回首往事时，你会为自己有个充实的人生而自豪。

逝者如斯夫，不舍昼夜。感叹时光流逝，不如学会珍惜，生命会因充实而大放光彩！

第2章

谁的青春不迷茫，金子也需把自己磨光

曾几何时，我们被孤独与迷茫侵袭，不被理解、没有机会、对自己的能力感到怀疑、自卑、丧失信心……我们觉得无助彷徨，不知前路在何方。是的，这是每个人都要走过的青春之路，成长之旅没有一路通畅，在风雨的浇灌中才能茁壮起来，才能让自己发光发热，无惧黑暗。所以，用青春好好磨练自己吧。

你或许还不是金子，但要成为发光的种子

不少年轻人总喜欢说："是金子在哪里都会发光。"可是，大家也要承认，大多数的年轻人不认为自己是"金子"。大多数的年轻人并不是生下来就具有某种天赋，但只要通过自己的勤奋，就可以发挥出最大的能量。这就像种子，只要有合适的土壤，它们就能够生根发芽，开花结果。

一个人如果总抱着"是金子在哪里都会发光"的心态，就难免会骄傲自大，不屑于那些平凡的工作，抱怨没有伯乐来赏识自己这匹"千里马"，觉得自己怀才不遇，渐渐地就会变得消沉，这时就算你真的是一块金子，也会蒙尘，从而更加不会被人发现和重视了。现在的一些年轻人往往心高气傲，总有一种优越感，而且越是学历高、学习成绩好的往往越是骄傲。如今，受过高等教育的人越来越多，"海归"也随处可见，因此一个人过去所受过的教育并不能说明他就是"一匹千里马"。

就业就像将一盘原本下到输赢已定的棋局，重新开局。这时，决定胜负的并不是你原来取得的成绩，而是你以后需要做的努力。

你的社会地位和原来的成绩可能在就业之路上起到一定的作用，但它们的作用是有限的，最终只能取决于自己的努力。把自己当成一块等待发现的金子，等于把自己的命运交到了别人的手里，把自己的前途寄托于一双能够发现你的眼睛，这样的心态怎么会有可靠的前途？

年轻人应该安下心来，把自己当成一粒未发芽的种子，只要有适合自己的土壤就能够长得枝繁叶茂。著名的杂交水稻之父袁隆平有一句名言："人就像一粒种子，健康的种子，身体、精神、情感都要健康。我愿做一粒健康的种子！"金子有再多的光芒，价值终究有限，而健康的种子则代表了无限的可能。这个世界上不可能到处是金子，然而每个人都能通过自

身的努力当好一颗能够生根发芽的种子，从而为这个世界增添价值。

金子的高明在于它的价值，种子的高明在于它的潜力。金子之所以有价值，之所以昂贵，完全是由它的自身条件决定的。金子承担的是交换价值的角色，它本身没有任何价值，因为它储量少、体积小、密度高、难分割，才能够担当交换价值这一角色。这就像某些天才，因为天生拥有异于常人的天赋，比如对数字、语言或其他方面有非常高的敏感度。可是，这个世界上天才毕竟是少数，即使是天才也需要勤奋努力，才能取得一定的成就。

微软公司曾有一个非常有名的应聘故事。有一个人学历并不高，心血来潮之下去微软应聘。人事部主任问了他几个有关软件方面的问题，这个应聘者对此一无所知。对此，人事部主任摇了摇头。第二天，他又去应聘，回答了昨天的几个问题，但这次，人事部主任又问了几个更深层次的问题，他又无法回答。不过，第三天，他又来了，回答了这几个问题。如此反复几次，招聘人觉得非常奇怪，问他为什么不现场回答问题呢，他说自己对这些并不熟悉，都是临时学习的。微软公司最后通过会议，决定录取这个应聘者，理由是“IT业是一个变化非常迅速的行业，需要非常强的学习能力。而这个人的学习能力非常强，因此他的潜力是无限的”。

年轻人谁都无法确定自己是一个天才，但只要足够用心，你会发现自己的潜力是无限的。

种子心态比金子更重要。美国通用汽车公司的一位人力资源负责人曾经这样说：“我们在分析应征者能不能胜任某项工作时，经常要关注他对目前工作的态度。如果他认为自己的工作很重要，对工作很认真负责，就会给我们留下很深的印象。即使他对目前的工作不满意也没有关系。为什么呢？因为，如果他认为目前的工作很重要，那他对下一份工作也会抱着认真负责的态度。我们发现，一个人的工作态度跟他的工作效率有着很密切的联系。”

如果一个年轻人，对环境和薪金不能使自己满意的工作都十分负责，丝毫不会马虎，那么对于各方面都满意的工作，他就会更加用心。这就是种子心态，“人就像一粒种子，无论环境好不好，土壤是否适宜，他都会发芽，都会更茁壮地成长，这就是种子的价值所在”。如果年轻人都抱着这种态度做事，那么他就能很快被生命中的伯乐发现，从而实现他的价值。

面对浮华的尘世，要有自己的主见

年轻人生活在浮华的尘世之中，难免会被一些尘世中的俗事和杂念影响自己的思想和观念，难免会感到迷茫。目前这个时代，是一个各种价值观念充斥耳边的时代，是一个各种思想并存的时代。面对这一切，我们极容易对自己从小树立起来的价值观产生动摇，也极容易感到茫然无措。这一切并不是年轻惹的祸，也不是年龄可以解决的问题，一个人是否清醒取决于他的信念和意志，取决于他是否有主见。面对浮华的尘世，有自己的主见，不人云亦云，不盲目攀比，才能够更成熟，从而更容易成功。

30岁以前，很多年轻人往往被短期利益蒙蔽了自己的视线，做出一些错误的，对自己人生有害的判断。只有坚定的信念才能让年轻人避免短期利益的诱惑，从而看得更高、更远。在这个世界上，总有这样或那样的诱惑，而又总有各种荒谬的、不堪一击的理由来支撑这样或那样的诱惑，使它外表上变得无懈可击。事实上，难道人们真的不知道它是错误的吗？难道不知道这些会造成严重的后果吗？答案是否定的，但人们总是抱有侥幸心理。例如，贪污受贿，又如前些年甚嚣尘上的一些传销活动。人们一开始可能真受了蒙蔽，那是因为唾手可得的短期利益蒙蔽了他们的眼睛；也可能是那些狂轰滥炸的“金钱至上论”、“只要你成功了，谁管你的钱是怎么来的”言论等，让人们觉得那可能就是真的，觉得可以侥幸。

面对让人眼花缭乱的各种诱惑，现在的年轻人也有着自己的优势。他们有学问、学历及能力，可以凭着自己的真本事闯出一番事业。但同时，年轻人也有着自己的迷惑，为什么别人年纪轻轻就自己创业，我却要忍受领导的脾气和别人的嘲笑？为什么别人可以拥有那么好的职位，我却只能待在小公司里？为什么别人可以买房、买车，我却必须忍受拮据的生活？为什么别人每天盯盯股市，就可以潇洒度假，我却要拼死拼活地工作？为什么别人凭着与领导的私交就可以升职，我却要忍受窝囊气？

人和人不同，你在羡慕别人的同时，别人也在羡慕你。你只了解自己受的气，只觉得自己委屈，却没尝过别人担惊受怕，或者背后挨骂的滋味。每个人都有两面，有的人表面看起来风光无限，背后却充满着泪水；有的人表面看上去含辛茹苦，他却乐在其中。如果只看到事物的表面，对尘世的浮华表面就羡慕、嫉妒了，那你遭遇痛苦的可能性就会非常大。

不要迷失自己，可能你对这个世界有很多不确定，但至少有一件事是可以确定的，即付出多少就会收获多少。只要你做的事是人们所承认的，对于人们有正面的价值，你就会受到人们的尊重；只要你足够努力，最终就能收获成功。不管别人信奉怎样的价值观，不管那些价值观看起来有多诱人，年轻人都应该有自己的思想和主见。

两个人凭什么不同？是凭着他们的思想。对于各种事情有自己的主见，有自己的见解，往往会使一个人变得与众不同。不同的观念就是一个人胜出的关键，股市上为什么大多数人在赔钱，只有少数人能够一夜暴富？因为，大多数人都在跟风，都在听所谓专家的话，对于自己选的股票没有自己的见解，而只有少数的人有自己的见解，对于股票的价值有自己的衡量，所以他们自然会“稳赢”。

对于任何事，都要有自己的主见。30岁以前，大多数人往往是不成熟的，容易模仿别人，也容易受到周围人的影响，从而变得爱攀比、爱炫耀、爱追逐一些所谓的时尚。现在的年轻人，一般心智不太成熟，因此要根据自己的特质，跟优秀的人在一起，并不断坚定自己的信念，从而避免因为幼稚而犯下荒唐的错误，也可以避免迷失自己。

有自己的主见，有自己的追求，不轻易被迷惑，不摇摆不定，并且保持头脑清醒，坚持自己的信念，你才可能更快地走向成熟。

不要怕找不到出路，要有明确的思路

30岁之前找不到人生的出路，并不是一件可怕的事。人在30岁时就要求拥有辉煌的成就、令人羡慕的地位，是不现实的。

人们都说苦难使人早熟，而现在二三十岁的年轻人都是“80后”，他们中的不少人从小在“蜜罐”里长大。一个总是在幸福呵护中长大的年轻人，迷茫、缺乏方向感、不懂得怎样实现自己的价值是必然的。目前，社会正处在一个转型期，各种价值观念发生着碰撞，四五十岁的人都可能会有迷茫感，更何况是二三十岁的年轻人呢?

迷茫、找不到出路并不可怕，只要你有自己的信念，有明确的思路，总会找到自己人生的出路。可以说，现在的大部分年轻人是比较清醒的，对自己的前途也有着自己的期待和规划，尽管这种规划还处在相当模糊的阶段。想一想以前未受过教育的年轻人，他们二十几岁的时候不过是懵懵懂懂地过日子，谁懂得去规划自己的未来呢?

有人说“80后”是“失梦的一代”，失去梦想，满眼现实。有梦想固然好，但重视现实又有什么不对呢？为自己的将来规划一个可期的、现实的、明确的目标，不是比梦想更重要吗？为自己的将来寻找一条出路，不是每个人必须要有的意识吗？现在开始，年轻人就可以思考自己将怎样成功，因为只有个人有明确的思路，个人才能成功，集体也才能壮大。

30岁之前，你一定要弄清楚自己可以做什么，很多年轻人之所以一事无成，是因为他们有太多的选择，有太多的目标，太贪心，反而一无所成。想做什么是一回事，能做什么是另一回事。一个人能做的事情，能在哪个领域获得成功，其实是非常有限的。你的父母从事什么行业，你受过哪方面的教育，你的兴趣、天赋是什么，这些就是你可能做的事情。

比尔·盖茨从小就对计算机软件感兴趣，大学就读于哈佛大学的计算机专业，最终他的出路就在计算机领域；毛泽东的父母都是农民，但他遇到了陈独秀，因此走上了革命的道路；李嘉诚从成年开始就处在受雇和雇用别人的环境中，因此他成为了一个商人；杨振宁的父亲是物理学家，因此他从小耳濡目染，自然选择了物理学领域……

你在一个怎样的家庭中成长？你最熟悉哪个领域？你在学校受到了怎样的专业教育？你的天赋在哪里？你工作后遇到了哪些贵人？从这些因素中就能够找到最终的出路，找到最适合的领域。成熟的人懂得用最短的时间弄清楚自己可以做哪些事，最擅长做哪些事，然后从这方面寻找契机，不断努力。

找到适合自己的路，就在这条路上走下去。在不同的行业或完全不交叉的职业中转来转去，是对人生最大的浪费。在自己选定的领域中坚持下去，最终就能走到事业的顶点。

现在就想一想，你事业的顶点在哪里？你可能达到吗？对于你来说自己的人生顶点在那里，你是否满意？如果答案是否定的，那你必须对自己的职业再考量，或者寻找自己比较熟悉的交叉领域作为人生的顶点。

阿西莫夫是一位科普作家，也是一位自然科学家。他的成功就得益于对自己的再认识，想清楚了自己可能达到的事业顶点。一天上午，当他坐在打字机前打字时，突然意识到："我不能成为第一流的科学家，却能够成为第一流的科普作家。"于是，他把自己的全部精力都放在了科普创作上，终于使自己成为当代世界最著名的科普作家。

海岩曾经是个警察，也是个商人，然而令他达到事业顶点的却是他的文学作品。为自己的职业谋划一个可能的拓展前景，会对你的人生有更大的帮助。

一个人，只有对自己的人生有明确的规划，才有可能成就伟大的事业。那些今天想这样做，明天想那样做的人，他们的思想都是非常幼稚和混乱的。清楚自己可以做什么，清楚自己的人生可以达到的高度，才是一个人成熟的表现。如果鲁迅没有写文章，那么世上就少了一个伟大的作家；如果达尔文没有进入生物界，那么进化论就要晚几十年甚至几百年；如果爱因斯坦致力于做一个小职员，那么物理学就要落后几百年。

清晰的人生思路，比现实的出路更重要。清楚自己能做什么，将要怎样实现自己的人生价值，一个人才能变得成熟。

处在事业的起点，要寻找命运的拐点

30岁以前，年轻人总会有很多改变自己命运的机会。也许是一次不经意的交谈，也许是一次进修，也许是一次研究生考试，也许是自己一个微不足道的想法。总之，一次偶然，也许命运的轨迹就会向着完全不同的方向划去。很多人都把这些叫做命运，其实，除了偶然的因素之外，人根本的命运还在于自己的努力。机遇会在每个人面前出现，然而只有勇气与眼光兼备，才华与能力都积累到一定程度的人，才能够抓住它。

年轻人处在事业的起点，但要积极地寻找人生的拐点。人生就像一座迷宫，只有找到属于自己的那个拐点，才可能走出迷茫，到达生命中的成熟境界。

很多时候，人们总是在众多的拐点处迷失自己，以为前面有一条笔直的大道等着自己。实际上，这条路并没有多长，还是个死胡同。不过，要相信自己以前走过的路并不是冤枉路，如果没有试验过那些路能不能走通，怎么知道哪一条才是属于自己的路呢？人生最可悲的是在重复的道路上绕来绕去，以为自己走过了很长的路，其实不过是在原地绕圈子。

不少人一直都在人生的迷宫中兜兜转转，到生命的终点都没有弄明白自己到底迷失在哪里，自己到底错过了什么。寻找自己人生的拐点，并不是一件简单的事，它需要足够的勇气和经验，需要高明的眼光和果断的判断力，需要果断地拒绝一些不适合自己的诱惑。当人们选择了一些东西时，就拒绝了一些看起来同样美好的东西，也许会因此而惋惜，却不用后悔。

哪些才是适合我们的命运的拐点？机会时时处处都会出现，但显然有一些机会并不属于我们。就像在迷宫里，处处都会出现拐点，可那些并不都是通向出口的。当我们挤破头抢到一个机会时，也许会突然发现，那不是命运的拐点，而是一个陷阱。比如，一个人和3个同龄人一起进入了一个日企，可是注定要淘汰两个竞争对手。于是，平时懒散的他破天荒努力起来，当然，最终他胜出了，可就在同时他陷入了两难境地：一是他的性格与那家企业的文化格格不入，他总是要非常谨慎、高度紧张，才能不犯错误，因此对他而言，几乎每天的工作都变成了一种煎熬；二是那份好不容易争取来的工作，对于他就像一根鸡肋，待遇还可以，但发展前景并不好。

很多时候，年轻人常常因为一时的冲动，或者因为有竞争，才觉得某个位置无限美好。事实上，仔细观察清楚，才能发现它并不是那么诱人。比如，一位老农把喂牛的草料铲到一间小茅屋的屋檐上，看到的人不免感到奇怪，于是就问他："为什么不把草放在地上让牛吃？"老农回答说："这种草草质不好，我要是把草放在地上，牛就会不屑一顾；但是我把草放到让牛勉强能够得着的屋檐上，它就会努力去吃，直到把全部草料都吃光。"不可否认，很多时候，我们就像那些牛，总觉得自己努力争取到的才是最好的。

很多时候，面对外界那么多的诱惑，要学会分辨，哪些才是适合自己的人生机遇，哪些是人为伪装出来的陷阱。要知道，在很多情况下，表面风光无限的东西，都可能是炒作出来的，其原料也许只是一堆垃圾。

年轻人处在事业的起点，连做梦都会想有一个好机遇突然降临在自己身上，但当你突然遇到这样的机会时，希望你能分辨出那是一个肥差，还是一根鸡肋，而不要盲目地去争取。但是，当遇到真正适合自己的人生机遇时，希望你果断地抓住它。抓住机遇其实很简单，当你的努力达到一定程度时，自然就有适合的机会降临在你身上，但是在这之前，你只要具备足够的能力即可。当然，展示自己的能力，让关键人看到你的才华也是积极创造机遇的方式之一，但年轻人千万不要忘记，你最重要的任务，就是做好自己应该做的事。

在现实生活中，很多事例都会告诉人们要抓住机遇，但很多人忘了在抓住机遇的同时，还要躲避诱惑和陷阱。很多年轻人都在东张西望中错过了适合自己的机会，如果一个人整天忙着捕捉机遇，常常会忘了自己的正事。因此，大家在人生的迷宫中，不要逢弯就拐，而要在找到真正属于自己的命运的拐点后，再试图转弯，只有这样才能让自己的命运走上一条上升的道路。

要有职业定位，但别让工作把你定型

年轻时，人们总是希望自己找到一条可以迅速到达理想境界的道路。于是，人们不断地给自己做人生规划、做职业定位。然而，“欲速则不达”，大家常常会发现自己的职业定位往往固定了自己的思想和发展方向，使自己的人生进入僵局。这就像下棋，每个人都有自己的套路，有人喜欢第一步拱卒，有人喜欢先飞象，然而面对不同的对手，如果使用同样的套路，那你只能输棋。

人生就像棋局，形势时时刻刻都在变化，如果不能随时调整自己的前进方向和前进速度，你的人生就有可能出现偏差。年轻人一定要有自己的职业定位，以确保一个正确的前进方向。对于人生来说，最大的悲剧就在于没有方向感，茫然地前进，即使到了自己的生命终点，也不知道自己想达到什么目标。

不管对自己的职业定位是否正确，都应该有一个职业定位。因为，这是你前进的动力，会让你对自己的人生有方向感，能让你感觉自己的人生尽在掌握之中；这决定了你此刻有着清晰的思路，无论对错；这可以帮你养成一个良好的习惯，即先计划再做事，并在实施过程中分阶段地完成任务；同时，这还可以带给你成就感，会使你有成功的愉悦感，促使你不断进步。并且，如果在既定的职业定位中感到吃力，或者发展到了尽头，或者你所从事的职业注定要被历史所淘汰，或者你有一个更好的机遇，那么对自己的人生进行再规划也是必要的。对自己有更清醒的认识，随时调整自己的前进方向，能够帮助你达到更高的人生境界，帮助你看得更广阔，发展得更快。

职业定位不是静态的，而是动态的，如果自己的能力已经发生了重大变化，有了很大的发展和进步，或者工作生活环境发生了重大变化，就需要重新定位自己。时时刻刻审视自己取得了哪些进步，审视自己目前的定位是否已经不再适合自己了，是否需要一个更高远的目标……这些对于我们实现自我价值都是很重要的。

定位并不是确定一个固定的位置，而是确定一个或多个目标。当然，这些目标最好在同一个方向上，然后用最简洁的方式去接近这些目标。职业定位，定位的是接近路线，而不是你的人生。被工作束缚住，被自己的定位束缚住，不能自主，则是定位的最大误区。这就像你要去远方摘一个苹果，结果千里而来发现树上结的是桃子，难道你要空手而返，而不是顺手摘一个桃子吗？

时刻以自我价值的实现去衡量你的职业定位，可以让自己不被职业规划误导，可以让自己把握住更多的机会。

你会有求于人，但要相信命由己造

每个人的命运都掌握在自己手中，只要你有这样的信念，就能够主宰自己的人生。你现在所拥有的一切，你现在进行的努力，都是为了能够让自己主宰命运。不少年轻人常常觉得，只有自己创业，拥有自己的事业，才能够掌握自己的命运。其实，并非如此。

其实，自己创业的人会更多地有求于人。打工，你要遵照老板的指示；创业，你要遵照所有客户的意见。在这个世界上，没有谁能够实现真正的自由，完全凭自己的喜好做事。除非你真的安贫乐道，或者思想达到了一定的境界。

有句俗话说得好："那些当'爷'的人，也曾向人低过头。"年轻的时候，你不想有求于人，不想向别人低头，在以后的岁月里，你会发现自己年龄一大把时，还要给别人弯腰鞠躬。成熟的人都懂得这个世界上没有谁不需要帮助，只有互相帮助，才能实现双赢。

"命运掌握在自己手里。"这句话包含两层意思。一层，靠的是个人的努力和意志；另一层，靠的是别人的帮助。不要因为现在你有求于人而觉得羞耻，只有幼稚的小孩子，才会觉得只靠自己就能够成功。有求于人并不是什么丢人的事，因为求助带来的同样是进步，只要有进步，你就会慢慢变得成熟，变得成功。

坚持相信命运并不是上天的赐予，而是自己选择、自己努力以及大家帮助的结果，这一点有助于你更快成熟起来。怎样把命运掌握在自己手里？怎样才能不必做自己不情愿做的事？怎样才能让自己觉得自己的一切都在"掌握之中"？年轻人有时会感到茫然，觉得"工作很痛苦但是还必须忍受，因为我需要生存"是一件很悲惨的事；有时也会觉得没有时间做自己喜欢的事，没有资本按照自己的喜好做事，觉得非常痛苦。的确如此，如果你没有办法把握自己的生活，就会像歌里唱的“有时间的时候，我却没钱；有钱的时候，我却没时间”一样，你的生活会充满遗憾。

命运的第一步就是“选择”，这个词看起来很简单，做起来却很难。比如娱乐，你是想赚更多的钱，或者取得更大的成就，还是想快快乐乐享受自己的青春？每个人的想法都不一样。如果你想的是功成名就，想的是获得成功，或者成为一个卓越的人，那么势必要舍弃一些玩乐的时间，比如别人工作8小时，而你要工作12小时。如果想的是人生苦短，那你最想要的就是享受生命，只要获取了足够的生存资本，其他的时间就随自己心意，比如为了度假、游玩而请假也是一件很平常的事。

人生没有两全，只要你觉得自己所选的是对自己最好的、最有价值的，就是一种成熟。因此，人不必活在两难之中，不必勉强自己做不喜欢的事，这也是对自己命运的一种掌握。

为自己的选择努力拼搏，能够把命运掌握在自己手中，这对于很多人都是适用的。一个人的努力，可以改变因为家庭、环境而造成的不好现状。命运一半是上天的赐予，另一半是个人努力的结果。你生长的家庭、受到的教育，谁都无法改变，可以改变的只有你自己。通过个人的拼搏，完全可以改变周围的环境和自己的境遇，这样你就可以把命运掌握到自己手中。土地贫瘠还是肥沃，谁都无法改变，可是只要有足够的努力，种上适合的作物，每一块土地都能有不错的收获。

自己制订计划，并按照自己的计划做事，这是把命运掌握到自己手中的具体方式。如果发现事情的发展在自己的意料之中，你就会意识到，原来自己也可以掌握事物的发展，原来自己也可以掌握自己的人生。这种感觉是非常美妙的，而只有按计划行事的人，才能体会这种感觉。

把命运掌握在自己手里，不仅是说说而已，还必须有自己的一套实施方案，比如按计划进修、请客交友、寻找贵人、谋划升职……当完成人生中的一个阶段，回顾时，你就会感叹原来人真的可以掌握自己的命运。

没有人比你更重视你自己

很多年轻人做事的时候，总是喜欢先看别人的反应，或者先征求别人的意见。这是一个习惯固然好，但不要过度培养，因为没有人比你更了解、更重视你自己。在很多时候，当你惶惶然自己是否会给别人留下太坏的印象，或者自己的形象在别人眼里是否像个傻瓜时，大家却已经忘记了这件事。

不要把自己看得过重，无论是你的成就还是你的过失，正如一位哲人曾说过的那样："我们不会飞，是因为我们把自己看得太重。"当有一个很好的机会摆在我们面前，而我们却不小心搞砸了的时候，我们会不会反复向别人解释原因？或者我们做了一件自以为对不起别人的事，是不是会拼命企图解释清楚，直到别人不耐烦为止？或者当我们决定一件事的时候，会反复征求别人的意见，即使你已经确定了别人给自己的意见，却忍不住再三重复询问？

当你这样做的时候，希望你能提醒自己，没有人比你更重视你自己，对你无比重大的事情，对别人也许只是一个调味剂。如果你在马路上不小心摔了一跤，大家可能都会围观、嘲笑你，让你觉得无比尴尬。然而，他们一转身就会忘记你的窘态，而去忙各自的事情。如果你还在懊恼自己太不小心了，让人看足了笑话，甚至羞愤欲死，这是完全没有必要的。

在日常生活中，完全没有必要对别人的反应太过敏感，一定要有自己的主张，一定要有平和的心态。有这样一个故事，大学生A在宿舍里有几个很要好的兄弟。一天，他突然想搞个恶作剧，于是就藏了起来，打算让大家因找不到他而忙得焦头烂额时，再突然跳出来。可是，舍友们涌进了宿舍，又各自拿着饭盒走出了宿舍，嘻嘻哈哈地去吃饭了，根本没有人注意到缺少了他。他觉得非常沮丧，原来自己在别人的生活中是如此微不足道，对舍友们也很生气。可不久之后，他就发现自己也一样，当伙伴中的某个人不在场时，自己也常常注意不到。

所以，每个人最重视的就是自己，然后是自己最亲密的人，最后才是和自己关系甚微的人。虽然，有的人能够注意到别人的感受，但没有一个人会把别人的感受放在自己的感受之前考虑。你今天讲了一个笑话，反应平平，可能是因为别人各自想着自己的伤心事，顾不得开玩笑。你今天出了个大丑，觉得没脸见人了，可能大家早已经忘记了，起码这没有他们自己的生活重要。

把自己看得太重的人，常常觉得自己了不起，容易处处飞扬跋扈、盛气凌人，一旦稍有不如意，就会愤愤不平；把自己看得太重的人，心态容易失衡，往往喜欢钻牛角尖，走向极端。

其实，每个人都希望别人很在乎自己，都希望自己很重要。可事实上，地球少了谁都照样转，生活中没有了谁，大家都同样生活。懂得这一点，对每个人都十分重要，因为如果你把自己看得太重，过于以自我为中心，就会把别人对你的一点点不公平扩大化，就总会觉得自己委屈，就会自怨自艾，严重时还会产生对社会的不满，产生反社会人格。

因故意杀人罪而被判处死刑的马加爵，就曾经因为别人不请他吃饭而认为别人歧视他、看不起他，这就是过于“以自我为中心”的表现。如果每个人都有这样的想法，就会觉得每个人都应该尊重、敬佩自己，而这又凭什么呢？是因为你做出了让大家都羡慕的事情，还是你为大家带来了很大的利益，你本身有很高的价值？

年轻人，一定要摆正自己的位置，一个人重不重要，是由别人需不需要他决定的；一个人是否受重视，是由他的价值决定的。明白了这一点，你才会懂得用建设性的方式帮助自己，懂得增加自己的价值，增加自己被需要的程度，从而来提高自己的地位。这样，你的心态才能平衡，才能从基层走向高层次的自我实现，而不会纠结于自己是否受到重视，是否足够重要，是否被别人认同。

即使屡遭打击，自己也先要鼓励自己

挫折对于每个年轻人来说，都是必经的阶段。在30岁以前经历挫折，好过在30岁以后摔跤。人的年龄越大，就越不经摔。人们常常说："小孩子要摔100个跤才能长大。"大家不妨把平日里自己遭到的打击，当成人生必需的一种历练吧。遭受几次挫折，吸取几次经验，挫折受够了，成功也就来了。

能够为自己加油喝彩，无论是取得成就还是遭受挫折都会自我鼓励和自我安慰的人，是最乐观的人，这样的人能够最快地从逆境中爬起来，最快地吸收经验，最快地成长。成熟的人要知道必须自己爬起来，擦干眼泪，才能够更快地成长。

跌倒之后哭泣并不能改变什么，但能够宣泄自己的不良情绪，而学会宣泄也是一种成熟。有时，对于年轻人来说，立刻站起来真的是强人所难，那么哭一哭吧。每个人的人生都有低谷，遭到打击的任何人都不可能高兴。但是，我们要做到以下三个方面。

（1）把自己的情绪宣泄出去，无论是伤心、愤怒、失望，还是消沉、无助。把这些讲给你最亲近的朋友听，甚至是找个隐秘的地方大哭一场，或者发泄一通。只有懂得合理发泄的人才不会真正受伤，而懂得发泄则是一种自我保护。玻璃为什么容易碎，因为它总是自己承受力量；皮球为什么总是那么坚韧，因为它会把受到的力传给地面。

（2）当你的不良情绪宣泄完了，就找点令自己高兴的事来做；或者冷静下来，思考一下自己到底犯了什么样的致命错误。人不会无缘无故受挫，只有违背了自然规律或社会规律时，才会受挫，才会遭受打击。总结经验是必需的，因为只有从打击中获得经验的人，才能够不断进步。只有这样，你才有能力迎接更大的挑战，才会在以后的工作中少遭遇挫折。

（3）为自己加油鼓劲。一个人跌倒后能不能站起来，取决于他自己的愿望。因此，无论有多少人鼓励你，你都必须先从内心深处鼓励自己，给自己加油打气，这样才可能振作起来。阳光、乐观的心态对于每一个年轻人都至关重要。只有把挫折当成一种必不可少的人生经历，你才能够真正成熟起来。

无论遭受多少打击，一个人都必须再次站起来，才能实现自己的价值。但不同的是，有的人站起来了，却因为害怕再次遭受打击而止步不前了；而有的人，虽然同样害怕痛苦、害怕打击，但是他们能够自我激励，他们相信自己是绝对不会被打倒、打败、打碎的。即使在这里跌倒了，他们也会在别的地方站起来，最终走向卓越。

一个农民，只读了两年初中，17岁就辍学回家照顾家人。20世纪80年代，农田承包到户，他把一块水洼挖成池塘想养鱼，但干部告诉他水田不能养鱼只能种庄稼，他只好又把水塘填平。这件事使他在别人眼里成了一个想发财却非常愚蠢的人。后来，他听说养鸡能赚钱，便借了500元养起了鸡，但一场洪水后，鸡得了瘟疫，几天内全死了。当时的500元就像个天文数字，他的母亲竟然因受不了这个刺激忧郁而死。他后来酿过酒，捕过鱼，但没有一样能成功。35岁时，他还想着搏一搏，就四处借钱买了一辆手扶拖拉机。不料，上路不到半个月，这辆拖拉机就载着他冲入一条河里。他断了一条腿，成了瘸子。而那拖拉机，被人捞起来，已经支离破碎，他只能拆开它，当作废铁卖。

几乎所有人都说他这辈子完了，可是后来他成了那个城市一家大公司的老总，掌握着十几亿元的资产。很多媒体报道过他，记者们带着不解问他：“在苦难的日子里，是什么支撑着您一次又一次地创业，毫不退缩？”

他喝完了手里的一杯水，然后把玻璃杯子握在手里，反问记者说：“如果我松手，这只杯子会怎样？”

记者回答说：“摔在地上，碎了。”

“那我们试试看。”他说。

他手一松，杯子掉到地上发出清脆的声音，但并没有破碎，而是完好无损。他说：“即使有10个人在场，他们也都会认为这只杯子必碎无疑。但是，这只杯子不是普通的玻璃杯，它是用玻璃钢制作的。”

这样一个自诩为玻璃钢的男人，是不会被任何打击而粉碎掉的。现在，大多数年轻人有着比他更好的条件，难道不应该比他有着更坚强的意志？有着更乐观的精神？我们不可能被击败，打败我们的只能是自己。无论何时，用阳光的心态来安慰、激励自己吧，乐观和成功的信念将会击败一切生活中的阴霾。

第❸章

此时你若不去勇敢，未来谁能替你扛

人的一生，会遭遇各种坎坷和困难，我们经常感到迷茫和胆怯，踌躇着不知如何前行。或许是因为害怕失败，或许是不想变成自己最不想成为的那种人，又或许没有信心，不相信自己的能力……面对人生的困惑和苦恼，我们或许很难一个人面对它、解决它，那么不妨读一读本章的内容，它可以帮助你拥有坚强的内心，以勇敢的姿态去面对人生的风雨。

别担心自己会失败，迈步路就会在脚下延伸

一个成熟的人总是会拉近自己与成功的距离。当他想要获得成功的时候，他的想法情绪都会帮他积攒正面的力量。因此，成熟的人不会让失败的挫败感长时间影响自己，而会让自己的目光尽快地回到失败带来的积极力量上面。

想要成功就不能总盯着阴暗面，成熟的人无论在任何情况下都会一分为二地看待问题，从而把更多的精力放在一件事情的积极的、有建设意义的一面。此观点可以让我们永远为事情找到出路，找到有利于成功的因素。走在迷宫中，如果一条路没有走通，变成了死胡同，你若在此嗟叹伤心，既浪费了时间，又让自己心生沮丧；如果能够从好的方面想，这未尝不是一个机会，又检验出一条路不通，那么可以通向外面的路的选择范围又缩小了，这就是一件振奋人心的好事。

看事情的角度不同，我们面前的世界就会不一样，我们能够走出的人生之路也不一样。如果总盯着人生中那些阴暗面和挫折，就会变得颓废，得过且过，只要不摔跤就好了，那么我们离成功就更远了。要知道成功是一条布满荆棘的路，路上的荆棘扎疼了你，是因为你走对了大方向；如果你走的是一条坦途，那么路上就没有失败，但最终也没有山峰，更没有成功。很多一生平顺但没有大成就的人走的就是这条路；而那些最终成就大业的人，注定要磕磕绊绊。因为要求完美，所以遭受痛苦；因为痛苦，所以最终完美。

想要成功，你就不能总盯着阴暗面，无论是自己情绪的阴暗面，还是这个社会的阴暗面。失败的原因固然有自己的，也有社会的，但总之还是自己的，如果自己对社会的某些潜规则不知情，无意中触犯了某些规则，

那么就算自己失败，也是注定的，而你不能因此就怨天尤人，抱怨社会的不公平。你应该找出合理处世的规则，设法把那些阴暗面为我所用，只有这样才会对你的事业有所帮助。

社会对于每个人都是公平的。当你摔了跤，就知道人生路上的陷阱在哪里，从而使自己的人生有了很大的进步。摔跤是一种经验，不仅能够让你在这条路上避开类似的陷阱，还会在未来的道路上帮助你甄别那些机遇和陷阱，让你变得更加谨慎、理智。学会寻找事物的规律和处世的规则，并使这些成为自己的收获，将在未来的考验面前帮助自己。

我们应该趁着年轻，进行各种各样的尝试，不要害怕摔跤、失败，因为失败不过是人生之路上的一段低谷。经过这个阶段，我们就可以到达自己想到的地方，然后继续前进。当你度过这个阶段，就会发现它是一个让你增长才干的机会。人生只有失败过才懂得成功的真正意义。从失败中爬起来的人，才能够真正屹立不倒。

网易的总裁丁磊说过一句话："人生是个积累的过程，你总会有摔倒。即使跌倒了，你也要懂得抓一把沙子在手里。"正是抱着这样的态度，在他2001年9月因误报2000年收入，违反美国证券法而涉嫌财务欺诈，被纳斯达克股市宣布暂停交易，而又出现人事震荡后，才能够不被失败击倒。作为一个转折点，他将网易公司的三大业务重点锁定为在线广告、无线互联及在线娱乐。2002年是中国短信"爆炸"的一年，丁磊恰巧因此抓住了这个机会。2002年8月后，网易公司的利润成倍增长。美国纳斯达克股票交易市场很快恢复了网易公司的股票交易，不久丁磊被胡润财富榜和《福布斯》杂志双双评为"中国首富"。

失败中蕴藏着巨大的机遇。如果你能够从正面看待失败，不被打倒，也许就会"柳暗花明又一村"。我国古代的哲人很早就提出"祸福相倚"的说法，并认为"塞翁失马，焉知非福"，而外国也有"上帝为你关闭了一扇门，必定会为你在别处开一扇窗"的谚语。由此可见，失败并不都是坏事，如果能接受教训，并因此到别处寻找机遇，或许又会另有一番局面。

年轻人不要悲观，年轻时总是失败并不可怕，因为你还有“翻本”的机会。不要总看着阴暗面，而要努力拼搏、接受教训、总结经验，也许成功就在前面等你。

别担心自己无能，最优秀的人就是你自己

一个人有没有能力是怎样界定的呢？无非就是他手中掌握着什么。每个人都有自己的特长，只不过自己没有发现而已。年轻人说自己没有能力，无非是认为自己年轻没有历练过，学历低，甚至不如别人的头脑聪明等，除此之外还有其他的吗？能力所包含的意义是极广的。

也许你并不聪明，但你确定自己的运动细胞也不好吗，还是动手能力也比别人差，还是不会与人交往，没有专注力？一个人不可能一无是处，当你觉得自己一无是处，是因为你还没有发现自己的特长，并不说明你没有特长。正如一句格言所说的那样：“这个世界并不缺乏美丽，而是缺少发现美丽的眼睛。”一个人一定要仔细寻找自己的特长，哪怕是一个小小的特长。

大仲马在成名之前，穷困潦倒。有一次，他跑到父亲的老朋友那里，请他帮忙找工作。父亲的朋友问他：“你能做什么？”

“没有什么了不起的本事。”

“数学精通吗？”

“不行。”

“懂物理吗？或者历史？”

“什么都不知道，老伯。”

“会计呢？法律如何？”

大仲马满脸通红地说：“我很惭愧，不过现在我一定要努力补救自己

的这些缺点。相信不久之后，我一定会给老伯一个满意的答复。”

可是，他父亲的朋友对他说：“可是你要生活啊。将你的住处留在这张纸上吧。”大仲马无可奈何地写下了他的住址。他父亲的朋友见了大仲马的字后，高兴地说：“你的字写得很好啊！”大仲马备受鼓舞，从此以后就坚定地踏上了文学之路，并最终成为一代文豪。

人一定要努力寻找自己的特长，哪怕这个特长是微不足道的。因为，它是你信心的源泉，是你走向成功所握有的唯一武器。不要说自己没有能力，那是因为你还没有找到，在这个世界上，谁都不会一无是处，只有善于挖掘自己的“宝藏”，才能创造奇迹。

不但如此，能力并不是固定的。现在的你一无所长，并不等于将来的你也会一无是处。只要足够努力，每个人都可以拥有自己的一技之长，现在也许你不如别人，但只要你每天都能进步一点点，很快你就可以超越别人，甚至成为一个很优秀的人。

不少有大成就的科学家，在小时候都因为笨而被别人嘲笑过。比如，爱因斯坦小时候动手能力很差，一个小板凳做了3遍还非常粗陋；诺贝尔化学奖得主奥托·瓦拉赫曾被老师评为“不可能有前途”，大多数人都觉得他成才无望；卡耐基也曾被评为“公认的坏男孩”，连父亲都评价他是“全郡最坏的男孩”。可是，最终这些人都通过自己的努力而成为世界上的顶尖人物。

所以，没能力、没优势，代表的仅仅是过去。只要相信自己，不断奋进，不断进步，终有一天，你也能够闪烁出耀眼的光芒。不要纠缠于自己没有出人头地，或者自己没本事的念头。能力都是学出来的，积累出来的，只要你相信自己，就一定会有出路。自信对于成功的作用至关重要，就算有再多的人否定你，你也不要否定自己，因为人生的成败最终还是握在自己手中的，如果你自己放弃了，就真的无法挽救了。

年轻人不要轻易否定自己，觉得自己不够聪明，就要不断努力充实自己，增加自己的经验；觉得自己眼界不够广博，就要增加自己的阅历，并且不断学习和阅读。每个人都有缺点，如果能够弥补或避开，你就是完美的。上天公平赋予了每个人一项特长，所以不要说自己没有能力，而要善于发掘自己的特长，并善于培养自己的优势。

一个成熟的人懂得如何让自己拥有信心。他们不会轻易否认自己，放弃成功，而会召唤自己的努力和热情，发掘出自己的优势，从而一步步走向成功。

别担心自己经验少，要学会经营你的优势

经验固然能够使你走向成功的步伐更快一点，但是经验并不是全部，它也不能代替能力、信念等。一个年轻人想要走向成功，不能仅仅靠经验，因为这不是你的强项。和那些已经工作几十年的人相比，你所具有的一点经验没有任何优势。不过，这不等于你就没有成功的机会，经验是优势，同样也是桎梏。一个人如果经验丰富，就可能总凭经验做事，忘了创新，思想也会陷入某些条条框框而无法摆脱，解决起事情来也总会受“思维定式”的束缚。有经验本来是好事，但如果一个人因为经验陷入直觉和习惯，那就是一件可怕的事情了。经验确实能帮助我们，只是这需要花费太长的时间。等到人们获得智慧的时候，其价值已经随着时间的消逝而减少了。经验和时间有关，适合某一时代的行为，并不意味着今天仍然行得通。

那么年轻人的优势到底在哪里呢？怎样努力才可能更出色？年轻人想要获得成功，一定要在以下几个方面下功夫。

（1）用知识武装自己的头脑。有句话说得好：“你可以白手起家，却不可以赤手空拳。”这是一个信息大爆炸的社会，知识作为一种资本，将成为你取得成功的最基本手段。一个人没有学历不重要，但是如果没有

头脑，那么他将一事无成。无论是从做事过程中吸取经验，还是通过学习、深造来获得知识，都必须要保证自己有一个“一流的头脑”。专业知识是优势，头脑灵活也是优势。

尽可能在工作之余多看看专业书籍，多了解社会动向，每天都要学习，每天都增加一点知识，每天都进步一点。投资于自己的头脑，将是这个世界上最划算的投资，它会在日后的事业中让你受益无穷。年轻人一定要勤于学习，提高自己的学习能力，经营自己的头脑。

（2）人脉经营。这一点大家都很明白，很多年轻人现在都特别重视在工作中的人际交往和培养自己的人脉关系。但需要提醒大家的是，不要过于功利，而要重情义。“朋友是人生的一大笔财富。”但是，并非所有的人脉关系都属于“朋友”，要能够分辨。

（3）经营自己的信念。这一点不好理解，但是人生是需要规划的，这一点想必大家都清楚，能够出色地规划自己的职业人生或事业人生，一个人才可能走向成功。如果对未来的事情没有计划，既没有目标梦想，又没有具体的计划，那么成功只会离你越来越远。所以，经营自己的人生绝对要包括逐渐在头脑中清醒地构建出自己的未来，规划出自己的每一个步骤。

（4）经营自己的习惯。一个人有着怎样的习惯，对于他的人生影响巨大。好的习惯能够带他走向人生的辉煌；不好的习惯则会让他受到失败的反复煎熬。想要成功就必须从现在开始培养自己良好的习惯，包括积极正确的金钱观念、处世观念及成功观念，以及细小的习惯性动作。

一个毫无特色的年轻人为什么能够脱颖而出，超越他的同龄人和比他成熟的那些人？答案就是对自己人生的成功把握、成功经营。只有这样才能够真正成功。经营使你进步，优化你的生活和事业，使你有目标、清醒地活着，只有这样的生活状态，才能使你超越那些迷茫而浑浑噩噩的人。

成熟就是懂得让自己的生活更清醒一些，更理智一些，并且有明确的目标，明白地生活，不要得过且过。

别担心自己没机遇，创造财富需要慧眼

年轻人不要抱怨自己没有机会，其实机会就在自己身边。而赚钱需要有能够发现财富的眼光，只要有了这种眼光，你会发现到处都有成功的机会，到处都有财富。因此，年轻人不要抱怨，从现在开始锻炼自己发现财富的眼光才是最重要的。

世界上成功的机会很多，就在于你能否用自己独到的眼光发现它。世界上有无数的财富，可是财富的分配并不公平。财富的聚集遵循怎样的规律？拥有怎样的眼光才能发现它？这与一个人是否在生活中仔细观察、处处用心有关，同样也与一个人的财商有关。一个善于观察的人往往能够看到别人看不到的商机。

一位对植物有很深研究的旅行者来到一个十分偏僻的地方观察植物，偶然间他发现一大片兰草。经过仔细确认后，他认定这是兰花中的极品——佛兰。旅行者觉得这是上天给他的机会，因为佛兰是很有价值的观赏植物，极罕见，而且价格不菲。不久，旅行者回到了城里，带回的几十株佛兰让赏花的专家眼前一亮，那些卖花的钱便让他成为了远近闻名的富翁。

这位旅行者为什么能够获得巨大的成功？首先，他善于观察。即使在极平常的地方也能够观察到财富，试想，如果他是一个对什么都视而不见的人，想必佛兰早就与他擦身而过了。其次，他在自己熟悉的领域有着丰富的知识和信息。如果他不是一个对植物有很深研究的人，那么大概只会把这些极品佛兰当成普通的小草。最后，他不是一个书呆子，而是有着极高财商的人，一个植物学专家，就算认出佛兰，大概也只懂得它的稀有，好好考察一番，看看它的属性、特质，而不一定知道它的市场价值。即使

知道，也不一定认为应该把它从山中带到城里。如果是那样，他肯定也会与巨大的财富擦肩而过。

因此，想要获得成功，就应该具有这些特质。这些与眼光有关的东西，是我们获取财富的首要条件。如果没有，就算把黄金摆在面前，我们大概也只认为是一块颜色鲜艳的石头。

年轻人要懂得自己真正需要什么。当你在真心追求财富时，就应该知道，哪些东西和信息在自己这里意味着财富。有时，即使看到满眼的财富，它不是属于你的，挖掘它也不过是浪费时间。曾有这样一个小故事，在淘金的年代，一对父子听说一座山上有着金矿，就把那座山买了下来，自己掘金。但是，他们花费了十几年时间却没有任何收获，便把这座山卖了。买这座荒山的人是一个地质学家，他通过自己的勘探，认为这座山的确蕴藏着黄金，于是请人帮他在藏金的山脉间挖掘，果真开采出了不少金子，而金子所在之处距离那对父子挖的地方只有十几米而已。

这个世界上虽然遍地黄金，但并不是任何人都适合赚，且都能赚到。比如，比尔·盖茨只能赚计算机软件的钱，如果让他从事船舶业，大概要赔惨了。能够在自己熟悉的领域，拥有自己独特的眼光和赚钱的财商，才可能获得成功。

时刻注意周围的信息，因为只有足够的信息，才能为自己发掘财富的道路。一个人如果闭门造车，天天坐在家里等待机遇，馅饼是不会掉在他头上的。一个信息灵通的人，会在平淡中发现神奇，在普通中发现特殊，在别人看不见的领域发现获取财富的机遇。一定要不断扩展自己获取信息的渠道，因为那很可能意味着获取财富的机遇。

年轻人不要再抱怨自己没有机会，睁大眼睛寻找自己身边的机遇吧。

别担心自己没人帮，贵人要靠自己寻找

涉世之初的年轻人，如果仅凭一己之力，是很难有大的成就的。那些登上成功顶峰的人，大多数都接受过“贵人”的帮助。贵人不可能无缘无故地来到我们身边，更不可能无缘无故地帮助我们，人生中的机会和贵人都需要我们自己去寻找。

可能有很多凭着自己能力工作的年轻人都会觉得不平衡，为什么别人有那么多人脉，而自己只能靠自己在最底层拼搏？很多人都希望能遇到赏识自己的人，把自己带到一个能够展示自己能力的位置上。其实，这样的机会并不是没有，但不会无缘无故地被你碰到。

千里马之所以能被“伯乐”寻找到，是因为它的奔跑本领和稀有程度。这个世界上千里马稀少，而有才华的人比比皆是。一个人想要被自己的贵人找到或找到自己的贵人，就必须有与众不同之处，就必须有吸引人眼球的能力。自己一生之中的贵人，需要我们自己去寻找，甚至需要我们自己去培养，这不是朝夕之功，因为想要成功，就必须付出巨大的努力。

“唐宋八大家”之一的韩愈在成名之前，曾寻找过很多出仕的机会。他写信拜会宰相，写信给襄阳大都督请求引荐。他的不少干谒之词，最终成为千古名篇。每个希望在某个领域有所成就的人，都应该积极寻找成功的办法，而寻找自己的贵人，无疑是快速获得成功的一种方法。贵人不会时刻在我们身边等待着发现我们，而要靠我们自己去寻找，自己去接近。

贵人为什么要帮助你？一个人怎么会无缘无故地帮助另一个人呢？有些人有人脉，是因为有交情，或者是希望建立互惠的关系。贵人不会无缘无故地赏识和重用你，必须让自己身边的贵人看到自己的能力，他才可能

赏识、器重、帮助你。想要得到贵人的帮助，就要证明自己的价值，证明自己值得被帮助。

当然，可能有一些人能够遇到贵人完全是因为“机缘”。如果我们能够秉着善良的原则做事，或许在帮助别人的同时，别人也会心存感激，而成为我们的贵人，来帮助我们。

寻找自己人生的贵人不是一个容易的过程。表现自我，在公众场合表现自己与众不同的能力，让贵人能够看到你，认识到你的与众不同，知道你的存在，意识到你可以帮助他。现实中，有很多适合年轻人表现自己的机会。比如，公开演讲的机会；自己可以在某个项目中建立功勋；当公司遇到瓶颈问题时，你能够想到很好的解决方式；当决策者有一个巨大错误的决定时，你能够坚决阻止等。这些都是表现自己的极好机会，不要错过，也许因此你就能获得贵人的赏识和重用。

要积极地寻找贵人。对于那些可能帮助你，可能成为你贵人的人，要积极地与他取得联系，向他讲述你的志向和想法，让他承认你，并认可你的才干，从而愿意帮助你。MySee网站总裁高燃曾拿着电子商务的计划书在电梯中“堵过”杨致远。虽然他当时没有成功，但是他这种积极寻找“贵人”的行为是值得效仿的。后来，高燃还借采访远东集团董事长蒋锡培的机会，向他讲过自己的请求，并且最终在蒋锡培的资助之下，创立了MySee网站。你一定要有自己的想法，如果你认为身边的哪个人能够成为你的贵人，那么就一定要积极想办法接近这个人，找机会向他讲述你的想法，这样才可能找到属于自己的机会和贵人。

要培养自己的贵人。贵人不单单可以通过寻找获得，也可以培养对于自己有帮助的人。比如，某些人虽然目前处在落魄阶段，但他的能力和魄力注定了他能够有所作为，这时，我们不妨帮助他摆脱困境，那他自然就会成为我们登上人生顶峰的“贵人”。

历史上著名的红顶商人胡雪岩，他的发迹正是从他资助友人王有龄开始的。起初，王有龄虽然已捐了个浙江盐运使，但无钱进京。胡雪岩慧眼识珠，认定其前途不凡，便资助给王有龄五百两银子，让他速速进京，谋个官职。后来，王有龄在天津遇到故交侍郎何桂清，经其推荐到浙江巡抚门下，当了粮台总办。王有龄发迹后，并未忘记当年胡雪岩的知遇之恩，于是资助胡雪岩自开钱庄，号为“阜康”。之后，随着王有龄的不断高升，胡雪岩的生意也越做越大，除钱庄外，还开起了许多的店铺。“士为知己者死”，如果在别人落魄阶段培养的自己的“贵人”，那么当他东山再起之后，自然会不遗余力地帮你。

想要有所发展，想要获得贵人的帮助，就要从自己的手边做起，不能一心想着别人无缘无故就帮助你，你首先要证明自己的实力，善于帮助别人，才有可能使别人愿意帮助你。

别担心自己没创意，勇于尝试就有机会

每个人都有自己不同的赚钱方式，而每种方式赚到的钱是不一样的。有的人一天到晚忙忙碌碌、辛辛苦苦，可赚到的钱只够自己的生活所需；有的人并不那么忙碌，可他一天赚到的财富非常多。这是为什么呢？不过是赚钱的方式不同罢了。

有的人靠体力赚钱，靠的仅仅是劳动的双手，如果他一天没有劳动，就没有收入；而有的人靠自己建造的某个系统赚钱，就算他某天没有工作，还是有财富滚滚而来。一个人赚钱能力的高低，用什么方式来积累财富，是与他的工作方式有关的。

有这样一个小故事，美国一个摄制组，找到一位柿农，表示要买他的柿子。于是，柿农找来了自己的邻居，自己用带弯钩的长竿将柿子钩下来，邻居在下面用蒲团接住，一钩一接，配合默契，大家还相互谈笑风生，唱歌助兴。美国人把这些有趣的场景都拍了下来。临走的时候，那些

美国人付了钱，却没有拿走那些柿子。柿农们都感到很奇怪。其实这并不奇怪，因为那些美国人就是靠他们所拍摄的这些影片来赚钱的，他们的目的并不是柿子，而是由柿子产生的信息产品，那才是真正值钱的东西。

农民们忙了一年所带来的财富，却远远不及这一段小小的纪录片。由此可见，人不仅要凭着体力劳动或技术来赚钱，还要学会思考，学会用自己的创意来赚钱。很多年轻人可能会认为自己没有创意，没有创造新事物的能力。其实，创意不仅仅是创造新事物那么简单，它可以是一个新鲜的想法，也可以是一种稍稍改良的做法。不要轻视这些微小的创意，也许它们就可以给你带来巨大的财富。

想法、创意再好，也需要尝试。在尝试一件事情之前，不要急着去否定它，只要有了新想法，就应该尝试，因为只有行动才能带给我们足够的财富。如果像人们说的那样，“晚上想了千条路，早上还是沿着老路走”，那就不可能有任何的进步，更不可能奢望积累更多的财富。

创造财富一定要勇于尝试，不断找出自己可以改变的地方，找出目前做事方法的缺点和不足，然后试着进行改造，也许因此就可能产生新的创意。

美国摩根财团的创始人摩根，原来并不富有，夫妻二人仅仅靠卖鸡蛋维持生计。但聪明的摩根善于观察和思考，他看到人们总是喜欢买妻子的鸡蛋，弄明白了原来是人们眼睛的视觉误差，使自己大掌中的鸡蛋变得小了。于是，他立即改变了自己卖鸡蛋的方式：用浅而小的托盘盛鸡蛋。果然，他的销售情况有所好转。但他并没有因此而停止思考研究，既然视觉误差能够影响销售，那经营的学问就更大了。于是，他对心理学、经营学、管理学等进行了研究和探讨，最后创建了摩根财团。

对于成功来说，创意固然重要，然而敢于尝试的心则是更重要的。年轻人如果顾虑太多，总是困于自己原有的知识水平，不敢冲出自己的圈子，并且害怕自己的生活会因此变得更苦，那么他永远都不会与财富结缘。那些成功的人士都曾经冒过一定的风险，当过第一个吃螃蟹的人。

正如俗话所说的“富贵险中求”，安安稳稳地生活，注定不可能与财富结缘。

只有善于思考，对自己的想法勇于尝试的人，才可能取得成功。即使你的想法并不完善、并不是成熟，你也可以进行尝试，然后在实践中完善自己的想法，没有任何一件事情，是在一开始就非常顺利的。但是，如果不进行尝试，那么你将与成功无缘。

“超人”牌剃须刀占据中国电动剃须刀市场的21%，但是他们的创业之路非常坎坷。开始的时候，应家兄弟是做电器配件的。有一次，大哥到山西出差，看到人们在排队买电动剃须刀，于是就特意买了一个。大家都觉得这个东西很有市场，于是决定做电动剃须刀。

几个兄弟开始繁忙地联系业务，订单有了，生产的事情却让他们大伤脑筋：当地的塑料加工工艺没有优势，很多零件要到全国各地去采购，增加了成本，不但如此，因为没有经验，剃须刀还出现了质量问题。但是，失败并没有击败他们，他们一次又一次地从市场、技术、销售等方面做了详细的调查和分析。最终，他们决定从刀片上打开市场，开始了自己的事业。而今，“超人”牌剃须刀已经与飞利浦、博朗、松下3家著名厂商所生产的剃须刀并列为全球四强。

由此可见，创意对于创业固然重要，但是最重要的还是尝试的勇气，只要有勇气尝试，就有可能用自己的方式创造财富。勇气是年轻人最大的财富和力量，大家要谨记此点，要用勇气来开创自己全新的人生。

别担心自己没帮手，共赢才会有发展

霍英东曾经说过：“我的人生之所以成功，不仅是因为我自己赚到了钱，还因为我帮助所有和我合作的人一起赚到了钱。从朝鲜战争时的那一批人开始，所有帮过我，或者与我合作过的人，个个都赚钱、发达……”在成功人士的眼中，只有帮助别人成功过的人生，才是真正有价值的人生。

反观现实中那些成功的优秀人物，他们无一例外地让他们的合作伙伴，甚至他们的客户都成功赚到了钱。所以，一个人想要成功，就要有共赢思维，有合作的意识。想要别人帮助你，你就要先帮助别人、成就别人，然后才可能成就自己。不要说没有人帮你，没有合作伙伴，没有帮手，只要你愿意寻找，那些与你有共同志向、共同利益的人都可以成为你的合作伙伴。

只要是相互合作，追求的就是一起成功，而不是自己成功，别人却在原地踏步。所以，合作的双方不应该是对手，而应该是朋友，是伙伴，是双赢的关系。这样就算为了他们自己，他们也会尽全力帮你。如果你决定一件事，只对自己有利，而对别人是无利甚至微利的，那么别人帮助你的意愿就降低了很多，做起事来自然就没有干劲，你的事业也就会受到影响。

那么什么是真正的共赢思维？怎样才能实现共赢呢？共赢是双赢的一种拓展，也就是在处理各个方面的关系时，能够实现大家都能赢利，共同把蛋糕做大，实现“1+1>2”的结果。比如，有A、B、C三个国家，A盛产石油，但是缺少船舶；B国盛产牛肉，但是缺少石油；C国盛产船舶，但牛肉是日常用品。最佳途径就是把A国过剩的石油销售给B国，把B国过剩的牛肉销售给C国，把C国过剩的船舶销售给A国，弥补各自的所失，然后从交换之间获取利润。其实，这就是商业的本质，只不过人们通常不能看清楚、看明确，以致出现了多次交换，从而抬高了成本。

还有时，人们在做事的时候把自己的情绪掺入其中，于是出现了“两败俱伤”的局面，这是不成功的合作方式。一个人想要获得巨大的成功，不仅仅要考虑自己的利益，还要综合考虑各方的利益，让大家都受益。

在这个知识经济的时代，战略资源已经变成了知识和信息，这些资源都是可以共享的，共享它们不会给任何人带来任何损失，却会让每个人都更加受益。有这样的共赢思维，大家都会更加乐意帮助你，因为与此同时他们也帮助了自己。

怎样建立共赢思维？怎样才能实现共赢？首先，要主动考虑别人的利益。共赢不可能自然地实现，只能是人们刻意追求的结果。追求共赢的前提，是清楚地认识共赢的好处，并站在对方的角度考虑问题，主动考虑别人的利益。这就要求我们做事前先要做人，做一个为别人着想、乐于助人、品德高尚的人。其次，各自提供自己的长处，并取得共同的利益，就像“各尽其能，各取所需”所说的那样。整合你与别人的一切资源，让各自都实现最优化，用彼此的长处来经营事业，最终实现共同成长、利益共得，让大家都实现自己的人生价值。

这样的共赢思维，必然会为大家的人生都带来最大的利益。比如，携程和如家两家企业就是由一个“共赢团队”组成的，在这个队伍里，梁建章是技术神童，沈南鹏是投资银行家，季琦被誉为“永不停息的创业者”，范敏是国营旅游业的老手。当资本与技术，创业热情与实践经验结合在一起，它们能够发挥的能力是无穷的。当然这4个人都很有远见地选择了向前，追寻前面更大的成功，他们依靠彼此实现了各自的人生价值，取得了共赢。

年轻人想要自己在事业上有更大的发展，就要有共赢思维，不要有“吃独食”的心态，否则就会引起别人的反感，从而影响自己的事业。

别担心自己不专业，有想法就有出头的希望

只要一个人有眼光、有想法，一切问题就不再是问题。资金可以采取银行贷款，专家可以聘请，甚至和有专业素质的人合作。阿里巴巴的马云

曾说过这样一句经典的话：“我为什么能活下来？第一是由于我没有钱，第二是由于我对互联网一点不懂，第三是由于我想得像傻瓜一样。”

一个人不可能在每个行业都非常精通，一个公司要经营下去要用到很多专业，而你不可能同时精通这些专业相关的知识，怎么办？当然要请人替你打理。这样看来，每个人都可以创业，都可能成功。但事实并非如此，成功忠于那些有头脑、有想法的人，一个想法可以价值百万元。

怎样的想法才可能帮助自己取得成功呢？答案就是寻找大家都需要的东西，然后让专业人员帮你打造这种东西，实实在在地创造价值。在日常生活中，我们永远都会有感觉麻烦、不方便的地方，永远都会有需求。然而，找到这种需求，并找到解决的办法，就是一个人的创意，也就是成功的基础。

一个人一定要坚持每天思考，一定要真正弄懂自己想要做什么。如果你还没有弄明白，那么就一定要积极地寻找一条途径，一条可以帮你带来财富的途径。

霍英东在从事房地产行业之前，从来没有涉足过这个行业，他一直在从事海上航运业务。可在那时，他就预料到我国香港航运事业的繁荣必将带来金融贸易的发展，从而又促进房地产的开发。于是，他抢先把经营重点转向了房地产开发。开始，他也和别人一样，自己花钱买旧楼，拆了后建成新楼出售。可是由于资金少，发展比较慢。后来，他想出了自己的办法，采取房产预售的方法，利用购房者的定金来盖新房。这就是所谓的“卖楼花”，这一创举使霍英东的房地产生意大大兴隆起来，一举打破了我国香港房地产生意的最高纪录。

他原本不是房地产方面的大鳄，但是因为他有想法、有眼光，创造了“卖楼花”这种崭新的方式，大大加速了他的资金周转，最终获得了巨大的成就。因此，大家也要有自己的想法，旧的行业可以有新的发展模式，新行业更是如雨后春笋、层出不穷。大家面对如此多的机会，一定要有自己独特的眼光和思维方式。

只要你决定自己要成功，就要不断地为自己寻找道路和方法。想法怎样来？就是不断地想着自己怎样才能成功，事事留心、处处观察，这样自然能够找到一条道路。有想法就要做下去，这就是成功的秘诀，专业让你对某个领域更精专，也许能够帮助你更快得到发展，但它并不是成功的唯一出路。

成功需要专业人员的帮助，但并不是所有专业人员都能够成功。专业是技术，但是仅依靠技术绝不足以获得成功，获得财富。现在很多加盟企业，都是把自己的技术专利转让给其他人，让更多的人用他们手中的钱帮你赚钱。因此，只要你有好的想法，不仅可以让专业人员帮助你，还可以借助别人的专业技术。

关键是你能够创造一个好的盈利模式，有好的想法，有创造性的思维，并且敢想敢做，才有可能成功。很多人都觉得任何事情自己解决了才能够显示出自己的智慧，因此不惜花费更多的精力，浪费更多的时间，来钻研自己丝毫不熟悉的领域。然而，这样的人即使再聪明，也不可能有多大的成就。

你应该把思想集中到那些可以为自己带来收益、带来财富、带来成功的地方。如果你是一个想法很多的人，就应该整合自己的想法和别人的专业技术，即别人的技术资源加上自己的创意和计划，那么才有可能获得成功。

永远不要为自己没有的懊恼，要为自己拥有的东西想出路、想方法，这样就算你只拥有一项本领，也可以出人头地。

第4章

即使是不成熟的尝试，也胜于胎死腹中的空想

面对人生之路，我们常常会小心选择，看到别人超越了自己，越是着急越不得其法，到底是什么阻碍了我们的成功呢？是选择的一条错误的路，导致人生某阶段的失败吗？不是，是你任何路都不敢选择，你不走，就永远不会知道这条路通向哪里。所以，勇敢一点，哪怕是错误的、不成熟的尝试也是一种进步，至少你知道哪条路是错误的了。

本来无望的事，大胆尝试就能有所突破

莎士比亚说："本来无望的事，大胆尝试，往往能够成功。"

很多初入社会的年轻人，没有做事业的资本，没有广泛的人脉关系，想要闯出一片自己的天地很是艰难。因而在社会的压力下，在成功人士耀眼的光环下，很多年轻人丧失了信心，即便有完美的想法和策略也不敢对人讲，更不敢付诸实践，怕失败，怕被人嘲笑，怕遭受打击。可是要知道，每个人都曾有过无数个第一次，每个成功者的背后都可能有无数次失败的尝试，即使是不成熟的尝试，也胜过胎死腹中的策略。尝试了至少还有成功的机会，而不尝试，你永远也不可能看到成功的大门开向哪边。

我们都知道爱迪生发明电灯的故事，为了找到合适的材料做灯丝，他先后做了1600种不同的试验，试用了各种各样的耐热材料。后来，他全力在碳化上下功夫，仅植物的碳化实验，就达600多种。经过3年时间，终于在1880年上半年研制出较满意的竹丝电灯，然而他并未满足，依然大胆进行各种尝试，最终制造出了震惊全球的钨丝电灯。试想，爱迪生若只是把找灯丝作为一种想法，而不付诸行动，恐怕我们到现在还在点煤油灯；再者，若爱迪生找到几种比较满意的灯丝就停止尝试，那么我们今天随时随地、无时无刻都能享受到的光明也就不存在了。

所以说，尝试是破土而出的幼苗，看似力量微弱却可以突破头顶的土层，迎来阳光和雨露。尝试的力量不可估量，它是走向成功的第一步，是精彩大戏上演前必须拉开的帷幕。前方是未知的，只有不断地摸索尝试才有成功的机会，只有勇于尝试、坚持不懈，才会有成功的那一天。

曾经在电视上看到过这样一则动画：

烈日下，一群饥渴的鳄鱼栖身于一片池塘之中。已经一个多月没有雨水了，曾经的池塘快要干涸了，鳄鱼们为了残存的水源互相残杀。然而几天又过去了，依然没有雨水注入，池塘已干枯得只剩些许污泥。面对这种情形，一只小鳄鱼勇敢地起身离开了池塘，它尝试着去寻找新的绿洲。其他鳄鱼呆呆地看着它，似乎它将要走向一个万劫不复的地狱。然而，当池塘完全干涸了，唯一的大鳄鱼也因饥渴而死去的时候，那只勇敢的小鳄鱼却经过多天的跋涉，幸运地在途中找到了新的栖身之所，在这片干旱的大地上，等到了雨季的再次来临。

尝试需要无畏的勇气，大胆地尝试才能取得更好的结果。小鳄鱼勇敢地尝试，换回了自己一条鲜活的生命，如若不然，想必它也难逃丧生池塘的厄运。可见，勇于尝试的精神很重要。

当然，勇于尝试并不仅仅是精神上的，还需要身体力行，切实地落实到每一个行动上。只有不断地坚持尝试，跌倒了再爬起来，不气馁、不抱怨，才能真正地迈向成功的彼岸。

刘明从学校毕业后，一直干劲十足，总想做出一番让人刮目相看的事业来，一则体现自己身为名牌大学生的价值，二则光宗耀祖、成为让人羡慕的人。然而接触到实际的工作之后，刘明总觉得自己有所欠缺，做任何事都没有十足的把握，因此很多任务他都不敢主动接手，也不敢承担一些棘手的工作。久而久之，上司也认为他不适合做大事，所以只交给他一些简单的工作，于是，刘明成了公司里打杂的人。就在他为自己的工作苦恼不已时，公司派来一位新上司接任原来的上司。新上司对刘明说："不要给自己找任何理由和借口，没有任何事情是要等到十拿九稳才能去做的，如果永远不开始，你只会一事无成。行动吧，大胆地尝试，失败也是一种收获呀！"听了这番话，刘明开始认真反思并努力工作，不久便成为这家公司最优秀的职员。

年轻人做工作，像刘明这样畏首畏尾、对自己没有信心的人很多。他们不是没有能力，而是不敢跨出迈向成功的第一步。"没有尝试，就不知道问题在哪里”，“不经历失败，就不能进步”，任何一种不成熟的尝试，都要胜于胎死腹中的策略，不做就永远没有成功的机会。

年轻人经验少，就更需要不断去尝试，在尝试新的未曾做过的事时，才能有新的突破和发现。很多人不敢学游泳，不敢走夜路，不敢上课提问，更不敢上台演讲，这种种的不敢，都是给自己设下的无形障碍。也正是这些障碍，使我们裹足不前，错过了许多机会。要记住，在尝试新事物的过程中肯定有输有赢，但如果你什么都不敢去做，主动投降，只会一输到底。

法国有句名言：“一个生平不干傻事的人，并不像他自信的那么聪明。”不愿意冒任何风险，不愿意尝试任何新事物的人，他们的生活很难有新的突破和发现，甚至很难遇见新的机遇。只有不断地尝试，我们的智慧才能得到增长，我们的能力才能得到提升，我们的思想才能得到升华；只有不断地尝试，我们才能攀上一个又一个人生的高峰。

消极悲观的话语，会粉碎你内心的希望

永远不要听信那些消极、悲观的话语，它们只会粉碎你内心最美好的梦想与希望！

从前，有一群青蛙组织了一场攀爬比赛，比赛的终点是一个非常高的铁塔的塔顶。一大群青蛙围着铁塔观看比赛，但蛙群中没有谁相信这些小小的青蛙会到达塔顶。

比赛开始了。一些青蛙在下面议论，“这太难了！它们肯定到达不了塔顶！”“它们绝不可能成功的，塔太高了！”听到这些，除了情绪高涨的一些青蛙还在往上爬外，一只接一只的青蛙开始泄气了。青蛙们继续高声喊叫：“没有谁能爬上塔顶的！”此时，越来越多的青蛙退出了比赛。

最后，其他的青蛙都退出了比赛，除了一只青蛙，它费了很大力气，终于成为唯一一只到达塔顶的胜利者。其他青蛙都想知道它是怎么成功的。有一只青蛙跑上前去问那个胜利者：“你哪来那么大的力气爬完全程？”结果它发现那只胜利的青蛙是个聋子。

这个故事的寓意是：永远不要听信那些消极、悲观的话语，它们只会粉碎你内心最美好的梦想与希望。要牢牢记住你听到的充满信心的话语，因为所有你听到的或读到的话语都会影响你的行为。所以，二十几岁的年轻人要随时随地保持积极、乐观的态度，最重要的是：当有人告诉你，你的梦想不可能成真时，你要变成聋子，对此充耳不闻，要总是想着，我一定能做到。

有一个书生骑着骡子，带着一个书童挑着书陪他进京赶考，路过一个村子时，有人在背后指指点点：“瞧，这个书生骑着骡子赶考。”于是，书生把骡子送人了，自己带着书童去赶考。走了一段，又有人说：“瞧，这个书生带着书童去赶考。”听到此话，书生又把书童辞了，自己挑着书去赶考。一会儿，又有人说：“这个书生挑着书籍去赶考。”书生听了丢下书籍，什么也不要了。最后，他身无分文，沿途乞讨。看到他的人又说：“看，这个书生什么也不带，还进京赶考呢！”书生听后，后悔不已。

每当书生听到别人议论自己，就做出一项决定，仿佛自己活着就是为了满足别人的议论。这也从另一方面表明了这个书生对自己的极度不自信。一个不自信的人，怎么能意志坚定地追求自己的目标呢？但如果我们真的不能摆脱不自信的困扰，那么就选定一个目标，并且坚定地实现它，相信它的结果会使你重拾信心。

人生的道路上到处布满了荆棘，我们可能会经历各种各样的挫折。年轻人走在这条崎岖的道路上，如果没有坚强的意志，那么将不会享受到真正的人生；反之，如果一个年轻人有足够坚强的意志，即使遇到挫折和失败，也不会停下来，在每次跌倒后，都会顽强地爬起继续前进，那么不久他将听到人们的称赞。

二十几岁的年轻人要对自己的目标充满信心，始终向着心中的目标前进，即使别人都失败了，你也要相信自己会像那只失聪的青蛙一样，成为唯一的成功者。

只要勇于开始，永远都不晚

古语道：“亡羊而补牢，未为迟也。”我们总以为开始太晚了，就因此放弃。殊不知，只要开始，就永远不晚。

日语班里来了一位老者。“您是给孩子报名的吗？”登记员问他。老人回答说：“不，是我要报名。”登记员愕然。老人解释说：“儿子在日本找了个媳妇，他们每次回来，说话叽里咕噜，我听着着急。我想同他们交流。”“您今年高寿？”“68。”“您想听懂他们的话，最少要学两年。可您两年后都70了！”老人笑吟吟地反问：“姑娘，你以为我如果不学，两年后就66了吗？”

老人学与不学，岁月终将流逝，然而，能够开心地和儿媳交流，可使老人获得更多的快乐。有了开始就有了成功的希望，没有开始，就永远没有成功的可能。事情往往如此，大家总以为开始太晚了，就因此放弃。殊不知，只要开始，就永远不晚。无论是二十几岁的年轻人抑或是迟暮的老人，都是按照岁月的年轮在前行，然而不同的是，有人主动站起来朝着自己的目标走，而有些人只是木然地躺着，全然不知自己想要怎样的人生。这就是有人年纪轻轻就可以取得人生的大丰收，有人活了一辈子却依然是空白的原因：不曾开始便永远不会成功。

我们常常在想有一天要去做什么、学什么，可是始终没有开始，总是觉得好像已经来不及了，这种借口一直以来阻碍着二十几岁的年轻人向上的脚步，不是没有能力，而是借口太多。在人生中可以学会些什么、拥有些什么或追求些什么都很难得，所以千万不要画地自限，只要及时开始，人生随时都会有很多收获。任何事情只要你开始去做，永远都不会太迟，不管成败与否，至少对自己有个交代，努力过了便没有遗憾。

曾经看到过这样一个故事：

美国老人哈里·莱伯曼退休后，常去一所老人俱乐部下棋，消磨晚年时光。一天他又去下棋，女办事员告诉老人，他的那位棋友因身体不适，不能前来陪他下棋了。看到老人一副失望万分的样子，热情的办事员建议他到画室去转一圈，如果有兴趣可以试画几下。老人听了哈哈大笑："你说什么，让我作画？我从来没有提过画笔。"

然而在女办事员的坚持下，莱伯曼还是来到了画室。那一年，莱伯曼80岁，第一次摆弄起画笔和颜料。回忆起这件事，老人感慨地说："这位办事员给了我很大鼓舞，从那以后，我每天去画室，我又重新找到了生活的乐趣。退休后的6年，是我一生中最忧郁的时光，没有什么比一个人等着走向坟墓更烦恼的事了。"从事了这项新的活动后，莱伯曼感到仿佛又开始了新的生活。

提起画笔后，莱伯曼全身心投入，进步很快。81岁那年，他参加了一所学校专门为老年人开办的10周补习课，第一次学习绘画知识。第三周课程结束后，老人对任课教师——画家拉里·理弗斯抱怨说："您对每个人讲这讲那，对我的画却只字不提，这是为什么？"理弗斯回答说："先生，因为您所做的一切，连我自己都做不到，我怎敢妄加指点呢！"最后，他还出钱买下了老人的一幅作品。

从此，老人更加勤奋了，对绘画倾注了全部的热情。4年后，老人的作品先后被一些博物馆和许多著名收藏家收藏。美国艺术史学家斯蒂芬·朗斯特里评价莱伯曼是"带着原始眼光的夏加尔"。

在莱伯曼101岁这年的11月，洛杉矶一家颇有名望的艺术品陈列馆举办了题为“哈里·莱伯曼101岁画展”的展览。有400多人参加了开幕式，其中不少是收藏家、评论家和记者。在开幕仪式上，莱伯曼对嘉宾们说：“我并不认为我有101岁的年纪，而认为我有101岁的成熟。我要向那些到了60、70、80或90岁就自认为上了年纪的人表明，这不是生活的暮年。不要总去想还能活几年，而要想着还能做些什么，这才是生活！”

二十几岁的年轻人要记住，如果你愿意开始，认清目标，打定主意去做一件事，而且全力以赴、坚持不懈，那么只要开始，便永远不晚。苏格拉底临终前还在跟他的弟子若无其事地讨论问题；圣伊格拿修虽然已经上了年纪，但还跟他的弟子们坐在一起学习，因为他需要而且希望学习。

“晚”之于成功，恰如挥一鞭之于千里马。然而在一鞭打在身上之后，是飞奔向前还是继续酣眠，就是我们不得不面临的抉择了。

千里之行始于足下，千里马不跨第一步，与驽马无异，彷徨、犹豫甚至气馁，只会让我们落后乃至失败。是做一匹真真正正的千里马还是由千里马堕落为驽马，二十几岁的年轻人，你应该学会自己选择！

上帝的延迟，并不是上帝的拒绝

看过电视剧《士兵突击》之后，很多人记住了执着的许三多，很多人记住了“不抛弃，不放弃”的精神。作为二十几岁的年轻人，应该做到在最艰难的时候，不要放弃，即使没有人看好你，也要给自己加倍的信心，相信成功会在终点迎接你。

一个农场主在巡视谷仓时不慎将一只名贵的金表遗失在谷仓里。他四处翻找无果，于是在农场门口贴了一张告示：如果有人能够帮忙找到金表，奖励100美元。

面对重赏诱惑，人们全都卖力地四处翻找，但谷仓内谷粒成山，还有成捆的稻草，要想在其中找寻一块金表如同大海捞针。

人们忙到太阳下山，仍没找到金表，于是他们开始抱怨，一会儿抱怨金表太小，一会儿又抱怨谷仓太大、稻草太多，最后他们相继放弃了100美元的奖励。而有一个穷人家的小孩在众人离开之后仍不死心，努力寻找，他已整整一天没有吃饭，希望在天黑之前找到金表，解决一家人的吃饭难题。

天越来越黑，小孩在谷仓内坚持寻找，突然他发现，当一切安静下来后，有一个奇特的声音，那声音"滴答、滴答"不停地响着。小孩顿时停止寻找，谷仓内的"滴答"声更加清晰了。小孩寻声找到了金表，最终得到了100美元。

成功如同谷仓内的金表，早已存在于我们周围，散布于人生的每个角落，只要执着地去寻找，专注而冷静地思考，我们就会听到那清晰的"嘀答"声。成功的法则其实很简单，那就是执着，然而大多数人却没有坚持，甚至不屑于去做，于是成了成功门前的过客。

年轻人大都好面子，喜欢谈成功的经验，而不喜欢讲失败的教训。因为谈起经验面上有光，而说到教训总感到心中有愧。其实，教训大可不必讳言，它与经验同等重要，应该引起年轻人的重视。

据一项心理学统计，一个普通的人可以忍受被拒绝和失败的次数通常以3次为限，但是一个成功的人，他可以忍受失败的次数是几次呢？答案是：无数次！"只要功夫深，铁杵磨成针"，执着是我们共同的导师，缺少执着是人类共同的敌人。但是执着不等于一味埋头苦干，也要学会巧干。例如，愚公移山，愚公的精神是好的，可是这种执着不被现代所提倡，总结规律，提高效率，这样做事的效果才是最好的。

美国最伟大的总统林肯坚信："上帝的延迟，并不是上帝的拒绝。"成功就是屡败屡战，然后从每一个失败中寻找不足，把每一次失败的经验当成自己下一次成功的资本。所以对于二十几岁的年轻人来说，失败并不可怕，我们应把它当作一种宝贵的人生经验，以乐观的心态、思考的眼光看待失败。反而是那些一向顺风顺水的人，没尝过吃苦的滋味，一遇到挫折和困难，便容易一蹶不振。

二十几岁的年轻人正处于人生的起步阶段，所以失败在所难免。我们需要记住先哲的一句话："生命中的每个失败，每个伤痛，每个打击，都有其意义。当你正视失败，并把失败看做成功的基石时，成功就会降临在你头上。"

走自己的路，让别人说去吧

在成功的路上，可能会有一部分人不理解你、误解你，甚至你的亲人也会反对你，不支持你。这时，你是放弃自己的梦想，顺应他人，还是坚持自己的想法，相信别人到最后一定会理解你？意大利诗人但丁说得好："走自己的路，让别人说去吧。"

如今的年轻人，喜欢特立独行，如果把这种精神运用在获取事业的成功上，就是一种积极的做法，就是值得鼓励的。但仅体现在服装上的奇装异服和行为上的诡谲，就是一种幼稚的表现。

有一个部门经理，每月有六七千元的收入，社会地位也比较高。但他发现了出租自行车给刚到北京的外国人逛胡同用暗藏着巨大的商机。而他选择的地方，就在自己公司的办公楼下，随时可能遇到上班的同事、上司，其中不乏自己的老同学。但他没有犹豫，第二天就向公司递出了辞呈。他说，最难熬的是第一天，他守着几百辆自行车，很多人都以为他沦落成街头看管自行车的人，还有同学好心地要给他介绍一份好一点的工作。那时，他特别尴尬。但想到自己的雄心壮志，还是忍了下来。不久，他取得了一些成绩，成为一个老板，他到处雇人帮他租车，开出的月薪超过了普通行业的几倍，而且也不需要更多的技术。由于大部分人放不下面子从事这份工作，他开始找那些从外地来打工的人为自己工作，自己则到处考察其他适合做这个生意的地方。就是凭借着这个小生意，他获得了巨大的成功，成为同事朋友们津津乐道的成功人士。他说，幸亏他当初不顾家人的反对、众人的嘲笑，坚持了下来，否则就不会有今天的成就。

希望获得成功是要付出代价的，其中的一个代价，就是遭受非议。只有获得成功，才可以让众人明白，你当初的选择是对的，用成功去证明自己是阻止议论的最有效的方法。

面对议论，我们要泰然处之，既不要夸大了议论的作用，也不要小看了流言的压力。顶住议论的压力，不是轻易就可以做到的，但只要我们相信自己是正确的，就应该坚持自己的想法，无论别人说什么，都不为所动，才可能实现自己的梦想。

有很多人失败不是因为能力不够，而是因为性格软弱，容易动摇，一旦别人否定了他的想法和做法，他就会觉得自己可能错了，而这时一旦遭遇挫折，他就会退却。这正是一种不自信的表现，只听信了片面的劝告，而不能自己做出判断，就会摇摆不定，这是成大业的大忌。年轻人经验不足，在听取他人的意见的同时更要有自己的判断，不能偏听偏信，更不能怀疑自己获得成功的可能。没有人可以击垮你的自信，除了你自己。关键时刻，怀疑自己会让一个人功亏一篑。如果你确认自己的行为是对的，就要坚持下去，绝不动摇，不要听取负面的语言，那些否定你的语言，只会让你退缩，让你失败。

我们在上学的时候，往往最信任、最尊重老师的意见，因此，他们说的话我们都是容易相信的，这就会变成我们的潜意识，不断地影响着我们。走入社会后，大家容易听信上司、同事的话，以此来博得他们的认同，因此，周围人对你的评价始终会左右你，绝不会对你毫无影响。很多曾经的神童正是不断被人们怀疑的评论扼杀，变成了平凡人。也有很多人因为亲人的信任和鼓励，变成了卓越的人。我们不能改变别人对我们的评论，却能够控制自己对别人评论的态度。当你面对“你以为你是谁”“你只是个穷人的孩子”“你不能”“你做不好”这些会影响到你的评论时，你要做到听而不闻，保持好的心态。当别人否定你时，自我肯定一句“我一定行”“我会证明给你看我能成功”，在每一句否定的批评后面，加一句肯定的自我鼓励，这样我们就会不断坚持自己的想法和做法。

“走自己的路，让别人说去吧”，年轻人一定要坚持自己正面的想法，不轻易接受负面的评论，不受别人负面看法的影响。

选择你所喜欢的，喜欢你所选择的

对于如何选择和对待自己的职业或者事业，每个人都有一定的标准，或者以发展前景为标准，或者以薪资多少为标准，或者以自己的能力专业为标准。

大多数二十几岁的年轻人选择工作时，首先便以自己的专业为标准，学管理的便想进入大公司的管理层，学财务会计的就想马上坐上财务主管的宝座，可是往往事与愿违。事实上，除非是家族企业，否则，很少有大的公司会把自己的管理层交给一个初出茅庐的年轻人。也有的年轻人在选择工作时，以薪资的多少、福利的好坏来选择。这是所有公司最讨厌的一种态度，还没有为公司做出贡献，没有证明你的能力，便首先谈论报酬问题，说明这个人太功利，他可能会为了更高的薪水去跳槽，公司怎么肯冒这样的风险呢？

那么，我们要以什么标准来选择工作才会让别人不厌烦，肯接受，自己也有更大的发展前途呢？答案就是“选择你所喜欢的”。这里的喜欢不是一时的兴趣，也不是简单的爱好，而是自己对一种职业的高度热情。这种热情不会因为困难而被浇灭，也不会随着时间的流逝而减少。你可能有很多的业余爱好，但你愿意以全部的生命和时间去投入、去博取的职业，才是你最有热情的、最喜欢的职业。孔子学音乐“三月不知肉味”，好读书者“一天不读书，便觉满口铜臭”，这就是热情的力量。我们无论选择职业还是选择事业，都要以自己的热情为标准，才能有更持久的动力。否则一旦热情减退，你就会陷入麻木的工作和生活中。

“选择”的课题，是一个远古的争论，大多数的专家学者都同意根据自己的爱好去选择自己的学业和职业。那么当你做出了选择，你就必须学会牺牲一些东西。有舍才有得，选择，就是一个舍得的过程。人的精力是有限的，人生总有一些遗憾，这些遗憾就表现在，如果你选择了自己有热情的职业，就必须暂时放弃其他你也有兴趣的东西，专门去做你选择的职业。当一些最基本、枯燥、乏味的技巧折磨你时，你要做的就是坚持，继续喜欢它，绝不放弃。很多学音乐的人都知道，那些枯燥的音符、单调的技巧训练会把人逼疯；那些学绘画的人也知道，最初的素描练习、光和影的揣摩是最让人不耐烦的。很多人都有过退缩的念头，但只有保持原始的热情，不断坚持的人才可能成功。

这就是“喜欢你选择的”，一旦我们确定了自己的热情兴奋点，就要不断地坚持下去。在自己枯燥的工作中重新找到自己喜欢的东西，不断激发自己对于所选职业的新兴趣，同时，这也是在考验我们的忍耐力和智慧。每一项工作，都有它枯燥乏味的地方，只有不断找到自己对工作的新的兴奋点，才能够坚持下去，有所成就。

文化大革命时期，一位音乐老教授被派去铡草，和他同去的老教授们有的不久病逝了，有的愤而自杀了，只有他不仅坚持到了文化大革命结束，而且回到了讲堂上，在新的讲堂上，他的技艺非但没有退步，反而有了很大的提升。学生们问他有什么秘诀，他回答说：“因为我在农场铡草的时候，都是按照4／4拍的节拍进行的。”

成功的秘诀就在于坚持你所选择的。在老教授没有选择的余地时，他尚且能够找出自己在新工作中的兴奋点，何况是我们选择了自己最喜欢的职业呢？我们更有理由不断找出自己新的热情，去克服那些枯燥无聊的程序式的东西。你可能对某一行业有着持续的兴趣，但你也一定有厌倦自己的选择的时候，这时最重要的就是坚持下去，重新找到自己选择它的理由，不让自己的厌倦情绪毁掉自己多年的热情。

这就是对待工作应该有的积极的态度，永远热爱自己的工作，会让你更成功。当我们充满热情地去工作就会发现自己无所不能，无论什么样的困难都不能阻挡我们。

我有一个推销保险的朋友，他的勇气我自愧不如。在还没有意识到保险必要性的农村推销保险是一件非常有挑战性的工作，但他很喜欢自己的工作，并且他每次向客户推销时，你都会觉得他推销的险种是最好的，最为客户着想的，最适合客户的。他总会花很长的时间去了解一个人的家庭状况，订出最适合客户的保险，然后推销给客户。如果一个人因为不理解他而拒绝他，他就会顺便向客户灌输理财的观念。我曾经问他有没有怀疑、厌倦过自己的工作，“当然，而且不止一次，”他说，“但我总能从我的工作中找到新的乐趣。比如，我去年刚刚为一个孩子上好保险，他就被小狗咬了。通常都是家长们带孩子去看病，然后来报销。但我那次刚好在现场，就和他的父母一起带他去了医院，孩子好了以后，他们对我万分感谢。我想我的工作就是为千家万户送去欢乐的，在他们遭受不幸的时候，同时给他们补偿。我为什么不能继续下去？有一瞬间，我突然意识到自己从事的工作是多么伟大，所以我不会接受任何人的拒绝，不会因为拒绝而懊恼，我要让更多的人看到保险给他们带来的实惠和保障。”

在这一刻我才明白，原来他是这样看待自己的工作的，而不是把它仅仅看成一种谋生的手段。一个如此热爱着自己工作的人，他怎么会不成功呢?

年轻的朋友们，这世上的职业千千万万，你只有选择自己最喜欢的，才能不断地坚持下去，你只有热爱自己所选择的，充满激情地去工作，才能获得成功。在面对人生的岔路口时，我们一定要坚持“选择你所喜欢的，喜欢你所选择的”。

人生所有的时间里，“现在”是最棒的

我们可能不断地在回味过去的精彩，无时无刻地梦想未来可能获得的成就，但记住所有的时间里，只有“现在”是最有意义的。

有两个年轻人，他们一起在一个旅行社工作。不久，他们都意识到自己的英文能力不足以胜任现在的职位，但他们都不想放弃。其中A立刻参加了一个培训班进行培训，而B则决定自己在家学习。结果B因为不善于管理自己的时间，并且缺少坚持下去的动力，不久就放弃了。A则相反，既然自己的钱已经交了，他就必须强迫自己念下去。不久，他就通过了资格认证，并且在培训班上认识了一个女生，顺便谈了一场恋爱。结果，当B收拾东西离开公司的时候，A不仅升了职，而且订了婚。

有时候，我们的确不能做到今日事今日毕，因为有太多的诱惑让我们放弃今天要做的东西。而我们唯一的方法就是，每天记下明天要做的事，并且一定完成它，让自己每天的行程都有一个固定的计划。如果我们决定做一件事，就不能三天打鱼两天晒网，而要坚持下去，甚至让培训班来约束我们。望着计划兴叹，是徒劳的，只有马上行动起来，你才会赢取胜利的果实。

如果一个人的生命只剩下最后一天，我相信每个人都会用尽自己最

后一点力量来做好今天的事，而不管结果如何。我们也要把自己的每一天当作生命的最后一天来使用。这样我们就会马上去行动，做自己希望完成的事。

相信不少人早上都会使用闹钟，让它把自己从睡梦中唤醒，然后马上起床去做事。我们不但要在早上使用闹钟，而且要时时刻刻提醒自己该做什么了，快点做好手头的工作，不要耽误下面的计划。

我们无法改变过去，也无法准确地预见未来，于是，“现在”便成为我们生命里最重要、最精彩的时刻。如果在过去的时间里，你重视了每一个“现在”，那么你就没有什么可后悔的；如果今天开始，你重视每一个“现在”的时刻，那么你在未来的日子也就不会留下遗憾。我们相信未来，却要重视现在。相信未来，能让我们获得信心，获得从过去的泥淖中站起来的力量。重视现在就如同我们为未来的大厦添上的每一块砖瓦，积累的每一次进步。如果说，从回想过去中我们能获得经验，那么，从正视现在中我们就能获得进步。每天获得一个小的进步，在将来的某天，我们就能成就大业。

对于年轻人来说，你们已经获得了一定知识和生活常识，已经不再幼稚；对于已经有家室的中年人来说，你们还是自由的、轻松的；对于那些已经获得成功的人来说，你们还可能获得更大的成就，你们还有大把的时间可以去奋斗。

有人说，二十多岁不是做梦的年纪，而是该明确方向的时候了。是的，如果你还没有一个明确的目标，那么，应该抓紧确定自己的方向。如果你已经有了一个明确的目标，那么从现在开始行动吧，努力过好自己的每一刻，让成功离你更近。

从小步开始，增加“走出大步”的可能

二十几岁的年轻朋友可能还沉醉于灿烂的梦想之中，却不知如何去实现它。那么怎样让自己迈出走向成功的第一步呢？

“千里之行，始于足下”，只要我们迈出自己微不足道的一小步，命运就会推动它的车轮，带我们走向远方。

所有的大厦都是由一砖一瓦建起来的，我们要想走向成功，就必须从眼前的小事做起，不断思考，充分利用自己的智慧。如果你只想着成就大业，而不屑于身边的小事，就不能够一点一滴地积累自己的资本、人脉以及做事的经验。即使有一天机遇来到你的面前，你也会因为缺少必要的准备而被淘汰出局。

如果上天给你500万元，你最想做什么？这是很多人都遇到过的问题。典型的回答有3种：一种是用于消费；一种是用来创业；还有一种是存起来或者进行再教育，等到时机到来的那一天再投资。且不说消费，那是享乐主义者的选择。如果你是个初出茅庐的大学生，你真的有勇气把所有的资本用于投资创业吗？别忘了，你既没有投资经验，也没有人可以帮你。我想最切合实际的还是先为别人打工，或者进行一笔小型的投资，等获得了成功的经验，找到了成功的路径再进行大手笔投资。从小步开始，才能增加“迈出大步”的可能性，如果你走路还在摔跤，此刻，让你健步如飞的前进就是痴人说梦。

为了不让自己摔得太狠，以至于一蹶不振，我们还是要稳扎稳打，循序渐进，这样更有利于取得成功。

有一个故事：一群人带着大批钱财去山里淘金，一个老汉每天卖茶给他们喝。3年过去了，那群人花完了所有的钱财，却毫无收获，衣衫褴褛

地从山里出来了。他们走进山脚下的一个餐馆吃饭，发现餐馆的老板看起来很眼熟。这时老板走近他们："今天你们的饭钱我包了，我就是那个在山上卖给你们茶喝的老汉啊，幸亏有你们捧场，我今天才挣够了钱，开了这个餐馆，我要感谢你们。"

比起淘金来，卖茶的确算不上赚钱的生意，但老人肯于做最小的生意，并慢慢积累财富，最终拥有了自己的餐馆。而淘金的人只看到了挣大钱的机遇，没有看到其中的风险，最终变得一无所有。

大事业有大风险，在我们对风险的承受能力不足时，我们要采取稳健的方法，从小事做起，踏踏实实地做事，这样才能保证自己不在起步的时候就被打倒。有人说，做生意什么时候都能赔，只有第一次不能赔，否则你就会失去勇气，而勇气正是一个人成功的保障。我们要学会保护自己的勇气，而不只是单纯地鼓励自己要勇敢。

要想避免自己在开始的时候摔倒，就要小步地开始尝试，然后加大步幅，加快速度，冲上成功的巅峰。长跑的时候，并不是开始跑得最快的人就能获胜，参加过长跑的人都知道，开始时要保持自己的体力，而竭尽全力地快跑100米以后，你就会疲劳，这时只有维持正常跑步速度，才不会落后太远，当快到终点时，竭尽全力，你就可能拿到第一。人生就是一场长跑，比的不是在开始的时候谁跑得最快，而是谁能在开始的时候不摔跤，保持实力。如果你一开始就失败了，就意味着你不但损失了金钱，而且很可能会失去别人的信任，最重要的是，你的信心会受到打击，这才是无法估量的损失。

二十多岁的年轻人，正处于血气方刚的阶段，希望做一番大事业，实现大梦想，不屑于做小事。但这种态度将导致最终的失败，即使不会失败，也会让自己的人生充满挫折。

年轻的朋友们，如果想要获得成功，就要从小事开始努力，保持良好的习惯，积累自己的资本和人脉，当机遇来临时，我们才能抓住时机，大步迈进，达到事业的顶峰。

要为成功找方法，莫为失败找理由

成功者永远不认为没有办法，只是这些办法还没有找到，或者时机还不成熟。

纵观古今，成功的人总是在为成功找方法：没有钱就贷款；货物积压太多就找销路；销售不好就做宣传。而失败的人总是在寻找退缩的理由：做这个肯定不赚钱；做那个肯定要亏本；家庭负担太重，不能离开工作；要有一份固定收入才会放心。

二十多岁的年轻人可能会说，我家在农村，既没有祖业，又没有人脉关系，工作都是自己好不容易找到的，要想成功谈何容易？

事实证明，那些想要成功且又有方法的人，做事总是特别顺利，也特别容易达到目标。而那些认为命运是上天注定，做成一件事会有千万种困难，遇到挫折就怨天尤人的人，他们的道路往往坎坷，做事也不容易成功。这是因为这种人把做事的困难扩大化了，认为这种困难自己不能够逾越，所以，他往往在原地徘徊，不能够超越自己。而那些自信的人，则认为事情没有自己想得那么复杂、那么困难，只要练习一段时间，或者仔细寻找规律，细细观察，就会有应付的办法，不久这些办法就能够被他们运用自如。

西班牙航海家哥伦布功成名就以后，受到西班牙王室的尊重。一次西班牙国王邀请哥伦布参加一个重要聚会，那些贵族夫人们有些不服气，等到哥伦布到来时，冷嘲热讽地说，美洲大陆又不是哥伦布创造的，他不过是发现者而已，每一个去航行的人，都能够发现那块大陆，有什么了不起。哥伦布没有反驳她们，而是拿来一个鸡蛋，要求她们把鸡蛋立在盘子上，结果她们中没有一个人能做到。哥伦布拿起鸡蛋，磕了一下，鸡蛋立刻就立住了。夫人们不服气地说：“你没有说鸡蛋可以磕破。”哥伦布回答：“我也没有说不可以。每个人都可以用这样的方式把鸡蛋立在盘子上，这很简单，问题是，我是第一个想到这个方法的人。你们只会为不能而找理由，我却为能够找到了方法。这就是为什么是我发现了新大陆，而不是别人。”

世界没有为我们的成功要使用哪种方法而划定界限，我们只不过常常局限在自己的想法之中，不能够找到正确、简单的方法。命运之船在未知的旅途中航行时，重要的不是彼岸离我们有多远，而是我们有没有到达彼岸的决心、勇气和智慧。只要我们拥有了这些，就一定能找到成功的方法。而那些不断为失败找理由的人，只会不断失败。一个问题能改变一个企业的命运，一个方法能改变人的一生。只要我们善于找到问题所在，就能找到解决它的方法，从而一步步获得成功。

深圳机场有一个餐馆，利润总是不高，经理找到了专家为他们想办法。专家首先问道：“利润是收入和成本之差，你们的成本很高吗？”“不！”经理回答道，“我们的成本是同行业中比较低的，员工工资也不太高。”“那就是你们的收入较低？”“是的，我们的日营业额不是很高。”“你们的客人少吗？”“不，我们的店里经常人满为患，餐馆里从来没有空位。”“那就是流量不够大。”“是的，很多客人到我们店之后，不会点很多食物，但他们不会离开。我也很纳闷，但也不能赶客人走。”“那他们在店里，都朝什么地方看？也就是你们店里有什么比吃的更吸引人吗？”经理回答不出来，只好观察了一天。第二天，他兴奋地向专家说：“我知道了，人们都在盯着我们店的飞机航班大屏幕看，因为他们不怕误了航班，所以才会待着不走。”“那你有解决的方法了吗？”经理皱起了眉头：“我不能够撤掉那个屏幕，这样客人们就会因为不方便而不再上门。”“是的，但你还可以采取其他的办法，比如，不时地让航班出点故障，这样客人们就会匆匆吃完，匆匆离去。”于是，这个餐馆凭借着伪装航班显示故障，增加了客流量，提高了利润。

有时候，我们只知道出了问题，却不知道问题究竟出在哪，从而找不到解决的方法。因此，成功的第一步就是让自己找到问题的症结所在，然后根据症结，找到解决的方法。只要向自己多提几个问题，找到它的答案，我们就会找到解决问题的方法。因此，遇到成败这样的大问题时，我们一定不能只想到借口，而要思考怎样才能成功。

其实，失败本身并不可怕，真正可怕的是将失败的原因归结到他人或者外部条件上——千错万错都不是自己的错，自己不过是运气不好，或者是时机不对。这些人没有从失败中吸取经验教训，没有从自身找原因，反而以借口不断原谅自己，敷衍别人，从而失去了承认错误的勇气，同时也失去了进步的理由和动力。失败的借口让我们无法突破和克服自己的弱点，导致我们不断失败。而只有承认自己的不足，并找方法去弥补缺点，取得进步，才会不断超越自己，达到成功。

无论我们遇到什么状况，最先想到的应该是积极地想办法解决。在人生的道路上，所有人都会遇到各种各样的考验，成功的人善于不断地找到解决它们的方法，我们也要像他们一样养成不推诿、积极找方法的习惯，这样才能获得成功。

第5章

不是忙碌就有收获，重要的是找到合适的方向

很多人整天忙忙碌碌，却达不到自己想要的结果，过不上自己想要的生活，这是因为他的忙碌没有价值，至少没有向着自己的目标而努力。“南辕北辙”的故事大家都知道，任何人都要尽量避免这种情况的发生。年轻人可能会多次走错路，但这都没有关系，只要你在那条路上走得还不太远，都可以选择回头。忙而有顾，希望大家在忙碌的时候，能够抬头思考一下自己选择的路是否正确，是否适合自己。

忙而不乏味：让自己的职业与兴趣结合

年轻人总喜欢使自己处在忙碌的状态，认为这样就可以证明自己在重要的岗位上，有一种到处被需要的感觉。忙碌的状态并不错，但一定要忙而有目标，一定要向着一定的方向努力、忙碌，否则，就容易陷入茫然，陷入生活的迷雾；忙碌并不错，但一定要忙而有顾，要围绕着自己的兴趣爱好选择自己的职业。

在日常工作中，能够从事自己最喜欢的事业，是一种幸运。有人说："工作要爱你所做的。"这并不错，如果自己本来并不喜欢某个职业，却只能无奈地从事这个职业，那爱你所选就是一种无奈的安慰。这难免有些勉强。当然，最好的状态就是因为喜欢所以选择，并且因为选择了而更加喜欢。

一个人能够为自己喜欢的事业做点事情，感觉是很幸福的；如果在自己喜欢的职业上取得了成功，就会更加满足。围绕自己的兴趣爱好选择职业，可以让人生减少很多遗憾。一个人对一个行业感兴趣，如果始终没有进入这个行业，无论多么成功，他也总会有一点遗憾。

李嘉诚曾经说过这样一段话："对我自己来说，我曾经经历过几个不为人知的夜晚。其实，我并不喜欢做生意。我在1950年开始做生意时，我是准备用三四年时间让这个公司成功，然后就把这个公司卖掉，然后拿卖公司的钱再到学校去读书。我父亲、祖父、曾祖父都离不开教育，他们都是读书人。因为战争和贫穷，我到中国香港无法读书，但我10岁时已念到初中了，我小时候还是喜欢念书的。我以为经营几年公司之后还可以再去念书，但是我需负担整个家庭。后来，发生了一个意外，生意伙伴亏了钱，所以我不得不继续做下去。"

由此可见，即使成功如李嘉诚者，也会觉得有遗憾。原因就在于他没有能够在自己喜欢的、感兴趣的领域做过事情。当然，后来他捐建了许多中学、大学、图书馆等来弥补自己的遗憾。如果李嘉诚真的在教育方面发展过，可能他并不那么成功，但他肯定会更愉悦。

每一个领域，进入一个阶段以后都会变得枯燥乏味，而人们凭借什么才可以熬过这个阶段？有人靠毅力，有人靠兴趣……当然，靠兴趣熬过这个阶段肯定要容易得多。因为，好奇前面还有怎样的奇景，并且自己对这个领域是衷心热爱着的，这样的情感可以帮助你更容易克服枯燥的感觉；而如果真的凭毅力，那将十分难熬。一个人肯定会对自己喜欢的，并已经选择了的职业更加投入，也许这就是所谓的负责吧。

30岁之前，一定要找到自己真正感兴趣的职业。当然，每一个人的兴趣都是广泛的，但是你不可能有接触所有兴趣的机会，至多有两三个机会可供选择。因此，找出你衷心热爱着的，而又在这方面有一技之长的职业，并专心地做下去，最终才可能获得成功。

在日常工作中，当一方面忙着自己不知道是否喜欢的工作，另一方面却想着自己喜欢的职业是什么样子的，那么你的工作专注度就会受到很大的影响。与其将来一边想着工作，一边想着如果当初我选择了……不如在就职前做好慎重的选择，或者多从事几项职业，找出自己最喜欢、最感兴趣的。

大家还记得“南辕北辙”的故事吗？在一个不正确的道路上越前进，跑得越快，目标就会离你越远。弄清楚哪条道路才是达到自己终极目标的道路，弄清楚哪条路对于自己来说才是正确的路，对一个人至关重要。年轻人可能会多次走错路，但这都没有关系，只要你在那条路上走得还不太远，都可以选择回头。忙而有顾，这个“顾”就是希望大家在忙碌的时候，能够抬头思考一下自己选择的路是否正确，是否适合自己。

哪些可以作为职业，哪些仅可以当作业余爱好，每个人都应该有自己的判断。走在那些可以走得很远、很坚决，而又能够满足自己兴趣的道路上，你才可能一路开心，也才可能有所成就。

忙也要会思考：认清自己想要的是什么

成熟的忙碌状态，应该是一边忙碌一边思考，而不应该像无头苍蝇那样，到处乱飞乱撞。古人讲究“学而有思，思而有创”，其实无论做什么事，一边忙碌一边思考，或者用思考指导行动，才是正确的方式。做事不能机械，选择人生更不能盲目乱撞，一定要真正清楚自己想要的到底是什么。只有这样，才能有所思，也才能有所为。

年轻人要善于思考，才能在思考中找到方向，得到长进，而那些未经过思考就做出的决定一定是最不理智的。不要整天忙于庸庸碌碌的事情，一定要抽出时间思考。决定前，要思考怎样做对自己最有利；决定后，要思考怎样落实才能最快、最有创意；实施过程中，还要不断思考怎样才可以省心、省力、省时间。总之，思考应该成为年轻人的常态。

“忙”是实践，“思”是指导，正如人们常说的：“多经一事，多长一智。”忙的时候，也是增长智力的好时机。但如果仅仅是做事、忙碌，而不屑于思考，恐怕也难有大的长进。我们要重视实践，也要注重对实践过程和结果的反思，因为只有一边实践一边反思，才能更多地掌握规律、积累经验。在事业的转折点上，尤其如此。当不知道自己到底想要什么的时候，我们常常会做无用功。有一个或多个明确的目标，可以让我们的前进方向更明朗，让我们少走弯路。

现在就想一想什么是你想要的成功？什么是你想要的人生？金钱，地位，名声？这些都是工具，或是载体，你到底需要什么？美国社会心理学家马斯洛曾经提出“需要层次论”，把人生的需求按照重要性和层次性排成一定的次序，分别为生理需求、安全需求、社会需求、尊重需求及自我实现需求5个方面。虽然，这里没有必要详细解释每一个方面究竟是什么意思，但你要在这5类当中选择出自己希望的理想状态。比如，你希望自己处于一个怎样的生存状态？是只要满足最基本的物质需求就可以了，还是希望得到更高的享受？很多成功人士，他们对于生存的需求可以说是很简单的，甚至是很朴素的。因为，没有人可以在这5个方面得到完全的满足。比如，孟子所说的“舍生而取义”，就是满足了自己被尊重的需求，而舍弃了生存。

明白自己想要什么，你就会对自己想要怎样的生活有了一个大致的概念。比如，你想要成功，不计一切手段，那就是说你必须舍弃一些享受；你想要趁着年轻享受生命，享受一切美好的东西，可能就意味着你要暂时舍弃很多东西。

懂得自己想要什么，懂得自己必须因此而舍弃什么，对于年轻人来说是非常重要的。因为，这是你最终的目标。如果从没想过到哪里去，你就不会知道哪条路是对的，也就无所谓达成目标，也就没有成就感了。

现在必须想一想自己真正想要的到底是什么。当然，不同的人生阶段有不同的需求。弄清楚自己目前阶段最需要的，可以帮我们更有目的、更明确地做事。我们必须想清楚，成功对于自己意味着什么。是数不清的财富？是我们心灵能够靠自己的能力完成一件事情的满足感？是人们羡慕、信任的目光？还是一个幸福的小家？

只有把自己的需要具体化、视觉化，才能让自己在前进的过程中不被迷惑，不走弯路。同时，我们还要想清楚怎样做才能获得更多的技巧，并且运用怎样的技巧，才可以把想做的事变得更加简单、明晰。在思考和实践的过程中不断增加智慧，然后用智慧去指导自己的行为，这才是忙碌的正常状态。

一个成熟的人，应该在忙碌之前，想清楚自己为什么而忙碌；在忙碌的过程中，想清楚怎样才能让自己变得不那么忙碌。忙碌中的思考，最有利于提高我们的谋划、驾驭及应变能力。年轻人应该做到忙而有思，不能碌碌无为。

忙也要有道理：忙要忙在点子上

一个人如果忙在点子上，就会很容易看出效果；如果总是忙不到点子上，就会看起来很忙碌，却没有一点成效。每个人的时间和精力都是有限的，如果总是在处理那些可做可不做的事，就看不到自己的成绩。正所谓“好钢用在刀刃上，好活忙在点子上”。

比如，做菜。如果你一直在忙着洗菜、切菜，即使你洗切得再好，菜不是你做出来的，功劳也不归你。五星级大饭店的大厨，只做最挑剔客人点的几道重点菜，却是后厨最不可缺少的人。由此可见，功劳最大的人一定不是那些最忙碌的人，而是那些平时看起来并不忙，关键时候能够出得上力的人。

小丽在超市做推销工作，平时除了推销之外，她与几个同事还要负责清扫、配货及搬货等工作。小丽不擅长处理这些杂事，但是她善于推销商品，于是总是站在离门口最近的地方等待顾客；然而，她的同事们不情愿和顾客打交道，只得做那些杂务。每到月底，小丽总是能拿到最多的薪酬。同事们心有抱怨，向老板告发她不做杂务。小丽也觉得不好意思，只得要求老板取消自己的底薪，只凭提成拿薪水。即使这样，小丽的薪水仍然高于周围的同事。不久，小丽就做了超市的店长。

由此可见，一个人有没有成就，有没有功劳，绝对不是根据他的忙碌程度来计算的。有人喜欢说：“没有功劳，也有苦劳。”这种观点是不正确的。因为，在现实社会中，没有功劳就等于没有一切，而不管你有多辛苦、多忙。

怎样让自己忙到点子上呢？那就要看你所在的部门最重要的事情是什么，或者每天都有哪些重要任务，而不要在无关紧要的事情上多耽误时间。当然，一个刚刚进入公司的年轻人，大家可能不会把重要的事交给他，在做好做完美那些“所有人都能干好的事”之后，不要顺手扫地擦桌，如果你不是第一个月进公司。

不妨看看周围的人都在做什么，不妨向领导汇报一下自己的工作和想法，看看自己还能做哪些事情，或者想一想公司最近有什么动向、有什么决策，主动争取一些任务等。如果你在业务部门工作，那就明确多了，因为你的终极任务就是争取更多的订单，推销出更多的产品，或者把自己的公司介绍给更多的顾客。

一个人是否忙到点子上，不是看他是否做好“分内的事”，而是看他在“分内的事”之外，还做了多少。在日常工作中，没有人能够明确地告诉你到底要做什么，而只会告诉你把一件事做好，或者去做另一件事，至于做到什么程度，谁都不可能规定。很多时候，有些人忙是因为别人把不是他分内的工作都推给了他，使他分身乏术。这时，想要忙到点子上，显然是不可能的。

年轻人肯定会遇到这样的事，同事拜托你的事可以拒绝，如果是领导让你做的呢？那真的会让你忙得焦头烂额，与其这样，不如工作只做一半。比如，领导让你做某个案例，你只要拟订好大概计划或提纲，并做出重点提醒别人就足够了。具体的事你可以说自己分内的事情还没有做完，而把余下的环节留给领导，或者交给有时间的人去做，再或者交给你目前正在带的新人。这样并不为难，既锻炼了自己的能力，又不会让自己消耗过多的精力在繁杂的事务上。

其他的事情也是这样，不仅仅是工作，家庭中的事务也一样，你不可能每天抽出时间大扫除，也不可能每天都有心情请客吃饭或者浪漫一番。做到点子上至关重要，打一个电话只需要花15分钟，可把这15分钟用到哪里效果是不一样的。用于和恋人情意绵绵，她只会觉得你在敷衍——有时间不如约出来一起吃顿饭；用于和客户聊天，他会觉得你不尊重他——你应该在工作时间上门拜访；用于和爸妈聊天，他们会感觉很幸福——孩子这么忙居然抽出时间打电话，亲人会非常感动。

每天写几行文字，你会变得丰厚；每天做几分钟运动，你会变得更健康；每天多思考一小时，你会变得更成功。时间用在哪里，你的收获就在哪里。我们要学会把时间用在能够积累自己，让自己变得更丰厚的地方。

忙也需有章法：有理可依、有据可查

忙而不乱，就需要有章法，需要有流程。为什么要按照流程做事？除了能够不让事情显得混乱以外，还能够让我们少出错，即使出了错，也能以最快的速度找出漏洞，并弥补好。繁星动而不乱，百舸争流而不塞，皆因有章法、有顺序。

年轻人做事常常做不到这一点，他们喜欢随心所欲地做事，想做什么就做什么，甚至不按照领导的吩咐做事。往往在领导向他要案子时，他才想起来案子刚刚做了一半。于是，放下手头的事情，开始忙未完成的案子。忙完一件事，另一件事又接踵而至，于是总是忙得焦头烂额。这样做事，既不容易出成绩，又容易给人造成随性、邋遢、能力不足、难成大事的印象，对你的职场生涯极为不利。

想要让自己表现得井井有条，做事明快果断、利落，不拖泥带水，就要养成按照流程办事的习惯。首先，要学会制订计划，每个人每天都有忙不完的事情，而这些事情不可能在一天内全部完成，一份详细的计划，是让事情按照自己的意愿进行的前提。

做计划也要讲究方法。当领导交给你一项任务时，你首先要弄清楚，这件事情的最后期限，在之前的一两天就把整件事情办好交给领导。然后，衡量这件事情大概要进行多长时间，把每天的工作量都安排出来，按照事情的重要程度安排到最适合的日程表上，当然其中可能因为流程而拖延的时间也要计算在内。比如，很多单位星期六是不办公的，如果忘了计算这一点，就很有可能造成被动。

计算好整体的安排以后，还要对自己每天安排多少工作量、事情的先后顺序有一个基本的安排。对于年轻人来说，最大的浪费就是因为繁乱而造成的时间浪费。很多事情人们归结为“忙中出错”，其实都是因为没有按照流程做事而导致漏洞，最后漏洞越来越大，以致造成不可避免的损失。

曾经有过一个银行存款失窃案，其原因不过是银行的操作员在存款开户时，客户手续不全，缺少单位的税务登记证和机构代码，也没有单位负责人的授权委托书，但因为是银行行长的弟弟带来的，所以没有按照流程操作，违规开户。最终，让不法之徒有机可乘，造成了客户1500万元的损失。

当然，其中还有很多细节问题，比如客户资料没有妥善保管、违规对账等，导致了一个无法收拾的局面。一个国有大银行，居然在如此多的地方存在着管理漏洞，仅仅因为“人情”二字，就给客户造成了如此大的损失，令客户寒心。可此事会对这家银行的信誉造成怎样的影响，潜在中又失去了多少客户，这就是不好计算的了。

30岁以前从事的事情，可能没有那么至关重要，如果不照章办事，轻则让事情杂乱无章、没有眉目，重则会让自己无意中犯下重大的错误。没有一个人会不犯错误，尤其当一个人凭感觉做事的时候。每一个企业的规章制度，每一个行业建立的流程，都有它的合理性，是经过前人千锤百炼才总结出来的管理理论，是经过无数次的整合和实践才总结出来的行之有效的方法。下面就以看似简单的流水线作业来说明。

20世纪初，在福特汽车公司内，专业化分工非常细，仅一个生产单元的工序就多达7882种。福特通过反复实验，确定了一条装配线上所需的工人数目，以及每道工序之间的距离。这些都是通过最精确的数字计算和反复实践的结果，打乱一个小细节，整个流水线就会瘫痪。

做事情如果随心所欲，在平时可能仅有点忙碌，手足无措。可是，一旦到了真正需要相互配合、严丝合缝地协调工作时，这种杂乱无章的状态就会造成严重的后果。所以，忙也要有章有序，从现在开始，分析造成混乱的原因，通过科学的方法，来调整混乱的状态，从而高效地工作吧。

忙而有序：把重要的事放在第一位

做事情只有忙而有序，才能有张有弛从容不迫。面对繁杂的事务，一定要制订计划，分出轻重缓急，逐一落实，这就要用到一个重要工具——日程表。日程表是一个成熟的职场人士必不可少的东西，有了它，我们甚至可以把自己的每一秒钟都充分利用起来；有了它，我们可以安排最重要、最繁复的事情，在自己精力最充沛的时间段来做；有了它，我们的做事效率能够提高很多。

每个人每天都要处理很多事情，有的事情需要马上去做；有的事情需要慢慢地做；有的事情很简单，只要5分钟就可以完成；有的事情需要花费一个上午的时间才能处理好。那么如何来安排各类事务呢？下面的事例是很好的借鉴。

美国某汽车公司总裁莫瑞要求秘书给他呈递的文件，要放在颜色不同的公文夹中。红色的代表特急，绿色的要立即批阅，橘色的代表这是今天必须注意的文件，黄色的则表示必须在一周内批阅的文件，白色的表示周末时必须批阅，黑色的则表示是必须他签名的文件。

如果你也能够给自己做一个计划表，把一段时间内，比如一天内需要做的事情计划出来，然后合理安排一段时间来做某件事，事情会进行得有条不紊，处理事务的效率想必也会大大提高。首先要把每天需要做的事情都写下来，然后根据事情的重要程度和紧急程度分类。具体分类方法如下。

（1）紧急但并不很重要的事情。这类事情很紧急，往往刚一上班领导就在催促，但是其重要部分已经完成，只剩下了如签字或复核之类比较简单的事情，而你首先要处理的就是这一部分内容。因为，从悠闲状态进入紧张忙碌的状态，都是需要一个过程的，如果这时做重要的决定，往往会比较草率。做一些紧急的、简单的工作对于你来说相当于运动前的热身，是有很大必要的。

（2）重要且紧急的事情。这类事情对你来说是最重要的，而且是当务之急，只有迅速解决完，才能顺利进行其他工作。这种事情紧急而重要，你必须把它们处理好，不能再拖延。这样的事情应该在热身完后立即处理，因为这时你已经进入了工作状态，精力是最旺盛的，注意力是高度集中的，思路清晰，思考速度也很快，把紧急而重要的事情，放在这个阶段做，会既谨慎周密，又快捷高效。

（3）重要但不紧急的事情。总有一些事情是不紧急的，但它关系到你的长远发展，而且它需要你日复一日地慢慢去积累、去做。因为，它们没有规定的期限，或者期限比较远，没有人催促，你可能就会一直拖延。这些事应该放到时间充裕的下午去做。因为，处理这类事情并不需要花费很大的精力和很高的注意力，所以用下午时间来处理这样的事务再适合不过了。

（4）不紧急也不重要的事情。总有一些这样的事，根本不需要处理，随着时间的流逝，这件事情就没有意义了；或者不需要即时处理，只要在闲暇时间顺便进行即可。比如，浏览报纸的娱乐板块、整理书桌、做准备工作等。这些小事情，只要在喝水休息的时候，顺便做一下就会做得很好，而没有必要为这种小事单独安排时间。

（5）意外发生的事。每天都难免要处理一些意外的突发状况，它会打乱你的日程表，花费很多精力和时间。如果意外状况没有紧急重要到必须马上处理，那么在你的工作进展到一定阶段后再处理它是最好的。如果比较紧急，也比较简单，就需要马上处理，然后回到工作状态才是最好的方法。总而言之，要视意外的紧急程度和复杂程度而定。

每个人每天都有很多必须要处理的事情，把事情分出轻重缓急，用全部的精力和黄金时间应付那些最重要的事情，才能提高你的工作效率。这样才能做到忙而有序、有张有弛，或许还能忙中偷闲呢！

忙而有效：做事果断决策、善始善终

很多年轻人虽然整天都在忙碌，却看不到一点效果，看不到一点成就。事情做到一半，或者仅仅有计划，而没有行动、没有落实，效果就等同于没做。做事最怕有头无尾，有决策而没有落到实处，没有人会在意你在工作的过程中付出多少辛苦，或者有了多大的进展，他们要看的是你的成绩。因此，所有的老板都会告诉你："我不需要了解过程，我只看结果。"就算你有一千个计划、一万个正在进行的行动，也不如有一件落到实处的事。只有真正掌握在手里的才是财富，只有真正做完的事情才是功绩。对于个人来说，最艰难的时刻就是那些决定的时刻，因为人很容易逃避现实，明知怎样做才是正确的，偏偏下不了决心。

每件事情，你不可能在做之前就做好了完全的准备，所以你要担心的并不是出了问题怎么办，而是决定是否要做，以及怎样做。出现问题、矛盾并不可怕，可怕的是你不去解决它，它就会成为你的心事。只要下定决心，做了决定，就可以找出无数种方法来应对事情解决过程中所出现的问题。

很多年轻人之所以一直忙碌而没有结果，就是因为他们不能下定决心要做这件事，他们总是在左右摇摆、犹豫不决，于是很多事情就搁置了。

一件事情总是在等待解决的办法，对于事情的进展没有任何好处，还会不断消耗你的精力。因为，你每考虑一次这件事，就要把所有各个方面的事情都考虑一遍。逃避不能解决任何问题，唯一能解决问题的方法就是下定决心，一定要去做。至于怎样做，则是“车到山前必有路”的问题了。

还有一部分年轻人之所以忙而无果，是因为他们总是在决定之后没有落实，或者做事情半途而废，结果导致很多事情有头无尾；或者同时推进几个项目，但因为精力有限，导致事情后继无力，最终只得不了了之。这样的事情可能每个人都做过，如果继续这样做下去，你会发现虽然自己每天都在忙碌，事情却没有一点眉目。

想要忙有所得、忙有所获，就必须要摆脱总在进度当中的状态，要让每一天都有收获，每一件事情都有一个限制期限。做好了决定，就一定要立刻行动，不能拖沓，更不能半途而废，并且要做到这件事情有一个最终结果。当然，事情并不一定是耽误在自己手里，可能别人也会拖沓，也会不把事情落到实处，这就要有坚持的精神，看不到成果就要一直追查、追问，紧盯不放，直到有结果。

做一千件半途而废的事，不如做一件完完整整的事情。做事的过程中不要找任何借口来推脱，因为成功者只找途径，失败者才会找借口。如果能够做到这一点，你就是一个好的执行者，一般的年轻人在公司都处在执行者的位置，执行力是唯一能够自傲的地方，是唯一能够表现自己的地方，如果连执行也做不好，何况是决策呢？

面对领导交代的事情，成熟的年轻人只能回答“好，我马上去做”和“是，我一定尽力做好”这两句话，而不能有考虑、推诿的借口和理由，只有这样才能做到忙而有效、有成就、有收获。

忙而不盲目：做自己熟练而擅长的事情

一个人可以忙碌的事情很多，但如果每件事都要自己动手，就永远没有空暇时间。因此，忙碌也要有选择，在你最熟悉的领域，做你最擅长、最熟悉的事，可以让你事半功倍。

如果一个人总是觉得自己不够完美，而忙于弥补自身的缺憾，做自己不熟悉、不擅长的事，他就会有一种挫败感。这种挫败感会让他对生活、对自己丧失信心，甚至会陷入晦暗的境地。

有一位女强人小A，结婚后为自己不能够做出美味的菜肴而耿耿于怀。其实，她是一个很优秀的女人，她聪明、勤奋，为人也温柔大方，无论对于生活还是工作，都有自己独特的品位和情怀，同时，她的小家也很温馨。但是，她不能原谅自己提供不了丈夫的三餐，无奈只得去参加“主妇培训班”的课程。可能因为她真的没有天分，把很有耐心的老师也惹得频频发火。她觉得自己作为一个女人不会做饭，真的很“失败”。最终，还是她的丈夫帮她排解了这种挫败的心态。她的丈夫告诉她：“你已经很好了，我要的是妻子，而不是厨师。”

是啊，对于那些自己不熟悉、不擅长的事，你也要勇敢地说：“公司需要的不是……”公司之所以聘请一个人，看重的是他擅长、熟悉做的事，是一个人能够用自己熟悉做的事给公司创造的效益，而绝不是他的完美。世上没有完美的人，每个人都会有盲点和遗憾，每个人也都会有一些事情做不好，甚至是欣赏不了。

有时候，待在自己的位置，做自己熟悉的事，不要制造混乱，就是在帮别人的忙，尤其当这个人在某些方面特别有天分，而在其他方面一窍不通，甚至是“混乱制造者”的时候。

当年杨振宁在美国学习的时候，开始就在实验室，但因为他的动手能力实在太差，做实验时经常发生爆炸，所以当时的实验室流传着这样一句笑话："哪里有爆炸，哪里就有杨振宁。"最后，在泰勒博士的建议下，杨振宁放弃了写实验论文，把主攻方向转到了理论物理研究，从而最终获得了"诺贝尔物理学奖"。

没有一个人是完美的。一个人只有在他熟悉的领域里做熟悉的事，他的特长才能得到发挥，他的人生也才能实现最大的价值。如果一直做自己不熟悉的事、没有天分的事，那么你肯定会落在后面。陌生对于每个人都意味着"风险"，害怕这种风险是一回事，不要冒这种风险则是另外一回事。

隔行如隔山，只有对某个行业熟悉到一定程度，你才会发现其中的机会。每个领域都有人成功，但绝不会在短期内就获得巨大的成功。做自己最熟悉的事，就是把自己选择的成功之路变窄，从窄窄的门里走进去，你才能走得更远，走得更深入。

如果已经完全熟悉某个领域，并取得了成功，那么你可能对它边缘领域也有一点心得，这就是所谓的"触类旁通"。可是，如果一开始就想在两个毫无关联的领域并驾齐驱发展，恐怕很快就会尝到失败的滋味。实际上，那些最成功的人，他们真正负责的事情是很少的，都是自己最熟悉、最精通的事。

万通集团董事局主席冯仑说自己一生就做了3件事，即"看别人看不见的地方，算别人算不清的账，管别人不管的事"。看似高深，实则朴实，是一种复杂化以后的简单，是一种难得的境界。如果我们能够做到这种境界，就不会一直焦头烂额而毫无所得了。

选择自己最熟悉的领域，做自己最擅长的事，你就会快速地成功。最短的路，就是最熟悉的路；最快捷的做事方法，就是自己已经熟练了的方法。选择做最熟练的事，不为难自己，才是成熟的人应有的境界。

忙而有乐：工作与生活都要当赢家

一个人为自己的人生忙碌，永远觉得充实而幸福，但是忙碌也要有度，要懂得平衡生活和工作，否则，因为工作上的忙碌而放弃了正常的娱乐、休闲活动，人生还有什么意思呢？就算你人生的意义都体现在你的工作当中，可是你周围的人不一定这样认为。因为工作忙碌而无暇顾及家庭，那么家庭最终也会成为工作的负担。

为工作忙碌是一种充实，为生活忙碌也是一种快乐，前者为你的人生增加价值，后者为你的心灵修葺港湾。不懂得休息，就不能更好地忙碌，人生不能总处在战斗的状态，娱乐作为生活中的一部分，作为休养生息的一种手段，一定要“做好”才能让自己“备战好”，才能有更大的精力来冲刺事业。

可是，常常有这样一种“休闲”状态，难得有假期，于是全家人都忙忙碌碌地准备行囊，和所有的人一起挤着去“旅游”，去“观光”，排着队“休闲”。难得的假期，每天都有满满的行程，这样的假期还有什么意义？过一个比工作还要劳累的假期，能够享受到什么呢？

休息不仅仅是“游乐”，更应该是一种放松身心的自我调整。只有这样才能做到有张有弛，而不会在“休闲”时间也像冲锋陷阵一样忙碌。“忙中有乐”讲究的是乐趣，所以不妨在日常时间里就为自己安排一些有乐趣的“娱乐活动”，在长假里合理安排一下自己的纯休息时间，调整一下自己的状态，这样的“忙中有乐”才能够真正享受到生活的美好。

一定要抱着享受的态度去对待生活中发生的一切，有句话说得好：“当时只道是平常。”意思是少年时代的美好时光都不以为然，认为是很平凡、很普通的事情，回忆起来却觉得很珍贵。如果你不想有这样的遗憾，就要学会好好享受生活中的每一刻，无论是忙碌的时间还是闲暇的时光。

采撷生活中的每一个精彩片段，人生就会变得更加丰富。在忙碌的空暇时间，偶尔抬头看看身边的云彩；午饭过后倚着阳光打个小盹，到厨房精心煲一锅汤，听着锅中“咕嘟咕嘟”的冒泡声，就有种幸福飘然而至的感觉。

每天都有三五分钟的空闲时间，这时，不妨忘记身边的一切，进入一个冥想的世界。尤其是脑力劳动者，在空闲的时间里，让自己的大脑停下来，只做一些简单的运动。

每个周末，都可以用两天的空闲时间去探亲访友，或者联络同事间的感情，或者进行一些大采购。这两天最好不要去健身室集中健身，运动健身是一个需要长期坚持的事，而不是集中时间就可以补回来的。这段时间比较充分，如果不是到很远的地方，那么来一次“一日游”也是不错的选择。如果因为平时太忙没有时间打理家务，那么这是一个很好的时间，进行一次大扫除，把家里的窗帘、被单都换一个新的风格，换换自己的心情。

忙碌毕竟只是生命中的一部分，无论它占据我们生命中多大的一部分，人生的意义和价值是要靠它去实现的，但是生命不仅仅需要意义和价值，同样需要我们用来享受和经营。在日常生活中，我们越是忙碌，精神越是紧张，就越需要更多的空闲时间来缓冲头脑的疲劳，休闲娱乐只是一种方式，最终要达到的目的其实就是休整。这个休整包括精神、肉体及心灵三方面的休息，只有这几个方面都休息好，我们才能够达到工作与生活的整体平衡，实现双赢。

第6章

理清思路找到出路，别甘心成为大多数

美国著名成功学大师皮鲁克斯有一句名言："先人一步者，总能获得主动，占有利地位。"在这个竞争激烈的社会，一个人想要成功就要走出自己的路，敢为天下先。在成长的路上一旦觉察到先机，就应该立刻行动起来，占领先机，走在人先。最终，才能在别人前面获得决定性的胜利，才能让理想变为可能！

按图索骥画不出精彩人生

二十几岁的年轻人正值人生的花样年华，也是思维最活跃的时期，不应该墨守成规，毫无朝气。

“物竞天择，适者生存”，这是不变的真理，当今社会瞬息万变，年轻人是否能拥有别样的人生，是否能成为走在时代前端的弄潮儿，就在于是否能打破世俗思维的枷锁，走出自己的一条路，按图索骥画不出精彩人生。

思维有一定的技巧性，思考每个人都会，可是为什么对于同一件事每个人的思考结果大相径庭，这是因为思维技巧不同。很多人总是固守常规思维，却解决不了问题，这时，聪明的人就会迷途知返，适时地转换思考方式，另辟蹊径。

有一家大公司的董事长即将退休，他想物色一位才智过人的接班人。经过一段时间的观察，他最后挑出了两位人选——约翰和吉米。因为他们都很精通骑术，老董事长便邀请两位候选人到他的农场做客。当他们到来时，老董事长牵着两匹同样好的马走了出来，说：“我知道你们二人都很善于骑马，这有两匹很好的马，我要你们比赛一下，胜利者将成为我的接班人。”

他把白马交给了约翰，把黑马交给了吉米。这时，老董事长开始宣布比赛的规则：“我要你们从这儿骑马跑到农扬的那一边，再跑回来。谁的马跑得慢，也就是后到目的地，谁就是胜利者。”

听了这话，约翰突然灵机一动，迅速跳上了吉米的黑马，然后快马加鞭地向前急驰而去。他自己的马却留在了原地。吉米感到约翰的举动很奇怪：“咦！他怎么骑了我的马呢？”当他终于想通了是怎么一回事时，已经太晚了。他的黑马遥遥领先，无论怎样追也追不上了。

结果，吉米的马最先到达终点，他输了。

老董事长高兴地对约翰说：“你可以想出有效的创新办法，能出奇制胜，证明你有足够的才智来接替我的位置，我宣布，你就是下一任董事长了！”

其实，人的智商是没有多大差别的，关键在于谁能更好地运用自己的思维，谁能将问题转换到另一个角度。会思考的人才是最终的赢家，故事中的约翰就是个善于打破常规思维的人，他用逆向思维赢了吉米。

思维的改变往往会带来与众不同的结果，这远比固守常规思维，导致钻进死胡同的状况要好得多。而很多年轻人，总是把想法停留在一个点上，而忽略了其他的点。他认为这是前人走过的路、做过的事，既然成功了，这就是正确的，殊不知，世界在变，生活在变，思维也应该跟着改变。很多时候，只要转换一下思考问题的角度，事情的解决就会变得轻松自如。

有一位才华横溢的年轻画家，早年在巴黎闯荡时一直默默无闻、一贫如洗，一张画也卖不出去。因为巴黎画店的老板只寄卖名人的作品，这位年轻的画家根本没有机会让自己的画进入画店出售。

但是，这一天画店来了一位顾客，向老板热切地询问有没有那位年轻画家的画。画店老板拿不出来，最后只能遗憾地看着顾客满脸失望地离去。

在此后的一个多月里，不断有顾客来店里询问是否有那位年轻画家的画。画店的老板开始为自己的过失感到后悔，并且渴望再次见到那位如此“有名”的画家。

就在老板十分焦急之时，这位年轻画家出现在了画店老板的面前，他成功地拍卖了自己的作品，并因此一夜成名。

原来，当这位画家兜里只剩下十几枚银币时，他想出了一个聪明的方法：他用钱雇用了几个大学生，让他们每天去巴黎的大小画店四处观看，每人在临走时都询问画店的老板：有没有这位画家的画？哪里可以买到他的画？

这个充满智慧的年轻画家便是毕加索。

毕加索不仅是个天才艺术家，从这件事上，可以看出他也是个智者，改变命运就应该从改变自己的思维开始，他用了一个小小的计谋，开始了自己成功的第一步。或许很多人在遇到毕加索这样的情况时，会怀疑自己的能力，却不懂得运用思维推销自己，即使他们才华横溢，也终将被埋没。

朝气蓬勃的年轻朋友们，让你们的思维和你们的年龄一样富有朝气吧，不要按图索骥，应打破常规。思想是行动的领导者，精彩的想法才能创造精彩人生！

让思想无限接近零缺陷

成功者的共同特点，就是能心思缜密，能够抓住整个事件的一些细小环节，清除思想中的死角。

托尔斯泰曾说过："一个人的价值不是以数量而是以他的深度来衡量的。"

生活中很多年轻人考虑事情总是欠周全，做事又马虎了事，于是只能让事情草草解决。思维决定行动，更决定了习惯，长期的思维不严密，会让年轻人养成一种做事懒散、不严谨的作风。年轻人要杜绝"差不多、几乎、大约"等想法，因为这些往往是"差不多先生"的常用词，是毁坏整件事的蛀虫。

有时候，从思维的小处着手，往往能化腐朽为神奇，做到不可能做到的事。

从前，有个商人到一个市镇做买卖，身上带了不少金币，可那时又没有银行，走到哪带到哪，又重又不方便，还很不安全。于是，他一个人悄悄来到一个僻静之处，瞧瞧四周无人，就在地里挖了一个洞，把钱埋藏起来。

可是，第二天钱就不见了。他没有慌乱，而是慢慢地回忆，昨天确实没有人看到自己埋藏金币，它为什么会不见了呢？就在这时，他无意中发现远处有一间房子，房子的墙上有个洞，正对着他埋钱的地方。他突然想到，会不会是这房子里的人，从墙洞里看见自己埋钱，然后才挖走的呢？

于是，他打定主意，来拜访房子的主人："你住在城市里，头脑一定灵活。现在我有一件事要请教，不知行不行？"那人一口答应道："请说。"商人接着说："我是外乡人，特地到这里来办货，身上带两个钱包，一个放了500个金币，另一个放了800个金币。我已把小钱包悄悄埋在没人知道的地方。但是这个大钱包怎么办呢？是埋起来还是交给能够信任的人保管呢？"

房子的主人发现此人正是昨日埋钱的那位商人，于是贪心地对他说："什么人都不要信任，把大钱包同小钱包埋在一个地方最安全。"等商人一走，这个人为了不让商人发现自己的钱已被偷走，马上拿出挖来的钱包，又埋在原来的地方。这下可把躲藏在附近的商人高兴坏了，等那人一走，他马上将钱袋挖了出来，500个金币一个不少地回到了他的手里。

商人的想法着实很高明，让本来被人偷走的金币失而复得，他正是从思维的细密处着手，他看透了对方贪得无厌的心理，从而将计就计，让对方上了"当"。而对于一般人来说，在遇到这种情况的时候，考虑的就是如何直接去索取，那么事情的解决可能就不那么如意了。

很多年轻人都有美好的理想和改变命运的渴望，有远大的抱负和飞黄腾达的梦想，可是理想的实现如果没有周密的计划，就变成无法实现的梦想。很多年轻人一腔热血，为了实现自己的理想付出了艰辛的努力，投入了大量的身心资本，可往往因为一个没有预想到的意外，一切便化为乌有，不得不令人扼腕叹息。所以，只有让思维无限接近零缺陷，尽量减少思维漏洞，才能给自己增添一个成功的砝码。

2007年年底，何炜不得不放弃苦心经营两年的"娱乐网"。在投入40万元后，何炜没有赚到一分钱。

何炜毕业于一所名牌大学计算机系，2005年5月，正是大三下学期，课程不多，他便邀两位好友成立一家网络技术有限公司。公司有两块业务，一是帮其他公司建设网站，二是创建"娱乐网"——专为年轻人的吃喝玩乐提供点子。公司投入十几万元，他用父母给的钱投资了三四万元。

何炜的想法很简单，利用“娱乐网”与一家时尚杂志合作，在杂志上开辟专栏，并联手推出广告“买一送一”，即买纸质广告送网络广告，希望能快速做出影响力。让何炜没想到的是，实际操作中却是困难重重，本来他们的主攻方向是特色小店，可是这些店铺既没有做广告的需求，也没有这个能力。

2007年最末一个周日的傍晚，何炜亲手拔掉“娱乐网”服务器最后一根电源。对他来说，“娱乐网”就像是他的第一个“孩子”，那份珍贵无与伦比。但是，他也知道，如果再坚持就意味着更多的损失，“伤其十指不如断其一指”，只好含泪关掉。何炜说自己是“壮志未酬身先死”。

一个年轻人的创业梦就这么破灭了。其实，创办这样的网站，时机是对的，但是缺乏周密的计划，没有做充分的市场调研分析，没有构建必需的营销团队，更没有找到赢利点。一切皆因为没有缜密的思维而失败了。

像何炜这样因为计划不周全而创业失败的毕业生在现实生活中屡见不鲜，抱着美好的创业梦，他们放弃了毕业后找工作的一贯思路，决心靠自己的力量闯出一片天地。可是他们欠缺足够的社会经验，思考问题总是加入一些不切实际的因素，像这样不经过合理缜密的规划，必然导致失败。

二十几岁的青春年华，正是憧憬美好理想之时，每个年轻人都希望自己能在追求成功的路上少点坎坷，多些成功，而这就需要缜密的、成熟的思维，让思维无限接近零缺陷，才能让理想变为可能！

别总跟“志趣相投”的朋友一起

当我们结交朋友时，首先想到的便是志趣相投。很多二十几岁的年轻人总喜欢跟熟悉的朋友玩，不愿结交其他领域的朋友，因为觉得只有自己熟悉的朋友才更有安全感。还有些年轻人不愿跳出自己的社交圈子结交新的朋友，也不愿结交比自己能力强的朋友，他们只把自己的上司、客户当成利益关系的载体，从来没有想过，他们也可以成为自己的朋友，也是自己应该致力结交的。

固然，我们的朋友大都志趣相投，但这并不意味着志趣不一样的人就不能成为朋友。

朋友分为知心、知音、浅交、点头之交等几大类。

有的朋友来找你只不过是要和你谈论一个他学术上遇到的难题，或者冷门话题，当你还没想明白时，他又忽然警醒，匆匆离去。有的朋友，虽然你们经常一起吃喝玩乐，但有了困难，你第一个想到的并不是他，而可能是那个跟你只有点头之交的朋友，不只因为只有他有能力帮助你，而且你知道他绝不会找借口推托。有的朋友，我们会大半夜打电话给他，只不过想听听他的声音，因为他是你心灵的支柱。

为什么我们需要各种不同的朋友呢？因为我们在各方面有不同的需要。第一，我们需要有朋友和我们进行精神上的交流，我们就要有知己，来满足我们的精神需要。第二，我们有生活的需要，这时候找知己来似乎又不那么有情趣，所以我们要有“酒肉”朋友。第三，我们需要在困难的时候有人相助，这时候“酒肉”朋友和知音似乎又无能为力，所以我们还要有“互利”的朋友，肯帮助自己的朋友。第四，我们需要有朋友向我们提供各种不同的信息，我们就需要那些只有一面之缘的浅交。第五，我们有工作上的需要，这时与那些和你同行业的人交流，就变成了一件重要的事。尽管各种朋友之间交情的深浅不一样，需要他们的场合、情况也不一样，但每个人都要有这样几类朋友，才能让你的生活无忧，不至于在需要朋友帮忙的时候，找不到合适的人选。

大多数人对于朋友的定义都是很狭隘的，认为朋友就是那些志趣相投的人。这样的定义不够广泛，你的朋友也不会很多，而你看到的世界，也只是你眼中的世界，因为朋友的眼界和你是一样宽的。有些朋友，虽然和你志趣不相投，但他的眼界高，或者从事不同的行业，所以经常带给你不同的信息，开阔你的眼界，这样的朋友，我们要致力结交；有的朋友，虽然和你志向不同，但正因为他不了解你的行业，所以可以提出不同的想法，不断地给你启发，这样的朋友，我们也要致力结交。在工作交流这方面，尽管相同的行业可以有更多交流，但也就限制了你的思维。因为大多数同行都有固定的思维模式，反而是那些志趣不同的朋友可以给你更多的启发，更能拓宽你的视野。行业不同的朋友，可以给你启发，性格不同的朋友可以弥补你性格中的缺陷。我的一位朋友告诉我，你知道为什么我性如烈火，却要和你这个性格温顺的朋友交往吗？因为当我焦急不安的时候，给你打个电话，你的声音就能够安慰我，使我觉得安稳并冷静下来。

二十几岁的年轻人，正处在事业的上升阶段，人脉还不够广阔，还需要不同的人帮助，我们更需要的是能够赏识我们的伯乐，能够对我们的事业有更多助益的“贵人”，所以我们需要有多重意义上的朋友，而不只是知己。交往各种不同的朋友，在关键时刻都可以帮我们的忙。

我有一个朋友，交游甚广。他准备开一个网店，但他既不精通电脑，也不精通摄影，同样不精通商品介绍。如果这些都从“淘宝大学”学习，不但要花费不少钱，而且要浪费很多时间。他只请朋友们吃了顿饭，大家就打包票帮他把网店开起来。不久他装上了宽带，制好了模板，擅长摄影的朋友帮他拍好了照片并上传，小王则帮他写商品介绍。他的网店不几天就风风火火地开了起来，他还让朋友们抽空教他做各种事。当他的网店赢利的时候，每个朋友都得到了一件小礼物。

朋友的作用，不外乎帮助我们解决困难，或充实我们的内心。有的事，志趣相投的朋友可以帮我们，有些事，他们却无能为力。我们必须承认，每个人在各方面的能力是不同的，如果我们只结交志趣相投的朋友，就会束缚我们的志向和情趣。我们要交往比我们的志向更远大的朋友，他们会让我们的心胸更广阔；我们要交往那些比我们的情趣更高尚的朋友，他们会让我们的心灵更纯洁，让我们的生活更富有生机；我们要交往那些和我们的志趣不同的朋友，他们会让我们的生活更丰富多彩，知识面更广阔，眼光更长远。

年轻的朋友，你是不是有许多和你互补的朋友呢？相同的朋友，让你的世界更深邃，互补的朋友则让你的世界更完整。所以，多结交一些和你互补的朋友吧，他们会让你更快地接近成功。

时常拧一拧思想的发条

对于二十几岁的年轻人来说，活跃的思维是必不可少的，当今社会瞬息万变，每天升起的都是不同的太阳，昨天的思维或许就无法适应今天的现实。

威·赫兹里特说过："人的思想如一口钟，容易停摆，需要经常上紧发条。"同样的问题，在不同的情况下，类似的方法并不能解决。只有更新观念，才能与时俱进。

一个乞丐在行乞时遭到了一条狗的袭击，他十分恐惧，再次讨饭的时候，他捡了一块石头。然而这时他碰上了两条狗，于是他不得不捡了两块石头，然而他又遭到了一群狗的袭击，因此，他不得不背着一篓子石头去讨饭。后来他转换思维，只拿了一根木棍，就再也没有被狗咬了。

这则小故事对于年轻人来说，有很好的启示，由于某些因素的制约，我们似乎总是习惯用昨天的方式思考问题，用昨天的方法处理问题，长此以往，造成思想方法陈旧，效率低下。假如我们更新观念，转换思维方式，天地就变得宽阔了。

一千个读者，就有一千个哈姆雷特，没有两个完全相同的人，也没有两件完全相同的事。他人身上发生的事不可能在第二个人身上复制，年轻人不能抱有幸运会重演的侥幸心理，这是一种不现实的思想，这种思维方式会让年轻人执拗于一种不可能实现的幻梦中，从而无法接近成功。

斯迪克毕业后正在准备找工作，一天，他在书上看见了这样一则故事：

有个很可怜的孩子，穷到吃不上饭的地步，可是他的心地很善良。一次，他母亲让他到一家银行门口卖别针，因为那里人流多，但是这个小男孩卖了一整天才赚到一块钱，正当他准备回家的时候，他发现马路对面有一位老人也在乞讨，便没多想就把身上的一块钱给了那位老人。恰好这一切被楼上的银行家看见了。他请小男孩好好地吃了一顿，还把小男孩收归门下。小男孩长大后，银行家让他做合伙人，把投资的一半利润分给他，并把女儿嫁给了他。于是，这个男孩顺理成章地继承了银行家的家产。

斯迪克觉得这个故事对他很有启发。于是，花了6个星期在一家银行的门口卖别针，他也给了乞丐很多钱，他期盼着哪个银行家会把自己叫进去。然而，根本没有出现银行家。终于有一天，一个西装笔挺的人从银行出来，朝着他走过来。可是那人却说："你别以为你在这儿装作卖别针的我就不知道你的企图，要是再让我看见你在这儿瞎溜达，我就放狗咬你！"

斯迪克的思维只是停滞在他看的那个故事中，认为那是个成功之道，然后抱着这种侥幸心理去等待。

可是他发现，自己并不是那个幸运的孩子，也不是每个银行都要找合伙人……即使这些都和故事中的一样，一个银行也不会用同一种方式找两个不同的合伙人。斯迪克的幻想是不现实的，原因就在于他不会用发展的思维看问题，而一味地因循守旧。

作为新时代的年轻人，要会用自己的思想来武装头脑，辩证法告诉我们，"世间没有绝对相同的事物"。所以，年轻人要学会更新自己的理念，以不变应万变，凭借足够的能力面对瞬息万变的社会，并获取成功！

依靠他人，永远不能成就杰出的自己

一个人想要有所作为，就要学会靠自己去成功，而依靠他人永远不会成就杰出的自己。一个人的工作可以让别人帮你做，饭总不能让别人帮你吃；实际动手的事可以聘请他人来帮助你，思考却没有人能够帮你；别人可以帮你管理，却不能代替你增长能力。一个人不仅要学会合理运用众人的智慧和劳动，还要学会靠自己来增长才干，靠自己去成功。

人们常说："在家靠父母，出门靠朋友。"可现实中，有几个人是靠朋友的施舍而生存的呢？说我们靠父母，倒是确有其事。不少年轻人，一出生就是家中唯一的"宝贝"，几乎所有的人生道路都是父母帮助铺好的，只要乖乖地在上面走就不会出现大的差错。不过，如果你想成为一个杰出的人，那么按照父母的安排去做事恐怕是远远不够的。

一个杰出的人首先要有自己独特的想法。这是别人无法帮你办到的，只有你自己在学习、实践的过程中，形成对世界、对人生的独特看法，才可能让自己的目光更深远，让自己的眼光更准确。然而，一个任人摆布的玩偶是不会有自己的想法的。

一个人想要成为杰出人士，就要不断地为之奋斗，而这种奋斗绝不是只依靠别人就能做到的。父母可以给你铺好路，但是他们铺就的道路绝大多数是他们认为对你最好的那条路，而不一定是适合你的。有自己的想法，清醒地知道自己将走哪条路的人，最终才会到达自己想要到的地方，而不是别人想要你到达的地方。

现在所能看到的那些成功人士，他们往往是经过自己一番艰苦卓绝的奋斗才获得了非凡的成就。松下电器的创始人松下幸之助，出身于贫民，既没有显赫的家世，也没有优越的人际关系，他的成功完全是自己一步一步打拼出来的。当美国生产的家用电器传到日本时，松下幸之助立即决定辞去原来有着固定收入的工作，和妻子两个人在没有资金和相关工作经验的情况下，着手创业。他的第一个产品是双插座接合器，制造工厂就在他家的客厅。就是靠着这样独自拼搏的精神，松下电器才在10年内成为日本电器行业的领导者，而松下幸之助也成为“卓越”的代名词。

在现实生活中，我们往往习惯于依靠他人。比如，不少女人希望嫁一个能力不凡的丈夫；不少男人希望得到贵人、伙伴的帮助；不少刚刚参加工作的年轻人希望得到一个天赐的机会。这些都无可厚非，能够依靠别人的力量和智慧去追求自己想要的东西本身也是一种能力。但是，依靠别人是不能够成就自己的，因为一旦这些人离开你，不再帮助你，你会发现自己寸步难行。与其陷入这样的尴尬境地，不如让自己成为一个被大家依靠和需要的人。

杰出的人懂得，只有掌握在自己手里的实力才是不会消失的，只有自己的人格魅力和品格不会背叛自己，只有自己的思想才是别人拿不走的，因此他们总是想方设法充实自己，成就自己，并依靠自己去成功。

靠在人堆里来寻找安全感是这个世界上风险最大的事情。虽然你不是自己在战斗，但别人也不可能代替你去战斗。想要成就杰出的自我，就要靠我们自己不断地独立思考，不断地充实自己，以使自己变得更加优秀。父母能替你铺路，却不能替你走路；老师能教你知识，却不能帮你把知识转化成智慧；别人能影响你的态度，却不能成就你的未来。

成熟的人懂得为自己的人生负责，懂得不依靠别人，懂得独立思考，更懂得走自己的路，因此他们总能比别人更加成功。

自我特色是赢得竞争的砝码

做自己永远比学别人更轻松，更容易得到他人的认可。每一个优秀的人的成功模式，都带着鲜明的个人色彩。当大家实力相当时，自我特色就成为一个人赢得竞争的砝码。

一个人的核心竞争力不是知识，也不是做事能力，而是那些别人学不到的地方，是只属于自己的品格和智慧。当一个优秀的人达到了一定程度以后，可能在人际关系上、技术上、管理方式上以及心理素质上都是旗鼓相当的，这时什么能决定一个人的胜败？特色，一个人的特色往往能决定他的命运，决定他最终是胜出还是被淘汰。

有的人凭着一往无前的拼搏精神和敢闯敢干的勇气来胜出；有的人凭着用不尽的激情和热情来胜出；有的人凭着冷静、严谨的分析来胜出；有的人凭着灵活而机智的头脑来胜出；有的人凭着泱泱大度来胜出；有的人凭着真诚守信来胜出。那么你想好了吗？你将凭着什么来胜出？什么特质将成为你的自我特色？

那些自身看来毫无特色的人，常常都是庸人，而一个杰出的人往往都有着强烈的自我特色。古今中外，无论哪个领域的杰出人士都是如此，比如李白潇洒自若，拥有仿佛谪仙的气度；杰克逊拥有无与伦比的舞台表现力；贝多芬拥有抗击命运的坚毅等。总而言之，一个人拥有自己的独特之处，拥有自己的特色，更容易被人们注意和发现，从而更容易在竞争中胜出。

年轻人不要轻视自己的特色，一定要着力培养自己本该有的特质。很多年轻人都推崇“中庸”之道，认为没有特色就是最大的特色。一个人做人尽管可以“低调”“中庸”，但是做事应该有自己的特色，或者谨慎周密追求完美，或者眼光准确、决策迅速，或者雷厉风行、做事果断，而不应该畏惧别人的眼光，让自己成为一个毫无特别之处的人。

在这个世界上，要么是庸庸碌碌的凡人，要么是个性杰出的大师，我们应该宽容别人的特色，并培养自己的个性特色。

怎样培养自己的特色？应该从以下3个方面去实施。

（1）勤于思考。不同的思想是一个人有别于他人的根本。勤于思考的人，做事方法和思想深度往往都和别人不同。阅读是解读他人思想的一种方式，我们可以通过阅读看到别人的想法，看到更深远的世界。思考则是对自己内心的深入研究，也许通过一次阅读就能够引起自己心灵的共鸣，引发自己独特的思考。年轻人一定要勤于独立思考，遇到事情有自己的想法和思路，这样很快就会有自己独特的思想，从而形成自己的独特观点和做事方法。

（2）对于自己个性上的缺点，不要急于改正，而要看它对你所做的事情有没有积极的帮助。每个人的性格都有特别之处，对于那些缺点，不要一律否定，不要急于改正，一定要看它对你目前或将来的事业有没有阻碍、有没有帮助。因为，有时候缺点恰恰是成就自我的主要因素，比如李白潇洒不羁，却成就了他诗人的人生。

新东方的创始人俞敏洪性格温和，所以新东方由小变大以及在公司改革的过程中变得极其艰难。但是，他更加明白这种温和的意义，“如果我以一种非常强硬的姿态出现在新东方人的面前，那么新东方早就散架了”。新东方的人都是知识分子，而知识分子最怕的是自尊心和尊严受到伤害，过于直截了当的语言是不能接受的，“（我的这种性格）算是一种黏合剂，因此大家感情上不会受到彻底的伤害。虽然互相伤害是有的，但是不会感到被彻底伤害。相反，如果我受到了彻底伤害，而我能经得住，那么这样就比较好办一点”。正是他这样看上去“温和”的性格对团队的团结起了很好的作用，使得新东方没有出现大的裂变，而是一直向前发展。这不仅仅是俞敏洪的一个特色，也是新东方的一个特色。

（3）敢于做独一无二的自己。一个人要想形成自己的特色，肯定会受到周围人的质疑。凡有自己独特见解的人，最初都会受到怀疑甚至打击。越是有棱角的人，越是会受到更多的磨砺，而越是受到磨砺的人才会越杰出。要想形成自己的特色，要想自己的特色被人接受，就要能够接受别人的冷眼，并通过自己的不断努力来获得大家的认可。

在这个世界上，人类是最特别的存在，而人类的存在证明，用特色求竞争才能在竞争中生存。

不要淹没在潮流中，要让自己与众不同

年轻人总是喜欢跟着潮流、时尚走，容易迷惑于流俗，并且害怕自己被时尚抛弃。其实，这样是错误的，你不应该让自己淹没在潮流当中。想要让别人注意到你，想要成功，就要学会与众不同。那些潮流的引领者，开始通常都是与众不同的，甚至是被人嘲笑的异类，而最终人们都认可了他们的与众不同，并积极模仿他们。

淹没在潮流中的人，不会引起别人的注意。想要吸引更多的目光，就要懂得怎样才能与众不同。时尚是符合某个时期的行为，它迟早会随着时间的流走而被淘汰，香奈儿女士曾说："繁华易逝而风格永存。"她鼓励女人们要形成自己独特的风格，不要盲目追求流行，跟在潮流的后面，因为那样永远不可能成为众人的焦点。

那些杰出的人士，他们不会轻视潮流，但绝不会盲目追求潮流，他们会从潮流中真正找到适合自己风格的元素，而不盲目崇拜流行的东西。

有一次，音乐家巴赫到一位贵妇人家做客。贵妇人放了一首流行歌曲，巴赫却睡着了。这让贵妇人觉得非常难堪，于是问巴赫道："这首曲子不好吗？这可是时下最流行的曲子了。"巴赫反问道："流行的就好吗？"贵妇人回答说："不好，怎么会流行呢？"这时，巴赫做了一个绝妙的回答，他说："那流行感冒也是好的吗？"

这就是那些杰出人物对于流行的态度。当然，流行的不一定就是好的，好的却一定会流行，就算现在没有流行，将来也一定会流行起来。梵高在世的时候，他穷得甚至没有饭吃，可是现在这位大师的画作万金难求。年轻人应该培养自己对真正精髓东西的欣赏力，不要人云亦云，更不要把自己淹没在潮流之中，而要有自己独特的思想和行为，敢于与众不同，敢于追求自己的风格。

怎样才能与众不同？怎样才能在这个社会上被人赏识？怎样才能找到适合自己的道路？

（1）远离那些流行而颓废的思想和行为，追求积极健康的人生态度。年轻人容易被流行蛊惑，模仿或沉浸于一种颓废的论调。不要长期浸淫于此，否则会对你的人生产生负面的影响。多读积极向上的著作，多和积极乐观的人相处，感染乐观热情的力量。由于这个世界永远有希望，因此你要多从正面看待事情，而不要被潮流中那些阴暗事物影响。

（2）不受周围庸俗论调的影响，不要同流合污，坚持高尚的品格。工作久了，人们不可避免地会受到一些不正之风的影响，心灵也会变得不纯净。一定要多读好书，不断陶冶自己的情操，不要同流合污，并且还要坚持自己对于善良和高尚品德的信任，否则，你就会变成一个市侩的俗人。

（3）在心灵中留一块净土。无论你在人前表现得多么庸俗，以避免刚进入社会就遭到打击。但是，你要在心中留一块净土，时时都要告诉自己“我和他们是不同的”。余华当年只是一个牙医，但是他时时都告诫自己：“我和他们是不同的。”并且，他勇于追求自己的目标，坚持自己的意志，最终成为一名大作家。

（4）感染周围的人。用自己乐观的精神和独特的行为去影响、感染周围的人，你就会引导潮流。潮流的带动者，都有着不畏惧世俗眼光的特质，他们敢想敢做，对自己的行为充满了自信，并且不断宣传自己的理念，最终引导所有人都向他们学习，从而引领了一股风潮。年轻人不要做从众者，而要善于用自己的影响力宣扬自己坚持的东西。大多数成功的人都是与众不同的“叛逆者”。也许他们一时不被认同，可只要坚持自己的观念，坚持真理和正义，终会成为一名成功者。成熟的人懂不追逐潮流，而是在潮流中寻找自己内心需要的东西，追求与众不同，并懂得利用、引导潮流，从而最终成就自我。

拐个弯会省下更多的时间和力气

变通是一种智慧，它往往就在一念间，尝试着去改变，或许就有意想不到的收获。

屈原在《离骚》中写道，路漫漫其修远兮，吾将上下而求索。人的一生就是一条不断求索的征程，这条路上有平坦的大道，也有崎岖的小路；有春光明媚万紫千红，也有寒风凛冽万木枯萎。这一路的艰辛要靠执着和勇气，它激励着我们不断地向前冲，但往往很多时候，在求索的道路上有更为便捷的成功之道，这就需要变通。二十几岁的年轻人固然应该做事勇往直前，这是一种好习惯，但盲目地执着则会阻碍成长，善于变通往往会省下更多的时间和力气。

习惯是一种潜意识的大脑活动，是对某种行为的不自觉的认同，当年轻人对某种事情的追逐成为一种习惯时，就不愿意尝试着去改变，然而，很多时候，这样会让年轻人忽略身边的很多美景，而这种执着也并不一定能通往成功。譬如爬山，人们往往习惯于走常人踩踏过的路，但另辟蹊径，同样能到达山顶，不仅收获了一路的风景，还节省了更多的时间和精力。

从前，有个人一直以能拥有自己的林场为人生的目标，他努力打工，终于在他30岁那年，他用自己的辛苦钱从另一个林场主那里买下了大片的林场。他每天驾车穿梭于林场中，都万分欣喜地看着这些能给他带来大笔财富的森林。然而，造化弄人，一场无情的大火把一棵棵百年树木变成了焦木，他失魂落魄地走在街上，正在考虑如何弄到资金重新种植出新的树木时，他突然发现许多人排队购买木炭取暖。他灵机一动，改变了植树的想法，回家把焦木加工成木炭销售，结果获得了大笔收入。

这个农场主是聪明的，当他苦心经营的林场成为焦木时，他没有盲目地执着种树，而是利用焦木获得大量财富。不同的路，结果却是一样的，这就是变通的思维，这种思维就是一种对规则的打破和新事物的尝试。

年轻人不要让固定的习惯束缚了手脚，勇往直前固然是好习惯，但偏执地追求就成了迂腐。变通并不是投机取巧，而是一种智慧，是聪明人的成功法则，适时地转弯是明智的抉择。变通能带来成功，转机能给人以新生，“变则通，通则久”。没有一件事是固定不变的，变通就是用发展的观点看问题，并抓住改变命运的契机。

从前有两个年轻人——小永和小远，他们同住在一个贫穷的村庄，并是最要好的朋友。长大后，他们相约到外地做生意，于是便把田地变卖，带着所有的财产和驴子远行了。

他们首先抵达了一个生产麻布的地方，小远对小永说：“在我们的故乡，麻布是很值钱的东西，我们把所有的钱换取麻布，带回故乡，一定会有利润的。”小永同意了，两人买了麻布细心地捆绑在驴子背上。

接着，他们到达了一个盛产毛皮的地方，那里也正好缺少麻布，小远就对小永说：“毛皮在我们故乡是更值钱的东西，我们把麻布卖了，换成毛皮，这样不但我们的本钱回收了，返乡后还有很高的利润！”

小永说：“不了，我的麻布已经很安稳地捆在驴背上，要搬上搬下多么麻烦呀！”

小远把麻布全换成毛皮，还多了一笔钱。小永依然只有一驴背的麻布。

他们继续前进到一个生产药材的地方，那里天气苦寒，正缺少毛皮和麻布，小远就对小永说：“药材在我们故乡是更值钱的东西，你把麻布卖了，我把毛皮卖了，换成药材带回故乡一定能赚大钱的。”

小永拍拍驴背上的麻布说：“不了，我的麻布已经很安稳地在驴背上了，何况已经走了那么长的路，卸上卸下太麻烦了！”小远把毛皮都换成了药材，又赚了一笔钱。小永的驴仍然驮着一驴背的麻布。

后来，他们来到一个盛产黄金的城市，那充满金矿的城市是个不毛之地，非常欠缺药材，当然也缺少麻布。小远对小永说："在这里药材和麻布的价钱很高，黄金很便宜，我们故乡的黄金却十分昂贵，我们把药材和麻布换成黄金，这一辈子就不愁吃穿了。"

小永再次拒绝了："不！不！我的麻布在驴背上很稳妥，我不想换来换去呀。"小远卖了药材，换成黄金，又赚了一笔钱，小永依然守着一驴背的麻布。

最后，他们回到了故乡，小永卖了麻布，只得到蝇头小利，和他辛苦的远行不成比例。而小远不但带回一大笔财富，还把黄金卖了，成为当地最大的富豪。

这就是变通带来的截然不同的两种结果。他们的最终目的都是获得财富，可是小永不愿意改变，保守死板，不会变通地考虑，最终获得的只是蝇头小利；而小远则会随机应变，最终获得了一大笔财富。

所以，年轻人在追求成功和幸福的时候，不要被习惯束缚。对事情执着、勇往直前是一种好习惯，但很多时候，唯有变通才会使成功之路更加快捷、轻松。

最合适你的，才是真正最好的

你是怎样选择自己的事业、婚姻、朋友以及你所需要的一切的呢？你会遵循哪些标准呢？有些人无论选什么都要最好的。学校，要进最好的；行业，要选最热门的；工作单位，要进世界五百强的；女朋友，要选最漂亮的；车，要选最豪华的；甚至连消费品也要选择最贵的。然而，有些时候，最好的却不一定是最适合你的。

年轻人都有攀比的心理，都想得到比别人更好的东西。殊不知，正是这种攀比的心理浪费了多少青春资源，浪费了多少宝贵时间。为了得到最好的，不惜放弃自己最擅长、最爱好的工作，这种悲剧比比皆是。

我的一个好朋友，非常喜欢哲学，也很擅长写作，原本在一家媒体主持一个心理专栏。但3年前，他发现经商的行业很热门，于是重新考取了管理专业，决定在商海中大展身手。但他的性格并不适合从商，那些商业名词把他折磨得面容憔悴，那些复杂的人际关系让他焦头烂额。不久前，他终于转行，回到了自己最喜欢的媒体专业，当然，他也不是全无收获，他同时主持了一个财经专栏，很受大家的喜欢。理论与实践不同，他文笔虽好，但让他从事商业工作，并不是他力所能及的。

对于工作，我们要尽力而为，也要量力而行。一个人有自己擅长的方面，也有自己薄弱的环节。行业也有热门和冷门之分，有时选择自己不适合、不擅长的热门行业就是在给自己找麻烦。既是热门必是人满为患，如果你不擅长，必会被挤出门外。而自己擅长的冷门行业中也许正暗藏玄机，不久就会变成新一轮的热门。所以我们在选择的时候，不要看它是不是最好的，只要看它是不是真正适合自己的。

人们对于成功的定义见仁见智，所以只要是在适合自己的位子上，做出了自己能够达到的最大贡献，就可以看做成功的。

唐太宗在游园的时候，看到了一棵不认识的树，于是问身边的丞相魏征："这是什么树？"魏征回答不知道，这时他身边的太监回答了皇帝，并讽刺地说："素闻魏大人学识渊博，能言善辩，往往在朝堂上辩驳得连皇帝也说不出不同的意见来，今天怎么连一棵树也认不出来呢？"唐太宗听到这番话，对魏征的能力产生了怀疑。魏征并未生气，反而不紧不慢地回道："孟子《师说》云，'弟子不必不如师，术业有专攻'。今天，我是大唐的丞相，管的是大唐的民生，谏的是皇帝的偏差，认识这棵树不在我的职责范围内。倒是你认识它不稀奇，因为你管的是皇帝的游乐场地。"一席话说得这个太监哑口无言，也让唐太宗对他刮目相看，更加器重他了。

所谓"术业有专攻"，即我们在适合自己的岗位上做出贡献，不随着所谓的热门转变自己的选择，坚守自己的岗位。一个社会工、农、商、学、兵地位都很重要，但如果大家都去从商赚钱，那么谁来安心地做研究、搞学术，谁又来生产商品，商人们又交易些什么呢？所以，没有最好的职业，只有最适合你的职业。“三百六十行，行行出状元”，只要你在某个行业做到最好，你也是最成功的。

所以说，年轻人要想成功，就要寻找到一条真正适合自己发展的路径，并坚定地走下去，不要动摇。这就是一种选择的智慧，坚持的智慧。

敢于走在人先，才能赢在人前

美国著名成功学大师皮鲁克斯有一句名言：“先人一步者，总能获得主动，占有利地位。”所以，一个人想要成功就要勇于走在别人的前面，敢为天下先，这样才能有更好的前途。

现在这个社会是一个竞争激烈的社会，只有奋勇争先的企业和个人，才有生存的可能。年轻人一定要意识到这一点，并不断进步，不断看到新的机会。并且，一旦觉察到先机，就应该立刻行动起来，占领先机，走在人先。最终，才能在别人前面获得决定性的胜利。

在这方面年轻人是有优势的，因为年轻人的接受能力很强，思想很开阔，对于新生事物，总有快人一步的见识和接受能力。同时，年轻人的思想不僵化，思维灵活，正处在一个体力和脑力都特别活跃的阶段。唯一的缺点似乎是年轻人的见识不够开阔，对于事物的把握不够准确，眼光不够高远，不过这一切都可以用年轻人快速的行动力来补足。即使开始对于事物的把握不够准确，只要行动起来，就有更多的机会来改正之前所犯的错误，也会比那些跟在你后面的人更先到达目的地。

当然，走在别人前面，当个领头羊也是有风险的，不过无论怎样的风险也要比跟在别人后面，凭借别人不注意的风险要小得多。这个世界上第一个从事某件事的人，总会占领多半的市场；而第二个做这件事的人，则会占领剩余市场的80%；后面跟进的人能够拥有的市场会更小，他们的获利空间当然也会更小。当领头羊固然有风险，但是获得的收益同样巨大。

风险来临时，领头人当然首当其冲，但其他人肯定也不能避免。可是，一旦时机成熟，领头人获得的收益肯定是跟随者的几倍，甚至几十倍。人生最大的风险不是被枪打到，而是自己没有勇气，总是缩在后面。因为，世界不会时时刻刻打枪，而怯懦会时时刻刻折磨、打击你，使你一事无成。

年轻人一定不要站在人堆里，跟随多数人的脚步。因为，事实证明最成功的那些人恰恰是人群外面的那些人，他们只占总人数的20%。他们总是勇于冲锋陷阵，一旦意识到机遇来临总是第一个扑上去，占领先机，而那些畏畏缩缩跟在后面的人群往往在别人心满意足之后，才能分享剩余不多的渣滓，并且还要面临着机遇变成陷阱、行业被淘汰的风险。

一个新兴行业刚刚起步时，往往是朝阳行业。等到它发展到成熟阶段，大家都意识到它的好处，都开始认可时，往往它已经到了日暮西山的阶段。这时，跟随者一拥而上，带来的往往是毁灭性的灾难，这个风险比当领头羊的风险还要大。所以，年轻人一定要走在别人的前面，这样才有成功的可能。

当所有人都在繁华的睡梦中沉睡时，你就去做事。做他人不愿做或不敢做的事，你才能踏上一条成功的捷径。命运就在前面等着你，它总是把最幸运的事降临在第一个跑近它的人。甘为人先，敢为人前，才能让所有的人都成为你的追随者。卓越的成功者在做每一件事时都比别人早一步，比别人更早产生不同的想法，比别人更早地掌握未来的动态、信息及走向，比别人更早地立志和行动。要想创大业、建大功，就要抢占先机，而不能落于人后。

成熟的人懂得，只有先人一步的人，才能占领整个世界；只有走在前面的人，才能更有前途。敢于走在人先，就是一种成熟的表现。

走自己的路，才能走别人没走过的路

沿着别人的路走下去，人生会非常平坦，但也会非常平庸。只有走自己的路，才能走别人没走过的路，也才能见识到崇山峻岭的风景，享受到成功登顶的美妙滋味。世界上大多数的人都是沿着一条路走的，而只有极少数的人能够走自己的路，或者在大多数人走的路上另辟一条小路。

每个人都有与众不同的能力，因此每个人成功的方法也会各不相同。知道自己的优势在哪里，走自己的路，才能走出与众不同的人生。世上没有两片相同的叶子，也没有两种完全一样的成功方法。对于年轻人来说，也许沿着别人成功的路走下去，就会摔大跟头，走出一条与众不同的人生之路需要勇气，但如果跟在大多数人的后面，那么你要摔的跤并不会比走自己的路要少。

每个人的人生轨迹都是不同的，众人走过的路上总是会留下自己的一些痕迹，留下人生的沟坎，如果你不想被这些沟坎绊倒，就应该走出自己新的道路。鲁迅先生曾说过："这个世界上本没有路，走的人多了才变成了路。"走别人踩踏过的路固然平坦，却不容易留下自己的足印。所谓的成功者，就是那些带领大家一起踩出一条路的人，而不是那些走别人踩好的路的人。

股神巴菲特曾说过这样一句话："在其他人都投了资的地方去投资，你是不会发财的。"一个人总是沿着别人发迹的道路去寻宝，即使有宝藏也被别人挖空了。很多成功者都了解自己的"财富增长点"，去做别人没有做过的事，最终才获得巨大的成功。

美国西南航空公司的总裁赫伯·凯莱赫，面对航空业巨大的竞争，并没有与各大航空公司正面交手，而是专门寻找被忽略的国内潜在市场。他决定主营国内短途业务，遵循“中型城市、非中枢机场”基本原则，在一些公司认为“不经济”的航线上，以“低票价、高密度、高质量”的手段开辟和培养新客源，由于每个航班的平均航程仅为一个半小时，因此西南航空只提供软饮料和花生米，这样既可以将非常昂贵的配餐服务费用“还之于民”，又能让每架飞机净增7～9个座位。

把飞机当成长途汽车去经营，这一特殊的道路，让西南航空公司从成立之初的3架飞机到如今已拥有500多架飞机，并于2005年成为美国第二大航空公司。

我们的人生呢？是否也应该去寻找一个别人还没有注意到的、别人忽略的潜在的“财富增长点”，去走与别人的成功不同的道路呢？

当大多数人在模仿和复制别人的成功模式时，是否应该有自己的一套想法？做大多数以外的事，走大多数人没走过的路，我们的人生旅途中才会出现与众不同的风景。每个人的人生为什么与众不同？这是因为每个人都走不同的路，所以尽管到达的目的地都是一个，可欣赏到的风景大不相同。

有的人，人生轨迹是抛物线状的；有的人，人生轨迹是直线状的；有的人，人生轨迹是波形的。每个人都知道直线的人生距离最短，于是大多数人都走了这样一条人生轨迹，结果因为人太多，竞争太大，反而不少人都被挤了下来。只有极少数人决定走出自己的轨迹，于是轻松地拥有了人生的低谷和高潮，走出了自己的特色，而这就是一种成功。

真正成熟的人是懂得走自己该走的路，而不被众人的意见迷惑，不被周围的诱惑误导，只忠诚于自己的内心感受，忠诚于自己的优势，从而成为一个活得有自我特色的人。这样的人即使一生中没有任何傲人的成就，也不会在岁月中留下无限的悔恨。

第7章

树立你的目标，让自己拥有拼搏方向

20 ~ 30 岁是一段可以做任何事情，也可以不用动脑筋做任何事情的美好时光。人生如逆水行舟，不进则退，维持现状不是一件容易的事情，只要再努力向前一步，至少不会落在人后。年轻人更应当尽早为自己生存得更好寻求变化，竖起触角，制定目标，并为了目标努力前行。有目标的人，言语、心态、行为多会和处于相同环境的人截然不同。不论你处于何种境地，“过好生活”的态度都不要有丝毫动摇，就如同不倒翁一样。要立业，先立志。确立远大的人生志向，为自己的人生找到明确的奋斗目标，这是一个人获得成功的根本。

越是卓越的人生越是志向的产物

人生志向也就是人生理想。我国古人很重视志向，诸葛亮在写给他外甥的一封信中说过："夫志当存高远"，"若志不强毅，意不慷慨，徒碌碌滞于俗，默默束于情，永窜伏于凡庸，不免于下流矣"。意思是说，做人应该有远大的理想和志气，如果意志不坚强，心胸不开阔，整天忙于身边的生活琐事，受个人感情的支配和束缚，长期在庸俗的气氛中过日子，就会成为一个平庸的人。北宋大文学家苏东坡说："古之立大事者，不惟有超世之才，亦有坚忍不拔之志。"明代学者王阳明说："志不立，天下无可成之事。"志向，就是人们立下的奋斗目标，以及为实现这一目标而下的决心。

二十几岁的人生还没有定型，追求的目标越高，自身的潜能就发挥得越充分，才能就发展得越快。人之伟大或渺小都决定于他的志向。伟大的毅力只为伟大的目标而产生。坚忍不拔地为事业而奋斗，是成功人士特有的气质。自古以来，人们把这种精神称为"气"，没有"气"就不能成功。

志向越大，成就越高。越是卓越的人生越是志向的产物。可以说，志向越高，人生就越丰富，达成的成就越卓绝。志向越低，人生的可塑性越差。也就是常说的："期望值越高，达成期望的可能性越大。"

一个人的志向中必须含有某种能激励你自我拓展、自我要求的要素，这些要素会不断帮助你成长、改变和进步。

美国潜能成功学大师安东尼·罗宾说："如果你是个业务员，赚1万美元容易，还是10万美元容易？告诉你，是10万美元！为什么呢？如果你的目标是赚1万美元，那么你的打算不过是能糊口便成了；如果这就是你的目标与你工作的原因，请问你工作时会兴奋有劲吗？你会热情洋溢吗？”

从前有两个人，他们都想到远方去，一个人想到日本，一个人想到美洲。他们同时从蓬莱出海，结果两人都没有到达目的地。但想到美洲去的人到达了日本，而想到日本去的人只到了朝鲜半岛。

中国古人早就说过：“取法上者得乎中，取法中者得乎下，取法下者得乎无。”

那些志向远大、敢于想象的人，所取得的成就必定是远远超出起点；一个理想高、目标大的人，即使做起来没有实现最终的理想和目标，但其实际达到的目标，都要比理想低、目标小的人最终达到的目标还要大。

一个人在二十几岁时，正是敢想敢做的时候，如果这时你没有树立起远大的目标，等人生基本定型后再立志，那时碰到的压力与阻力会更大。因此，把你的志向和目标提升起来，它不应该退缩在一个不恰当的位置，接受志向的牵引吧！

淡漠是半个死亡，愿望是半个生命

理想与愿望是一种信念，是人的精神支柱。当然，愿望与现实之间的确有差距，但只要朝着目标奋斗，美梦也可以成真。

青春是为梦想和愿望勇敢追逐的年代。黎巴嫩诗人纪伯伦有两句诗：“愿望是半个生命，淡漠是半个死亡。”愿望的作用大到可以产生奇迹，相反，失望就会使人彻底毁灭。年轻的我们无处不散发着青春的气息，朝气蓬勃，正值事业和人生的起步阶段，不免遇到很多人生的困境，但不管遇到什么，年轻人都不能漠视，不能忘却自己的愿望和理想，更不能让挫折和困难销蚀了人生的动力。

现实纵使再残酷，也不只有灰暗的一面。愿望是人寄托思想的所在。无愿望，便会懈怠，人生几十年匆匆过去，年轻不再，青春不再，留下的就只有遗憾。

每个年轻人都有着自己的愿望，也都为自己那伟大的愿望激动过、奋斗过，而淡漠就是阻碍愿望实现的杀手，只有坚定自己的愿望，勤勤恳恳地为愿望奋斗，脚踏实地地走好人生的每一步路，才能更快地接近愿望，最终实现它。南非第一位黑人总统曼德拉曾同南非种族隔离制度进行了几十年不屈不挠的斗争，赢得了全世界人的支持和喝彩。

曼德拉出生在一个小村庄，9岁那年他父亲就去世了。后来，他亲眼目睹了大酋长在处理部落争端的问题上总是被白人政府的法律约束，他的心中慢慢升腾起要为正义和平战斗的火花。上学后，曼德拉因为带领同学抗议白人法规和领导学生运动被学校除名，可是这并没有使他忘却自己的理想，相反，他更加明确了自己一生的目标，那就是：要为南非的每一个黑人寻求真正的公正。

1961年6月曼德拉创建了非国大军事组织“民族之矛”，并任总司令。1962年8月，曼德拉被捕入狱，当时他年仅43岁，南非政府以政治煽动和非法越境罪判处他5年监禁。1964年6月，他又被指控犯有阴谋颠覆罪而改判为无期徒刑，从此开始了漫长的铁窗生涯，在狱中长达27个春秋，他备受迫害和折磨，但始终坚贞不屈。1990年2月11日，南非当局在国内外舆论压力下，被迫宣布无条件释放曼德拉。1991年联合国教科文组织授予曼德拉“乌弗埃—博瓦尼争取和平奖”。1993年10月，诺贝尔和平委员会授予他诺贝尔和平奖，以表彰他为废除南非种族歧视政策所做出的贡献。同年他还与当时的南非总统德克勒克一起被授予美国费城自由勋章。1998年9月曼德拉访美，获美国“国会金奖”，成为第一个获得美国这一最高奖项的非洲人。

一生为黑人利益奔走的曼德拉，经受了常人难以想象的痛苦，但苦难和折磨都没有动摇他的信念，这就是愿望的力量。而假如他淡漠，恐怕黑人乃至整个人类史上就少了一个捍卫正义和平等的卫士了。

很多年轻人的人生之所以迷茫，之所以不能在困难中奋起直追，归根结底还是没有远大的志向和为之奋斗的明确目标。没有人生的目标，只会停留在原地。没有远大的志向，只会变得慵懒。不要让青春就这样逝去，只有靠志向和理想冲出迷茫的漩涡，崭新的人生之页才会为你掀开。年轻人应该牢记：愿望是半个生命，淡漠是半个死亡。

目标清晰明确，盯着目标前行

哈佛大学有一个非常著名的关于目标对人生影响的跟踪调查。对象是一群智力、学历、环境等条件相近的青年人。调查结果发现：27%的人没有目标；60%的人目标模糊；10%的人有清晰但比较短期的目标；3%的人有清晰且长期的目标。

25年的跟踪研究结果显示，他们的生活状况及分布现象十分有趣。那些3%有清晰且长期目标者，25年来几乎都不曾更改过自己的人生目标。25年来他们都朝着同一个方向不懈地努力，25年后，他们几乎都成了社会各界的顶尖成功人士，他们中不乏白手创业者、行业领袖、社会精英。

那些10%有清晰短期目标者，大都生活在社会的中上层。他们的共同特点是，那些短期目标不断被达到，生活状态稳步上升，成为各行各业的不可缺的专业人士，如医生、律师、工程师、高级主管等。

其中60%的模糊目标者，几乎都生活在社会的中下层面，他们能安稳地生活与工作，但都没有什么特别的成绩。

剩下的27%是那些25年来都没有目标的人群，他们几乎都生活在社会的最底层。他们的生活都过得不如意，常常失业，靠社会救济，并且常常都在抱怨他人、抱怨社会、抱怨世界。

你有目的或目标吗？你一定要树立一个目标，因为就像你无法从你从来没有去过的地方返回一样，没有目的地，你就永远无法到达。一个人没有目标，就像一艘轮船没有舵，只能随波逐流，无法掌握，最终搁浅在绝望、失败、消沉的海滩上。你只有确实地、精细地、明确地树立起目标，才会认识到你体内所潜藏的巨大能力。

曾经有人问罗斯福总统夫人：“尊敬的夫人，你能给那些渴求成功，特别是那些年轻、刚刚走出校门的人一些建议吗？”

总统夫人谦虚地摇摇头，但她又接着说：“不过，先生，你的提问倒令我想起我年轻时的一件事：那时，我在本宁顿学院念书，想过边学习边找一份工作做，最好能在电讯业找份工作，这样我还可以修几个学分。我父亲便帮我联系，约好了去见他的一位朋友，当时任美国无线电公司董事长的萨尔洛夫将军。”

“等我单独见到萨尔洛夫将军时，他便直截了当地问我想找什么样的工作，具体哪一个工种。我想他手下的公司任何工种我都喜欢，无所谓选不选了。便对他说，随便哪份工作都行！”

“只见将军停下手中忙碌的工作，眼光注视着我，严肃地说，年轻人，世上没有二类工作叫‘随便’，成功的道路是目标铺成的！”

杰出人士都是循着一条不变的途径以达成功的，世界闻名的潜能激发大师——美国的安东尼·罗宾先生称这条途径为“必定成功公式”。这条公式的第一步是要知道你所追求的，也就是要有明确的目标。第二步就是要知道该怎么去做，否则你只是在做梦，应立即采取最有可能实现目标的做法。如果你仔细留意成功者的做法，就会发现他们就是遵循这些步骤去做的。一开始先有目标，否则不可能一发即中；然后采取行动，因为空等是不可行的；接着是拥有研判能力，知道反馈的性质；然后不断修正、调整、改变他们的做法，直到有效为止。

美国财务顾问协会的前总裁刘易斯·沃克曾接受一位记者采访。他们聊了一会儿后，记者问道：“到底是什么因素使人无法成功？”

沃克回答：“模糊不清的目标。”记者请沃克进一步解释。他说：“我在几分钟前就问你，你的目标是什么？你说希望有一天可以拥有一栋山上的小屋，这就是一个模糊不清的目标。问题就在‘有一天’不够明确，因为不够明确，成功的机会也就不大。”

“如果你真的希望在山上买一间小屋，你必须先找出那座山，找出你想要的小屋现值，然后考虑通货膨胀，算出5年后这栋房子值多少钱；接着你必须决定，为了达到这个目标每个月要存多少钱。如果你真的这么做，你可能在不久的将来就会拥有一栋山上的小屋，但如果你只是说说，梦想就可能不会兑现。梦想是愉快的，但没有配合实际行动计划的模糊梦想，则只是妄想而已。”

聪明的人，有理想、有追求、有上进心的人，一定都有一个明确的奋斗目标，他们懂得自己活着是为了什么。因而他所有的努力，从整体上来说都能围绕一个比较长远的目标进行，他们知道自己怎样做是正确的、有用的，否则就是做了无用功，或者浪费了时间和生命。显然，成功者总是那些有目标的人，鲜花和荣誉从来不会降临到那些没有目标的人的头上。

一些二十几岁的年轻人总怀着羡慕、嫉妒的心情看待那些取得成功的人，总认为他们取得成功的原因是有外力相助，于是感叹自己的运气不好。殊不知成功者取得成功的主要原因，就是确立了明确的目标。

一个人有了明确的奋斗目标，也就产生了前进的动力。因而目标不仅是奋斗的方向，更是一种对自己的鞭策。有了目标，就有了热情，有了积极性，有了使命感和成就感。

有明确目标的人，会感到自己的心里很踏实，生活得很充实，注意力也会神奇地集中起来，不再被许多繁杂的事干扰，做什么事都显得成竹在胸。

相反，那些没有明确目标的人，总是感到心里空虚，思维乱成一团麻，分不清主次轻重，遇事犹豫不决，不知道自己该干什么，不该干什么。

只有确立了前进的目标，二十几岁的年轻人才会最大可能地发挥自己的潜力。只有在实现目标的过程中，我们才能够检验出自己的创造性，调动沉睡在心中的那些优异、独特的品质，才能锻炼自己、造就自己。

从小目标开始，实现大目标的突破

大成功是由小目标累积而成的，每一个成功的人都是在达成无数的小目标之后，才实现他们伟大的梦想的。年轻人的小目标要清晰而切近，它们就像一块磁铁，越近对金属的引力就越大。在实践中，离自己的目标越近，工作的速度就越快，所犯的错误也就越少。

二十几岁的年轻人立志时不忌高远，这是走向成功的第一步，但如果只立志不努力去实现，那就不是志向，而是空想了。在生活中，许多人因为目标过于远大，或理想太过崇高而放弃了，目标并未给他们的人生提供任何帮助。

对此，美国哈佛大学行为学家罗布提出了“小目标成功学”。他认为，有些人误以为自己能一步登天，成为成大事者。实际上，这是不可能的。一是由于你的能力并不够，二是由于成大事必须经过长久的磨练。因此，真正能成大事者善于“化整为零”，从大处着眼，小处着手。

这就是说，在你的大目标中设立几个“次目标”，以便可较快获得令人满意的成绩，能逐步完成“次目标”，心理上的压力也会随之减小，主目标总有一天会完成。

俄国作家托尔斯泰，从青年时代起，就给自己定下了人生的目标。托尔斯泰既有一辈子的目标，也有某一时段的目标，甚至一年的目标、一个月的目标、一个星期的目标、一天的目标……这样，随时都有目标，随时都有实现目标的喜悦，就会始终情绪高涨，对未来充满信心，自然有利于实现远大的目标。托尔斯泰的成功，与他善于把总的目标分解成若干个阶段性的小目标有莫大的关系。

要达到目标，就要向着目标前进，就像爬楼，不用梯子，一楼到十楼是很难跳上去的，相反，跳得越高就摔得越狠，必须是一步一个台阶地走上去。而如果将大目标分解为多个易于达到的小目标，一步步脚踏实地，每前进一步，达到一个小目标，使人体验了“成功的感觉”，而这种“感觉”将强化他的自信心，并将推动他稳步发展潜能去达到下一个目标。

大成功是由小目标累积而成的，每一个成功的人都是在达成无数的小目标之后，才实现他们伟大的梦想。不放弃，就一定有成功的机会，如果放弃，就已经失败了。不怕艰苦，不懈努力，迎接自己的便将是成功。

在现在二十几岁的年轻人看来，尼克夫妻的目标也许有些平庸，但是你要知道，这些生活平稳的中产阶级正是这个社会的主流。即使退一步说，如果你以成为顶尖人物为理想，路依然要一步一步地走。比如你的目标是成为本行业的领军人物，也要以一些细小而明确的目标开始：半年内完成财会班的自学，一年内掌握投资的技巧，3年内升至部门的主管……当这些目标一个接一个实现的时候，你就会逐步地接近成功。

在分解目标、实现目标的过程中，应当注意的是，人生大目标是人生大志，可能需要10年、20年甚至终生为之奋斗。所以，任何懈怠都会使你停滞不前，甚至有半途而废的危险。这时你就需要在行动中寻找动力。

曾经有一位63岁的老人从纽约市步行到了佛罗里达州的迈阿密市。经过长途跋涉，克服了重重困难，她到达了迈阿密市。在那儿，有位记者采访了她。记者想知道，这路途中的艰难是否曾经吓倒过她，她是如何鼓起勇气，徒步旅行的。

老人答道："走一步路是不需要勇气的，我所做的就是这样。我先走了一步，接着再走一步……我就到了这里。"

做任何事，只要你迈出了第一步，再一步步地走下去，你就会逐渐靠近你的目的地。如果你知道具体的目的地，而且向它迈出了第一步，你便走上了成功之路！

想成就大事业的人，首先要做好小事情；想要实现宏大的目标，先得从实现小目标开始。人生是一个不断设立目标并实现目标的过程，当每一个小梦想都慢慢实现的时候，我们的人生就真的可以无怨无悔了。这并不是天方夜谭，我们已经朝着正确的方向迈出了第一步，只要我们一步一个脚印地走下去，就一定能够取得胜利。

先为目标付出，目标只成就不可或缺的人

二十几岁的年轻人进入社会，刚开始时只是新鲜人、小人物，他们做着枯燥的事务性工作，对那些挑大梁的精英们有些羡慕，又有些敬畏。每个人的心底，都曾经有过叱咤风云的梦想，有的人顺利实现了自己的目标，有的人却一直做着可有可无的工作，一生默默无闻。除了天分、机遇等客观原因，失败者还在于对自己的认识不够准确，只把眼光放在理想的光环上，而忘记了应该逐步充实自己。

有些二十几岁的年轻人虽然有野心、有能力，却对工作过分挑剔，一直在寻找"完美的"老板或工作。事实是，老板需要准时工作、诚实而努力的员工，他只将加薪与升迁的机会留给那些格外努力、格外忠心、格外热心、花更多的时间做事的职员，因为他在经营生意，而不是在做慈善事业，他需要的是那些更有价值的人。

然而不幸的是，许多人只是站在生命的火炉前，说道："火炉，请给

我一点温暖，然后我给你加进一些木柴。”

如此类推，秘书往往会跑到老板那里说：“给我加薪，我就会做得更好。”推销员会到老板那里说：“升我为销售主管，我就会变得很能干，虽然我一直没有做出什么。所以请让我做主管，我会做给你看。”

“给我报酬，然后我会生产。”可惜生命并不是这样运行的。在你期望得到的东西前，必须加进一些东西。凡是有责任感的人都会同意“没有白吃的午餐”与“你无法不付出代价就得到一些东西”这两句话。

一天，一名叫丽塔的女雇员匆匆地走进经理的办公室，一屁股坐在椅子上。她在公司客户服务部工作。几周来，客户们纷纷来电话抱怨货物发运有误，弄得她应接不暇。她对这种情况感到厌烦透了，要求经理采取点措施，不然她准备辞职了。“好吧，丽塔。”经理像往常一样说，“我会搞清楚是怎么回事的。”她道了谢，起身离去了。丽塔总能得到她寻求的一点安慰、一点保证。但她因此暴露了自己的心态：我是个“小人物”，不应当成为处理问题的人；我只想每天来上班，一切都顺利。

采取“小人物”态度的员工，无异于在告诉别人，他们不打算承担更多的责任。倘若丽塔走进经理的办公室时，是带着解决问题的办法，而不是问题本身，她也许会使自己成为晋升候选人。

工作中，人人都会遇到问题，关键在于你怎么办。专家的忠告是：靠自己解决问题。因为问题是显示你的才干、给公司做出重要贡献的机会。事实上，不少晋升机会都是由那些聪明的雇员在做超出其职责范围的工作时创造的。

你没有义务要做自己职责范围以外的事，但是你也可以选择自愿去做，以驱策自己快速前进。率先主动是一种极珍贵、备受看重的素养，它能使人变得更加敏捷，更加积极。无论你是管理者，还是普通职员，“每天多做一点”的工作态度能使你从竞争中脱颖而出。你的老板、委托人和顾客会关注你、信赖你，从而给你更多的机会。每天多做一点，也许会占用你的时间，但是，你的行为会使你赢得良好的声誉，并增加他人对你的需要，最终使你成为公司和本行业中不可或缺的人。

卡洛·道尼斯先生最初为杜兰特工作时，职务很低，现在已成为杜兰特先生的左膀右臂，担任其下属一家公司的总裁。他之所以能如此快速地升迁，秘密就在于“每天多做一点”。

他平静而简短地道出于其中的缘由：“在为杜兰特先生工作之初，我就注意到，每天下班后，所有的人都回家了，杜兰特先生仍然会留在办公室里继续工作到很晚。因此，我决定下班后也留在办公室里。是的，的确没有人要求我这样做，但我认为自己应该留下来，在需要时为杜兰特先生提供一些帮助。工作时杜兰特先生经常找文件、打印材料，最初这些工作都是他自己亲自来做的。很快，他就发现我随时在等待他的召唤，并且逐渐养成招呼我的习惯……”

杜兰特先生为什么会养成召唤道尼斯先生的习惯呢？因为道尼斯主动留在办公室，使杜兰特先生随时可以看到他，并且诚心诚意为他服务。这样做获得了报酬吗？没有。但是，他获得了更多的机会，最终获得了提升。

在养成了“每天多做一点”的好习惯之后，与四周那些尚未养成这种习惯的人相比，你已经具有了优势。这种习惯使你无论从事什么行业，都会有更多的人指名要求你提供服务。

如果你希望将自己的胳臂锻炼得更强壮，唯一的途径就是利用它来做最艰苦的工作。相反，如果长期不使用你的胳臂，让它养尊处优，其结果就是使它变得虚弱甚至萎缩。身处困境而拼搏能够产生巨大的力量，这是人生永恒不变的法则。如果你能比分内的工作多做一点，那么，不仅能彰显你勤奋的美德，而且能发展一种超凡的技巧与能力，使你具有更强大的生存力量，从而摆脱困境。

一般人认为，忠实可靠、尽职尽责地完成分配的任务就可以了，但这远远不够，尤其是对于那些刚刚踏入社会的年轻人来说更是如此。要想取得成功，必须做得更多更好。一开始我们也许从事秘书、会计或出纳之类的事务性工作，难道我们要在这样的职位上做一辈子吗？成功者除了做好本职工作以外，还需要做一些不同寻常的事情来培养自己的能力，引起人们的关注。

二十几岁的年轻人，经常面临的最大困惑是失去了职业生涯的方向。他们有种无力感，认为自己的角色可有可无，跟不上别人，没有归属感，工作中充满了挫折。这时你所能做的最有价值的事情，就是每天从手边的工作开始踏踏实实地做事情，认认真真地培养能力。这会使你在事业中的地位日渐重要，不动声色地接近伟大的目标。

用目标给人生带来无穷的力量

人生如潮，有起有落。每个人在寻找幸福人生的过程中，都不可能一帆风顺。困境与挫折是避免不了的，是否会走入误区和沼泽也不是以自己的意志决定的。我们在二十几岁时，从整体上把握人生的能力尚还欠缺，常常会因一时的打击而气馁。为使我们在困境中保持信心和勇气，在追求中保持方向和力量，就要为自己树立一盏导航灯，那就是人生美好的愿望和远景。无论眼前的处境多么艰难，只要你知道自己是在向着美好的目的地前进时，心灵就会平定，热情就会充沛。

大自然在造就人类的同时，也造就了人类的精神支柱——志向。志气不是可有可无的点缀品，而是一个人生命中必备的动力。人若失去了大志，就等于失去了灵魂。目标的确立对于每个二十几岁的年轻人的工作、学习、事业和生活都会产生巨大的影响。没有目标的人生是迷茫的，更是容易出现差错、纰漏，甚至危险的。

70多岁的老科学家，国际著名地质学家许靖华院士回到母校为中学生们做演讲时，曾经毫不避讳地说，在二十几岁之前，因为没有找到人生的目标，他甚至有了轻生的打算，后来在生活中，他逐渐感悟到自己的人生目标是拥有友情、爱情和热情，才真正清醒地一步步走向了成功。

坚忍不拔地为事业而奋斗，是成功人士特有的气质。自古以来人们把这种精神称为“气”，没有“气”，我们的挑战就没有了方向。反过来，如果心中时刻被未来的成就激励，每一天都会过得无比幸福和充实。

一个人的优秀是从梦想开始的。及早树立目标的好处就是，它们会释放精力及创造力来协助你实现目标，能够集中你的注意力及精力，让你清楚地看到未来，给你勇气去开始并坚持到最后。那些心怀梦想的人，虽然不流于表面，内心却有着让自己变得与众不同的力量。

因为家境困难而不得不休学的欧普拉在超市打工，比起每天站到双脚浮肿更让她难过的是得不到别人的尊重。

商场销售员也分等级，厂家派来的职员或商场的正式员工，从外表上看显得干净利落，而且在商场内的待遇也不一样。像欧普拉这种临时雇员，无论在哪里都会受到不公平的待遇。

在每天清理货架、搬运商品的工作中，欧普拉就告诉自己：我绝不是应该享受这种待遇的人，于是就在脑海中描绘自己的未来。主攻经营学的她，想成为市场营销的专家，有着从营销人员晋升到CEO的华丽梦想。

欧普拉经历了就业困难的时期和辛苦的公司生活，但她一刻也没有忘记自己在商场里就已经确立的梦想。如她所愿，欧普拉在市场营销领域崭露头角，几年后即被一家大企业选中，成为商场事业部的经理。

你不妨在最忙碌的时候，起身看看面对计算机工作的同事。一样的部门，一样的办公室，同样的工作，看似差不多的生活，10年后，这些人当中，必定有人会过着与众不同的生活。在看似平凡的外表下，隐藏着不平凡梦想的人，就会是这个预言的主角。有梦想的人，就算不能实现这个梦想，也会因为奋斗的过程而实现特别的价值。有梦想的人，言行举止都与相同处境的人不一样。

对于任何东西，你都可以渴望得到，而且只要你的需求合乎理性，并且十分热烈，那么“目标”这种力量将会帮助你得到它。

假设你准备成为一名作家，或是一位杰出的演说家，或是一位商界主管，或是一位能力高超的金融家。那么你最好在每天就寝前及起床后，花上10分钟，把你的思想集中在这个愿望上，以决定应该如何进行，才有可能把它变成现实。

当你要专心致志地集中你的思想时，就应该把你的眼光望向1年、3年、5年甚至10年后，幻想你自己是这个时代最有力量的人物；假设你拥有相当不错的收入；假想你购买了自己的房子；假想你正从事一项永远不用害怕失去地位的工作……专注于这些想象，你就可以把自己的每一天看做一个逐渐接近目标的过程，享受奋斗的快乐。

一个人在二十几岁时，还没有完全承担社会、生活的重担，常常对生活、事业没有明确的目标，更没有详细的计划，因而不知道什么是自己当前要抓紧完成的，什么是绝对不应该做的，进而糊里糊涂地做了一些本来不应该做的事，最后不仅耽误了时间，浪费了精力，还可能搅乱了自己正常的生活秩序，甚至产生一些严重的不良后果。

有人曾经说过，对于一艘没有航向的船，任何方向的风都是多余的。对于没有目标的人而言，任何行动都是多余的。

有了目标，我们内心的力量，才会找到发挥作用的方向；有了目标，我们才会有积极奋斗的动力。比起那些因为找不到方向而灰心麻木者，心中有目标的人，益发活得神采飞扬。

梦想从身边触手可及的地方寻找

哲人说过，“梦想指引我们飞升”。我们都知道梦想里隐藏着无限的积极力量，但对于如何把梦想变为现实，二十几岁的年轻人常觉得抓不到重点。梦想是浪漫主义的，而成功则是现实主义的，你制定了目标，并不等于已经实现了目标，还必须竭尽全力，一步一步做下去。其实实现目标的方法极为简单，从现在开始，从你目前的学业和工作出发，完成你的原始积累。

决心获得成功的人都知道，进步是一点一滴不断地努力得来的。例如，房屋是由一砖一瓦堆砌成的，篮球比赛的最后胜利是由一次一次的得分累积而成的，商店的繁荣也是靠着一个一个的顾客在不停地购物过程中形成的，所以每一个重大的成就都是由一系列的小成就累积而成的。“继续走完下一里路”的原则不仅对别人有用，对你也很有用。对二十几岁的年轻人来讲，不管被指派的工作多么不重要，都应该把它看成“使自己向前跨一步”的好机会。推销员每促成一笔交易，就为迈向更高的管理职位积累了条件。教授每一次的演讲，科学家每一次的实验，都是向前跨一步、更上一层楼的好机会。

有时某些人看似一夜成名，但是如果你仔细翻看他们的历史，就知道他们的成功并不是偶然得来的，他们早已投入无数心血，打好坚固的基础了。那些暴起暴落的人物，声名来得快，去得也快。他们的成功往往只是昙花一现，他们并没有深厚的根基与雄厚的实力。

理想不同于妄想和幻想，目标要切实可行，行动要脚踏实地。这样，距离你的梦想就不远了。

美国汽车工业巨头福特曾经特别欣赏一位年轻人的才能，他想帮助这个年轻人实现自己的梦想。可这位年轻人的梦想把福特吓了一跳：他一生最大的愿望就是赚到10000亿美元——超过福特现有财产的100倍。

福特问他：“你要那么多钱做什么？”

年轻人迟疑了一会儿，说：“老实讲，我也不知道，但我觉着只有那样才算是成功。”福特说：“一个人果真拥有那么多钱，将会威胁整个世界，我看你还是先别考虑这件事吧。”5年后的一天，年轻人告诉福特，他想创办一所大学，他已经有了10万美元，还缺少10万美元。福特这时开始帮助他，他们再没有提过那10000亿美元的事。

经过8年的努力，年轻人成功了，他就是著名的伊利诺伊大学的创始人——本·伊利诺伊。

要赚够10000亿美元的梦想，已经到了狂想的地步，这个目标，只能让茫然的人更加茫然。我们关于梦想的勾勒应该是这样的：我目前拥有什么？我从哪里做起才能让自己的生活发生一些正面的变化？

当你逐渐成长之后，你会开始思考你的人生何去何从。

但是，你的某些梦想会成真，其他的会渐渐消失或改变，更有些会在你的眼前粉碎。在你的人生中，你可能必须要放弃一到两个梦想。可与此同时，其他的机会又会展现在你的面前。

在很小的时候，约翰便梦想成为一位名作家。妻子对他的信心令他十分陶醉。妻子白天做秘书，晚上做裁缝来维持日常生活，而约翰则夜以继日地创作他的第一本诗集。

约翰倾尽全心全意从事写作，等到完成时感到非常自豪。他本想向全世界描述自己内心深处的梦想、希望和欲望，却发觉这个世界对之嗤之以鼻。他被退稿12次之后已经完全麻木了；等到被拒绝了24次时，他坐在后院凉亭，重新评估人生目标的优先次序。

约翰开始想到妻子想要住在一栋红砖屋的梦想。以当时的财务状况而言，他们似乎永远达不到这个梦想。还好，后来约翰在一个广告公司内担任一个职位，他们竭尽所能节省每一分钱，不久便建筑了他们的家园。

从某种意义上说，约翰放弃了成为诗人的梦想，而迁就于另一个比较小的梦。然而，每当他亲眼看到妻子坐在门廊里缝制衣服，向邻居挥手致意时，他就觉得成为诗人未必就是个值得追求的伟大梦想。

约翰的经历告诉我们，当现实与梦想存在着巨大的距离时，你应当保留梦想，服从于现实。许多年轻人都常犯同样的错误，对生活提供的巨大的财富，只能收获到一点点。尽管未知的财富就近在眼前，他们却得之甚少，因为他们只一心盯着梦想的气球，对身边的果子却视而不见。

务实的人都会为自己树立一个能够实现的目标。他们都知道，如果把目标定得过高，不但会使自己无法脚踏实地地工作，而且发挥不出目标的激励作用。因为当我们付出很多努力仍旧无法实现目标时，我们就会变得懈怠和灰心。只有为自己树立一个能够实现的目标，才可以使自己的航向明确，能脚踏实地地去追求自己想要的生活。

那些已经有了足够阅历的人都知道，人生经常会有一些有趣的反差。当你一心立大志、成大事的时候，很可能终其一生也两手空空；当你暂时收起了雄心壮志，从身边小事开始行动时，反而会柳暗花明，出现意想不到的好机遇。

我们对于二十几岁年轻人的忠告是：不管你的梦想多么高远，先做触手可及的小事。你朝目标迈进的每一步都会增加你的快乐、热忱与自信。每天努力工作，你就会逐渐在心中激发出你相信每件事都会成功的绝对信心。每天的进步能让你去除恐惧，践踏怀疑。你会从积极地思考进展成为积极地领悟，没有一件事情可以阻挡你。

第 8 章

投资一种时间，年轻就是最大的资本

对于大多数人来说，二十几岁不是实现梦想的时期，而是投资自己，继续充电，为 30 岁以后的成功积累养分的时期。二十几岁的我们，拥有大把的时间，你可以对其进行管理，制订计划，同时也可以尽情挥霍，混沌度日。一年、两年……成功者和失败者背道而驰，在时间的作用下，我们分出了等次，拥有了不同的生活质量。年轻，是我们最大的资本；年轻，更应该是我们最大的一项投资。

提升素质，让你的辛苦换来更大的回报

尽管并不是每个人都能够得到理想中的高职位，有些人必须在这个世界上做那些平凡的工作，获得一点微薄的报酬。但我们毕竟可以靠提升自身的素质和寻找更为有效的方法，从而使自己的辛苦得到更多的回报。

年轻人在自己独立生活之前，已经从师长那里得到了许多关于“不劳动不得食”的教育。这话没有错误，劳动创造了人类，在劳动中，我们创造价值并享受劳动的回馈。但是如果你把这句话扩展为“以辛苦换收益”“多大付出就有多大回报”，那么就需要进行深层次的思考了。这种思维从纯理论角度或许还说得通，在现实中却是有人打着高尔夫球就把钱挣了有人每天累得腰酸背痛，却仅能糊口。

埋怨社会不公是没有意义的，为了不让自己也陷入这种怪圈，年轻人在二十几岁时，就应该明白辛苦与效率、辛苦与价值的关系，力求自己的劳动，能换来最大化的效益。

就目前的社会状况来讲，接受新知识的培训，不断地提高自己的教育层次，依然是年轻人提升自身价值的重要途径。

知识是一种可以随身携带的资本，并且它的大门平等地对每一个人敞开。当你的出身、地位、资产都与人相形见绌时，知识是你手里唯一的一张大牌。

社会学家罗伊特·华纳说过，美国的理想是建立在每个人都能“成功”这个信念上的——而一个人想要出人头地的主要方法，就是接受教育。

事实上，并不是每个人都能够得到理想中的高职位，有些人必须在这个世界上做那些他不太想做的工作。但是令人振奋的是，如果他愿意训练

自己，培养更好的能力，他就不会永远停留在低下的工作上了。

一位年轻律师的故事，也许可以给那些不甘于现状的人一些启示。

这位律师的名字叫海威希。他刚踏入社会时，在鹏萨所城一家贸易信托公司里当小职员。后来他移居到俄克拉何马州，进入谢尔石油公司。

不久，经济发生了大恐慌，海威希和许多职员被解雇了。他受过的训练和经验都不够，没有办法担任一般书记以外的工作。他只好接受了他所能从事的唯一一份工作——以每小时4美分的代价，挖壕沟。

他的故事后半段是这样的：后来海威希被谢尔石油公司重新雇用，他的工作是在会计部门办理有关投资的文书工作。但是他对于会计工作一窍不通，这时只有一个办法，那就是学习。海威希认为自己到俄克拉何马法律会计学校的夜间部会计科上课，是他所做过的最聪明的一件事。

经过3年的学习以后，他的薪水翻倍了。于是他马上进入杜尔沙大学夜间的法律系上课，4年内修完全部学分，得到了学位，并且通过律师鉴定考试而成为合格的开业律师。

但是他仍不满足，研究高等会计3年以后，又学习了一门公共演讲课程。这些连续的教育，使海威希的薪水比挖壕沟的时候增多了12倍。

海威希的故事是教育自己以获得成功的典型故事，任何一个愿意付出时间和努力的人都可以做到。

海威希的成功，源于他对自己前进的方向的正确选择。如果当初他只把目光放在挖沟的多快好省上，工头赏识了，也不过多挣几个糊口的钱罢了，而他的教育历程对他来说是一次脱胎换骨的改变。

教育是年轻人对自己最成功的后天改造，但是在生活中，并不是每个拿到进入主流社会资格证的人，都做出了显而易见的业绩并获得了相应的报酬。大家都在忙，得到的回报却有高有低，问题究竟出在了哪里?

19世纪，意大利经济学者帕列托提出了著名的“二八法则”，对于付出与回报的关系，“二八法则”这么说：你所完成的工作里，80%的成果来自你所付出的20%。换言之，我们4/5的努力——也就是付出的大部分努力，几乎是白白浪费的。这一点一定使你大吃一惊！

为了使你的辛苦都收到实效，我们迫切需要一种更为合理的工作方法。比尔·盖茨认为：那些高效率的人，不管做什么事情，首先都用分清主次的办法来统筹做事。

把要做的事情分成等级和类别，首先是办重要而又紧迫的事；其次是重要的但不紧迫的事；再次是紧迫但不重要的事；最后是既不重要又不紧迫的事。为了大幅度提高自己的做事效率，我们应该用80%的精力做能带来最高回报的事情，而用20%的精力做其他的事情。

所谓“最高回报”的事情，即是符合“目标要求”或自己会比别人干得更高效的事情。

最高回报的地方，也就是最有生产力的地方。这要求我们必须辩证地看待“勤奋”。“业精于勤荒于嬉”。勤，在不同的时代有其不同的内容和要求。过去人们将“三更灯火五更鸡”的孜孜不倦视为勤奋的标准，但在快节奏、高效率的信息时代，勤奋需要新的定义。勤要勤在点子上，即最有生产力的地方，这就是当今时代“勤”的特点。

前些年，日本大多数企业家还把下班后加班加点的人视为最好的员工，如今却不一定了。他们认为一个员工靠加班加点来完成工作，说明他很可能不具备在规定时间内完成任务的能力，工作效率低下。而社会只承认有效劳动。

年轻人从二十岁左右走向社会，刚开始的时候大家都有自己的人生规划：再学习什么样的经验，然后实现什么样的目标，赚取多大的回报。但是时间久了，按部就班的工作和越来越重的负担慢慢压抑了他们的心志，他们所得到的最直接的工作经验就是手脚灵活、动作娴熟，成了大机器上无数合格的小螺丝中的一个。

如果要彻底摆脱这种“多劳而少得”的状态，就要把每一种事情都当成一种事业来做，考虑与之相关的方法和效益，设计它的未来，把每一天的每一步都当成一个连续的过程。

把时间用在学习上，是最有价值的投资

花在学习上的时间，可能一时见不到功效，可在这种潜移默化之中，你会逐渐提高层次，然后由量变到质变，必有厚积薄发的时刻。世界上最昂贵的是时间，最便宜的是学习。

一个人小时候所受的校园教育，是父母送给你的原始积累。二十几岁后进入社会，这种学习的过程并不会中断。农耕社会，土地是最重要的资源；工业社会，能源是最重要的资源；知识社会，头脑是最重要的资源。学会了学习，一切都会随之而来。毫不夸张地说，学习能力是一切能力之母。只有善于学习、懂得学习的人，才能具备高能力、高素质，才能不断获得新信息、新机遇，才能够赢得成功、创造未来。

一分耕耘，一分收获，时间是最公平的计价器，一个人把时间花在哪里是显而易见的。比如在一群同样是二十几岁的年轻人中，刚开始大家处在同一起点，穿着轻松简单的T恤，做着轻松简单的入门工作。但是10年之后，有人已经成为行业精英或已开创了自己的事业，目光里透着自信。此时依然停滞不前的人就相形见绌了，20岁时身无余物还可以算作潇洒，过了30岁依然两手空空就略显寒酸。你可以把这种差别归于社会、归于机遇，但你是否想过这一切都是由于自己没有管理好自己的时间，别人在学习和成长的时候，你却没有丝毫进步。没有时间、没有机会学习都是借口，无论在多么艰难的情况下，只要你不放弃，就没有什么力量能阻止你。

李嘉诚曾是亚洲首富、世界十大富豪之一。有人曾经问李嘉诚："您成功靠什么？"李嘉诚毫不犹豫地回答："靠学习，不断地学习。"

李嘉诚勤于自学，在任何情况下都不忘记学习：他年轻时在打工期间坚持“抢学”；创业期间坚持自学；就连在经营自己的“商业王国”期间，仍孜孜不倦地坚持学习。

每晚睡前是李嘉诚固定的看书时间，他喜欢看人物传记，无论是在医疗、政治、教育还是福利方面，对全人类有所帮助的人他都很佩服，都心存景仰。

他还很早就开始坚持学英语，专门聘请了一位私人教师每天早晨7：30上课，上完课再去上班，天天如此。在办塑料厂时，他还订阅了英文塑料杂志，既学英文，又了解了世界最新的塑料行业动态。

当年，懂英文的华人在香港是“稀有动物”，这份才能使李嘉诚可以直接飞往英美，参加各种展销会，谈生意可直接与外籍顾问、银行的高层交流，为他成功拓展世界市场提供了最佳的保障。

成功，取决于人的能力；而能力，则取决于人的学习力——归根到底，成功取决于学习。不断地学习知识，正是李嘉诚成功的奥秘。

据国外研究机构测算，21世纪的社会文盲已不再是那些不识字的人，而是那些不会学习的人。在这个时代，我们原有的知识正在以每年5%的速度不断“报废”，如果不随时进行更新和补充，10年后就会有50%的知识变得陈旧和老化，这样的我们又何谈成功呢?

也许你曾经注意过，如今一些机构的招聘常常强调外语和计算机能力，这两种能力不一定与本职工作有关，但它们最能够代表一个人的学习能力。

不要以为出了校门、拿了文凭，学习的历程就结束了，即使你已拥有了足够的资格证书，依然还有些知识结构上的缺憾需要弥补。经常参加一些培训班或研习会，不仅可以学到一些新的知识和观念，而且可以进一步了解行业发展趋势。

这些培训班或研习会不同于学院式的正规教育，参加培训班或研习会的人一般都是早已走向社会，有自己的事业，有自己职业的人，而且是一群力求上进、想成功的人。

如果是同行，可以彼此交流工作心得，探讨行业发展趋势，了解更多有关的行业信息。这些信息对于做决策、发展事业是很有帮助的。如果不是同行，那他就有可能成为你的顾客。同时，他也有可能带给你正在寻找的东西。

如果你是受邀去参加培训班或是研讨会，那么请你以开放的心胸和积极的态度参加。参加培训班或研习会可能会花钱，但是训练需要花钱，不训练更需要花钱。世界上最昂贵的是时间，最便宜的是学习。

要想取得成功，就必须要有不断学习新知识的渴望，必须有向成功人士和杰出同行学习的远见，还要正确地评估自己的目标和能力，然后模仿、运用、调适。只要肯努力，就会不断取得进步。

如果等到我们个子长高了，慢慢又变矮了，头发由黑变白时才想起，该学的没有学，该会的没有会，该做的没有做，过去的时间却再也找不回来了，这何尝不是一种悲哀？

二十几岁的年轻人，正是为了自己心中的目标而学习的时候，掌握知识，培养能力，不断提高我们的生命质量。如果你对时间的投资方向正确，它必不会辜负你的期待。

尊重时间就是尊重自己的前程

在工作期间，任何漠视时间的做法都是不恰当的，给组织造成损失的同时，也给自己的发展带来负面影响。你的考勤簿不单是发薪水的依据，还代表着你的责任感和敬业程度。

当二十几岁的年轻人进入社会独立生活的时候，一开始就应该培养起对时间的责任感。一旦某个机构或某个单位接纳你成为它们的一员，你的工作时间就通过契约的形式归属于对方。在工作期间，任何漠视时间的做法都是不恰当的，给组织造成损失的同时，也给自己的发展带来负面影响。

时常请假对一个上班族不是一件好事，享有自己应有的休假本来无可厚非，但任意休假就是不负责任的表现了。

有一家制造厂接到外商的一份大额订单，这一段日子里，公司上上下下都忙得不可开交。

这时，有一个员工患了感冒，他向上司请假，说要到医院去看病，上司说这段时间很忙，能坚持就坚持，不能坚持再去看病。这个员工说大病都是小病引起的，上司只好批准他请病假，并抽调别人临时代替他的工作。

下午，上司陪客户外出去一个旅游景点游玩，却看到那个请病假的员工跟自己的女友在景点旅游，精神很好，完全看不出生病了。上司很生气，从此对这个员工的印象大打折扣。

作为一个二十几岁的刚踏入职场不久的新人，在公司最忙、最累、最紧张的时候，要避免借故请假，即使生病，也要秉持“轻伤不下火线”的信条，只要还能上班就不要请假。否则，就会给人留下不好的印象：竟然在这么重要的日子里请假，真是太没责任心了。

如果一切按照公司的规定，而且在不影响工作的情况下请假，自然没有问题。但是，如果毫无计划地请假，甚至是为了一件微不足道的私人小事就请假，还自我安慰说“反正我把工作做完了，就算今天请假，明天我会多做一点，没什么大不了的”，就会给你日后的工作造成麻烦，甚至影响个人前途。

你的考勤簿不单是发薪水的依据，还代表着你的责任感和敬业程度，在某种意义上，圆满的出勤率就是圆满的人生态度。

不要一到下班时间就消失得无影无踪，如果你未能在下班前将问题解决好，那你必须告知他人。如果你不能继续留下来帮忙，那你应于抵家后再打电话询问事情是否已得到控制。即使是平常的日子，在离开公司之前，也应向你的主管打声招呼。

如果你向成功人士询问他们的成功秘诀，十之八九的人会回答："要当那个早晨第一个到办公室、晚上最后一个离开的人。"这句话换一个说法就是："上班时不要做最后一个，下班时不要做第一个。"

办事准时、守时是获得别人信任的手段，做生意、签协议最讲求时效，所以，千万不要认为上班、下班或办事迟到几分钟无所谓。如果有一天，老板准时走进办公室，看到其他同事正在埋头工作，而你的座位空空如也，那么，无论你如何开脱，也很难挽回恶劣的影响，老板会认为你不喜欢目前的工作，随时准备放弃，所以工作起来无法尽心尽力。

下班的铃声响了并不一定意味着工作的结束，也许你的工作正在关键时刻，仅仅再多花十几分钟或半个小时就可以解决，可是因为你立刻躁动起来的情绪，你只能把它拖到明天从头再来。可能现在突然涌现出来的想法和灵感就会忘记，这也需要从头再来，于是，你的工作效率明显减慢了，因为完不成任务，你可能遭到上司的批评。

在竞争激烈的现代经济社会中，加班对很多公司而言已是家常便饭，当然大多数公司都会有相应的报酬与奖励。但除去经济上的因素，这也确实是员工热爱工作、公司以及敬业的表现。除非你不喜欢这家公司、这份工作或这种紧张的工作气氛，否则还是应满怀热情地投入到工作中。对于一个精明的老板而言，你的很多细微表现他都看在眼里，记在心里。他宁肯使用一个能力稍逊色但守时敬业的员工，也不敢任用一个"跑得快的大侠"。

年轻人对自己定位，应该以最高标准来要求，不放过其中每一个环节。在对时间的管理中，勤奋工作、守时尽责是上班族的基本义务，而在同样的时间内发挥出最大的效率，则是对你的另一种考验。

我们做每件事，只有事先做好相关的准备工作，才不至于手忙脚乱，才能把事情圆满地做好。有了第一天的短短几分钟的准备过程，就能对第二天的工作有充分的认识，就能知道做事的轻重缓急和先后次序。所以，不要对昨天的几分钟的准备不以为然。相反，如果你在工作中无视“准备”，事前准备不充分，事后就会麻烦多多。

比如：你昨天少花了几分钟时间做准备工作，可能会导致你今天忙而无序，而且不能顺顺利利地完成工作；你昨天少花了几分钟时间熟悉谈判资料及相关文件，可能会导致你在第二天的谈判中陷入不利的局面。

做任何事情，都要提前做好充分的准备。二十几岁常常是我们独立工作的开始，很多事情还远远没有达到驾轻就熟的地步，作为一个上班族，要想把第二天的工作做好，就要在每天下班前制订出第二天的工作计划。如果拖到第二天上午上班时才制订工作计划表，就很容易费时费力，因为那时又面临新一天的工作压力。而前一天晚上做好准备工作，第二天工作起来就会得心应手。

凡事做好准备，每一天都可以很轻松地达成你的目标。所有成功的人，都是凡事有准备的人。

在对时间的管理中，二十几岁的年轻人最应该记住的，就是充分地尊重时间，充分尊重单位时间内所产生的效益。能做到这些，赏识你这种品格的人就会不请自来。

盛年不重来，一日难再晨

时间犹如一位公正的匠人，对于珍惜年华者和虚度光阴者的赐予有天壤之别。珍惜它的人，它会在你生命的碑石上镂刻下辉煌业绩；而对于那些胸无大志的懦夫懒汉，时间就像一个可恶的魔鬼，难以打发。总之，谁对时间越吝啬，时间对谁越慷慨，要时间不辜负你，首先你要不辜负时间；抛弃时间的人，时间也会抛弃他。

时间伴随着我们的一生，我们可以自由支配。然而，许多二十几岁的年轻人自认有大把的时间可以挥霍，丝毫没有意识到时间在悄然流逝。

陶渊明说：“盛年不重来，一日难再晨。及时当勉励，岁月不待人。”杜秋娘说：“劝君莫惜金缕衣，劝君惜取少年时。有花堪折直须折，莫待无花空折枝。”在人的一生中，时间是最容易流失的。我们无法阻止时间的流逝，但是我们可以管理时间，主宰自己的青春。

只有当你充分利用时间时，你才知道你究竟能做多少事。一个不珍惜时间，把大把时间浪费在吃喝玩乐上的人，他一生都不会有什么成就。

巴尔扎克说：“时间是人的财富、全部财富，正如时间是国家的财富一样，因为任何财富都是时间与行动化合之后的成果。”

巴尔扎克是怎样珍惜和利用时间的呢？让我们看看巴尔扎克一天普通的生活吧：

午夜，墙上的挂钟敲了12响，巴尔扎克准时从睡梦中醒来。他点起蜡烛，洗一把脸，开始了一天的工作。这是最宁静的时刻，既不会有人来打扰，也不会有债主来催账，这正是他写作的黄金时间。

准备工作开始了，他把纸、笔、墨水都放在适当的位置上，这是为了在写作时不让自己的思路被打断。他又把一个小记事本放到写字台的左上角，上面记着章节的结构提纲。他再把为数极少的几本书整理一下，因为大多数书籍资料都早已装在他脑中了。

巴尔扎克开始写作了。房间里只听见奋笔疾书的“沙沙”声。他很少停笔，有时累得手指麻木也不肯休息。他喝上一杯浓咖啡，振作一下精神，又继续写下去。

早晨8点钟了，巴尔扎克草草吃完早饭，洗个澡，紧接着就处理日常事务。印刷所的人来取墨迹未干的稿子，同时送来几天前的清样，巴尔扎克赶紧修改稿样。稿样上的空白被填满了密密的字，正面写不下就写在反面，反面也挤不下了，就再加上一张白纸，直到他觉得对任何一个词都再也挑不出毛病时才停手。

修改稿样的工作一直进行到中午12点。整个下午的时间，他用来摘记备忘录和写信，在信上和朋友们探讨艺术上的问题。

吃过晚饭，他要对晚饭以前的一切略做总结，更重要的是，对明天要写的章节进行细致缜密的推敲，这是他写作中一个非常重要的环节，一个必不可少的步骤。晚上8点，他放下了一切工作，按时睡下了。

这普通的一天，只是巴尔扎克几十年间写作生活的一个缩影。巴尔扎克曾经这样说过："我发誓要取得自由，不欠一页文债，不欠一文小钱。哪怕把我累死，我也要一鼓作气干到底。"

巴尔扎克珍惜生前每一分钟，因此，他的一生光彩照人。

珍惜时间，能够使我们有限的生命结出更加丰硕的果实，这实际上等于延长了我们的生命。

二十几岁的我们，正值青春时期，不要总想着自己还有长长的一生可以挥霍，浪费一点无关紧要，要知道，浪费时间就等于慢性自杀。世界上大凡能成就伟业者，都是珍惜时间的人。

人们问富兰克林先生："您怎么能够做那么多的事情呢？而上帝也不多给您一点儿时间呀！"

"您看一看我的作息时间表就知道了！"富兰克林答道。

他的作息时间表是什么样的呢？

5点起床，规划一天的事务，并自问："我这一天要做什么事？"

上午8：00~11：00，下午2：00~3：00，工作。

中午12：00~1：00，阅读、吃午饭。

晚上6：00~9：00，吃晚饭、谈话、娱乐、考查一天的工作，并自问："我今天做了什么事？"

朋友劝富兰克林说："天天如此，是不是过于……"

"你热爱生命吗？"富兰克林摆摆手，打断了朋友的谈话，说，"那么，别浪费时间，因为时间是组成生命的材料。"

你是否感觉到了时光正从你的生命里偷偷地流逝。在思考问题的一刹那，光线，确切地说是时间，从你的眼角、你手指的间隙里无声地滑过，而在这一刻里，你没有给世界任何付出，世界也没有给你任何回报，你生命的一小段被时间无情地抛弃了。

许多人都埋怨命运，却无人指责时间。时间对任何人都是公平、无私的，每个人都能用自己的方式扮演自身所投入的角色，不管他的角色是多么得精彩或是多么得落魄，时间之手轻轻一挥，便将这些一一抹杀，留下来的只是历史。历史是那些印证时间存在过，却不能被我们任何一个人所拥有的东西。当我们重读历史，那字里行间闪烁的只是想象的光芒，这光芒是虚幻的、不可把握的。历史不会重来，时光不会倒流，生命只有一次。时光催人老，即便是二十几岁的年轻人，如果只松松垮垮地过日子，中年的懊恼也很快就会降临。

珍惜时间，要从今天做起。因为昨天已经过去，惋惜也无法追回；明天尚未到来，与其坐待，不如奋起；而今天就在眼前，抓住了今天，既可以弥补昨天的不足，又可以提前迎接明天的朝阳。我们要珍惜每一个“今天”，尽量压缩生活中每一分的“时间开支”；每当翻开日历时，要意识到不能让崭新的这一页成为空白。

二十几岁的年轻人如果想成就一番事业，一定要珍惜时间。无论一个人的年华还剩多少，也要等你认识到时间宝贵的那一天开始，才可以说是明智地驾驭了生命的开端。

时不我待，摆脱拖延的恶习

拖延的习惯是很可怕的，它不但耽搁工作的进程，影响我们走向成功，而且常常会让我们产生很多精神负担。有许多大好时光在我们的懒散拖延中悄悄流走，对付拖延的秘诀就是一次只做一件事，并且马上行动。

时光不会倒流，生命不会重来，所以人的一生总要留下无尽的遗憾。生活中常听到三四十岁的中年人感叹“长江后浪推前浪”，面对冲劲十足的后来者，感到巨大的生存压力。今天二十几岁的你，如果现在还没有领悟到时不我待、赶快行动起来的紧迫性，不久也会有“心有余而力不足”的一天。

成功不是想出来的，也不是说出来的，而是做出来的，是在行动中才能产生的。一切方法、意愿只有在行动中才能发挥指导和辅助的作用，没有行动，一切都是幻想。

可遗憾的是，在日常生活中，我们有许多应该做的事，最后却忘了，这是为什么呢？因为我们多数人都有一个致命的坏习惯——拖延。

有两个学生同时报考某教授的博士生，可是教授只招收一个学生，于是教授就给他们出了一道题目，两个学生同时做完了题目。过程一样精彩，结果也一样正确，难分伯仲。教授思考了一下，选择了其中一个。

另一个很不服气地找教授问：“为什么没有选择我？”教授指着题目开始做的时间说：“题目是我上周五下午布置的，他是上周五下午4点开始做的，你是周一开始做的。我之所以选择从周五下午4点开始的他，是因为我认为一个立刻开始行动的人更具竞争力。”

一个人失败的原因，事实上也是一般人不能成功的主要原因，就是缺乏足够的行动力，做事总是拖延。

许多该做的事就是这样被一而再，再而三地拖延下去。生活中这种情况比比皆是：有的人想身体健康、有活力，很想锻炼身体，却从不运动；有的人知道要设目标、订计划，却从来不去设计，即使设了目标、订了计划，也不曾执行过；有的人知道要早起、要努力，却总是赖在被窝里……

有时候人们之所以拖延，是因为不愿承担更多的责任。学生总想在大学里，而不想到外面工作。有些未婚青年总是一直维持现有状态，而不愿结婚，因为他们怕承担婚姻的责任。有时职员不愿升迁，是害怕随之而来的重担。更有甚者，一些生理上有疾病的人，一直拖着不就医，也是怕身体健康了，就必须肩负起责任。

你也许因为缺乏动力，或是感到灰心，觉得自己无用而拖延工作，假如确实如此，你就必须改造自己，并且改变你的自我形象。抽出一些时间，对自己进行一次精神式的训话，告诉自己，你为什么是个优秀能干的人。认清自己的力量所在，把弱点放在一旁。

自夸会增加你的信心，并且增加你的热度。相信自己，你所能完成的工作就越多，做得也越好。

汤姆·霍普金斯是全世界单年内销售最多房屋的地产业务员，平均每天卖一幢房子，至今仍是吉尼斯世界纪录的保持者。

同时，他也是当今世界第一名推销训练大师，接受过其训练的学生在全球超过500万人。

当他的事业迎来辉煌时，很多人企盼得到他的成功秘诀。

一次，有一个人问汤姆·霍普金斯："请问您成功的秘诀到底是什么？"

他说："马上行动！"

"当您遇到困难的时候，请问您都是如何处理的？"

他说："马上行动！"

"当您遇到挫折的时候，您要如何克服？"

他说："马上行动！"

"在未来当您遇到瓶颈的时候，您要如何突破？"

他说："马上行动！"

"假如您要分享您的成功秘诀给全世界每一个人，那您要告诉他们什么？"

他说："马上行动！"

成功的秘诀就是绝不拖延，马上行动，可有些人虽然心中向往着成功，脚步却总是在起点上犹豫不决地徘徊。各种各样的理由总是拽着行动的脚步不得迈出：我也许会失败；我准备的可能还不够充分；现在也许时机还不到；这样就开始未免太仓促了……

而有的人是因为做事没有紧迫感，因为想偷懒而拖延。他们想到应该去做什么事后，不是马上行动，而是找一些可以现在不用行动的借口：再休息一会吧；明天再做吧；后天做也行；我今天想先睡觉；我先喝一杯咖啡；我的资料还没有整理好……

拖延的习惯是很可怕的，它不但耽搁工作的进行，影响我们走向成功，而且常常会让我们产生精神负担——事情不能随到随做，随做随了，都堆在心上，既不去做，又不敢忘，实在比多做事情更加疲劳。

另外，做事有始无终，也会让自己有负债之感。无论大事小事，既已开始，就应勇往直前地把它做完。

假如你严肃地对自己做了承诺，那任何事都会变得比较容易完成。你的承诺也许是减轻体重、戒烟，或是看一本书。而且你对别人做承诺，如伴侣、朋友、老板，要比对自己做承诺有用得多。

对那些你尊敬及信任的人做个承诺，这样他们就可以帮你一起检查计划的实施过程、决定完成期限、评议最后的结果。因为当你向别人做出承诺之后，自然就会想到别人，而不只是想到自己的利益。你的关切、恐惧和忧虑已变成次要的事，最重要的还是别人的期望。这种态度的改变，可以帮助你改掉拖延的习惯。让别人一起分享你的成就，你就会觉得更加快乐。

看一看自己有没有未完成的事情？如果有，就把它们找出来整理一下，安心去完成。如果已经没有必要去做，就把事情彻底忘掉。做完这些后，我们会觉得非常轻松和快乐。

在很多时候，一些二十几岁的年轻人已经具备了知识、技巧、能力、良好的态度与成功的方法，懂得比任何人都多，却依然不能成功，最可能的原因就是行动速度不够快。一次只做一件事，而且决定了就做，是改掉拖延、懒散的坏习惯的最有效办法。

时间像水珠，一颗颗分散开来就会蒸发

有这样一种比喻：时间像水珠，一颗颗水珠分散开来，可以蒸发，变成烟雾飘走；集中起来，可以变成溪流，变成江河。只要你善于积累，“博观而约取，厚积而薄发”，就能实现心中的梦想。

华罗庚说：“时间是由分秒积成的，善于利用零星时间的人，才会做出更大的成绩来。”生活中有很多零碎时间是大可利用的，如果你能化零为整，那你的工作和生活将会更加轻松。

所谓零碎时间，是指不连续的时间或一个事务与另一事务衔接时的空余时间。这样的时间往往被二十几岁的年轻人忽略了。零碎时间短，但日复一日地积累起来，其总和将是相当可观的。凡在事业上有所成就的人，几乎都是能有效地利用零碎时间的人。

生物学家达尔文说过：“我从来不认为半小时是微不足道的一段时间。”诺贝尔奖金获得者雷曼的体会更加深刻，他说：“每天不浪费剩余的那一点时间。即使只有五六分钟，如果利用起来，也一样可以产生很大的价值。”把时间积零为整，精心使用，这正是古今中外很多科学家取得辉煌成就的妙招之一，值得我们借鉴。

你或许经常会感到时间紧张，没有时间做许多重要的事。其实，这不过是托词。

三国时期的董遇是个很有学问的人，前去找他求学的人很多，但他要求首先要“书读百遍，其义自见”。当求学者抱怨说“没有时间”时，他则回答说：“当以‘三余’即‘冬者岁之余，夜者日之余，阴雨者晴之余’也。”这“三余”的利用，正是零碎时间的聚积。能以小积大，这是时间的独特之处。

汇涓涓细流方成浩瀚大海，积点滴时间而成大业。“点滴”的时间看起来很不显眼，但这些零零碎碎的时间积累起来大有用处。有的人觉得，读书、写作、科研就得有大块时间，零散时间在他们看来是微不足道的，这样想的人，是永远做不成大事的。

我们常常这样说：“噢，只有5～10分钟就要开饭了，什么事都干不了。”但实际上，一些伟人充分利用了这些被许多人轻易浪费的时间，从而为自己建立了人生和事业的丰碑。那些被你虚度的时光，如果能够得到有效利用，完全有可能使你成为杰出人物。

朗费罗每天利用等待咖啡煮熟的10分钟时间翻译《地狱》，他的这个习惯一直坚持了若干年，直到这部巨著的翻译工作完成为止。比彻在每天等待开饭的短暂时间里读完了历史学家弗劳德长达12卷的《英国史》。

休·密勒是一个石匠，赚钱养家糊口是他的天职。但在做好本职工作的同时，他把一些零零碎碎的时间积累起来阅读科学书籍，最终他根据自己和石头打交道的亲身经历写出了一本充满智慧和才气的大部头著作。

《失乐园》的作者弥尔顿是一位教师，也是联邦秘书和摄政官秘书。在繁忙的工作之余，他注意利用一些零碎的时间，坚持苦读。

以上事例说明，只要你善于利用零碎时间，持之以恒，完全可以成就一番大事业。

有人这样算过一笔账：如果每天用15分钟看书，一个中等水平的读者读一本一般性的书，每分钟能读300字，15分钟就能读4500字。一个月是135000字，一年的阅读量可以达到1620000字。而书籍的篇幅若以10万字计，每天读15分钟，一年就可以读16本书，这个数目是相当可观的，远远超过了世界上人均年阅读量，而且这并不难实现。

懂得零碎时间的价值是一回事，巧妙地运用零碎时间又是一回事。利用零碎时间，就要掌握下面几点技巧。

第一，嵌入式。即在空白的零碎时间里加进充实的内容。人们由某种活动转为另一种活动时，中间会留下一小段空白地带，如到某地出差时的乘车时间、会议开始前的片刻、找人谈话的等候时间等。对这种零碎的空余时间应该充分加以利用，做一些有意义的事情。

第二，并列式。即在同一时间里做两件事，如在做饭、散步、上下班的路上，都可以适当地一心两用。不少人在下厨房做饭时，仍能考虑工作问题；有的还准备好笔和纸，一边干活，一边构思，对工作有了新的想法，马上就记录下来。

第三，压缩式。即延长自己某次活动的时间，把零碎时间压缩到最低限度，使一项活动尽快转为另一项活动，免去很长的过渡时间。

如果你能按上面的方法坚持下去，就会大大提高自己对时间的利用率，在不变的时间内创造更大的价值。

小额投资足以致富的道理显而易见，然而，二十几岁的年轻人很少注意到，对零碎时间的掌握也足以助人成功。在人人喊忙的现代社会，懂得管理时间的人才可能多储存一份能量。

为了错误去后悔是错上加错

每个人都会犯不同的错误，有的人用后悔来惩罚自己，有的人用经验来弥补自己的过失。亡羊补牢，为时未晚，如果你用弥补的时间去后悔，不但于事无补，以后可能还会继续在相同的问题上犯错。

泰戈尔曾在诗中写道：“如果你为没有看到朝阳而流泪，你就会失去看到星星的机会。”既然做了，无论对错，都要学会不后悔。这才是一种对自己的人生负责任的态度，与其把时间浪费在后悔上，不如把时间用在总结经验、再接再厉的奋斗上，以弥补自己曾经犯下的错误。

哲学家告诉我们：世上有3种人，一种是敏锐的，在每一种现象发生时，这种人都能马上做出正确的反应，来适应种种变化，因此他们很少犯错误，因此也很少有追悔和遗憾。另一种人是非常迟钝的，遇到任何一种现象和变化，他都不知不觉，只顾埋头走自己的路，尽管一生错过无数机缘，也不会觉察到自己的错误，因此也不会有追悔和遗憾。但大多数人属于以上两者中间的那个阶层，时常会做出错误的决定，并且总是充满了追悔的心情。在追悔中，我们又不断地错过新的机缘，所以，有的人一生都生活在错误的阴影中。

我们不是圣人，都会犯各种各样的错误，我们也不是愚人，学不会超脱的智慧，因此我们唯一能做的就是让自己明白，后悔是无济于事的，尽量让自己花在追悔上的时间少一些。

据心理学家分析，幸运儿的一些特征如下：第一是外向，他们容易与人相处，乐于花时间参加聚会，喜欢跟人打交道；第二是不敏感，不愉快的事虽然也会发生在他们身上，但是他们比较健忘。因此，如果我们不能做到从错误中吸取经验，不如做到忘记这次错误，开始新的征程。我相信当同样的情况发生在你身上时，你一定能避开那些失败的陷阱，不会再犯相同的错误。

学会无悔，在我们年轻的时候是至关重要的。很多人说后悔当初没有好好学习，如今不能找到一个好的工作。与其现在后悔当初的事，不如做好眼下的事情，以弥补以前的过失，这就是向前看的智慧。有时我们在自己的错误之上，努力一番，反而会得到意想不到的结果。

某个学生打算报计算机专业，以便将来能够在最先进的行业中获得一席之地，不想自己填错了代码，被分配到了媒体专业，于是后悔不已。但改变专业已是不可能的事，除非他能忍受一年，之后重新上一年级，才可以获得机会，但他就会晚一年毕业。他不愿意耽误一年的时间，只好将错就错，开始学习媒体专业，不久他发现自己有发现新闻、挖掘事实真相的天赋，比计算机专业有更多的趣味。最终他成了一个有名的记者，不断邀约自己原来共同选择计算机专业的朋友们进行采访，成为他们中间最受欢迎的人。

台湾作家林清玄说，“生命的历程就是写在水上的字，顺流而下，想回头寻找的时候，总是失去了痕迹”。所以在生命历程中，我们不要总是回头去看那些失去痕迹的错误，而要不断地重新在生命的水上写下新的字迹，这样我们才会不断取得新的成就。

错误的影响是有限的，但若不能正确地对待错误，则会使它对我们产生更加不利的影响。我们不能避免错误，却能缩小它的影响。对于成功来说，对待错误有用的是反省，而不是后悔。我们即使不能做到及时反省，也要做到不后悔，重新振作起来，继续努力。

大文学家钱钟书说：“生活就像围城，里面的人想出来，外面的人想进去。”因此无论我们怎样做，都有这样那样的遗憾，我们要做的，就是学会无悔，在做事情之前不犹豫，做后不后悔。用享受的态度，对待每一件已经发生的事。用自己的智慧和力量弥补生活中存在的不足。

年轻的朋友，当我们犯错时，我们要意识到，为了错误去后悔就是错上加错。时刻秉持乐观的态度去做事，永远不后悔、不悲观，时刻保持奋进的状态，我们才能不断进步，最终获得成功。

柳比歇夫的时间统计方法

时间的长短，决定于使用时间的程度。在同样的时间里，有的人做的事多，有的人做的事少，这样时间就有了长短的区别。只要你养成珍惜每一刻而去努力的习惯，每天比别人多挤出一小时，这样累积下去，就会产生不可思议的结果。

有人这么说过：“我愿意站在路边，像乞丐一样，向每一位路人乞讨他们不用的时间。”

如果时间真能乞讨，那么我们都甘做这样的乞丐。不过，时间虽然乞讨不来，但只要学会管理时间，就可以“延长”时间、“增加”时间。

鲁迅先生说：“时间犹如海绵里的水，只要你挤，总是有的。”所以要想多挤出时间，首先必须了解时间是怎样被耗费的。要想知道时间的耗费情况，就必须记录时间。不妨养成勤于记录时间消耗的习惯。具体的办法是在做完一件事之后，立即记录下所耗费的时间，每天做一次小结，连续记一周、两周或一个月，然后进行一次总体分析，看看自己的时间究竟用在了什么地方，从中找出浪费时间的原因。苏联昆虫学家柳比歇夫的时间统计方法，值得每一个二十几岁的年轻人去学习。

柳比歇夫的一生，贡献赫赫，硕果累累，他发表了70多部学术著作，内容涉及遗传学、科学史、昆虫学、植物保护、哲学等广泛的领域。在这些成就中，有相当一部分要归功于他那枯燥乏味的日记本——“时间统计册”。柳比歇夫每天的各项活动，包括休息、读报、写信、看戏、散步等，支出了多少时间，全部历历在案。连有人找他问话，他解释问题，也都在纸上做记号，记录下花了多少时间。每写一篇文章、看一本书、写一封信，不管干什么，每道工序的时间都算得清清楚楚，内容之细令人惊讶。

柳比歇夫从1916年的元旦开始做时间统计。他每天核算自己花费的时间，一天做一次小结，每月一大结，年终一总结，直到1972年他去世那一天，56年如一日，从未少过一天。他每天记下各种事情的起始时间，相当准确，误差不超过5分钟。所有毛时间都被扣除，他注意每天纯时间的数量。他介绍说：“工作中的任何间歇，我都要刨除。我计算的是纯时间，纯时间要比毛时间少得多。所谓纯时间，就是你花在这项工作上的时间。”经过准确的时间统计，柳比歇夫把一昼夜中的有效时间即纯时间算成10小时，分成3个“单位”，或6个“半单位”。分别从事两类工作。第一类是创造性的科研工作，如写书、研究、做笔记等；第二类是不属于直接科研工作的其他活动，如作学术报告、讲课、开学术讨论会、看文艺作品等。除了最富于创造性的第一类工作不限定时间以外，所有计算过的工作量，都竭力按时完成。1966年，他已经76岁了，用来处理第一类工作的时间，平均每天为5小时13分。他天天如此，5小时内绝没有停下抽支烟的时间，没有聊天谈话，没有散步，也没有听别人谈笑风生。这是不折不扣的5小时。

学习柳比歇夫的时间统计方法，你会终身受益。

科学家研究证明，凡是这样做的人，对于节省时间、提高工作效率，收效甚大。在日常工作中，人们往往把“应该”花费的时间，看成实际已经花费的时间，而这两者往往是不相等的两个量。如果有人问一位董事长：“您今天上午做了什么，花了多少时间？”他说：“起草报告花了4小时。”其实，在这4小时中，他喝茶、抽烟花费了18分钟，中途休息了两次，花费了23分钟，与同事聊天，花费了27分钟，接了3次电话，花费了5分钟，这样总共花费了73分钟，实际上真正用于起草报告的时间只有2小时47分钟。可见浪费时间是多么得惊人。由此可见，进行时间消耗记录，对时间使用进行统计分析，对于每个人提高时间利用率，是一件多么必要的工作。

无论是总统、企业家，还是工人、乞丐，每个人的一天都只有24小时，这是上苍对人类最公平的地方。虽然如此，但有人可以把一天24小时变成25小时来用。

大物理学家爱因斯坦是很珍惜时间的人，他不希望把自己宝贵的时间消耗在无意义的社交活动与宴会上，他曾讽刺地说：“这是把时间送给动物园。”

1955年，76岁的爱因斯坦病倒了，有位老朋友问他想要什么东西，他说：“我只希望还有若干小时的时间，让我把一些稿子整理好。”

美国的“发明大王”爱迪生，一生中竟有1000多种发明。他在79岁生日时，对客人说：“我今年135岁了。”

原来爱迪生每天工作的时间比平常人多很多，他平均每天工作18个小时以上，这就等于“延长”了他的生命。

将来的成就，来源于今天的付出。如果你年轻时没有好好地利用每一天，那么在二十几岁时觉醒还不晚。每天少发一会呆，少看一会电视，少聊会天，少打一个无聊电话，少睡一会儿……天天如此，一年、两年之后，你的成就与别人相比就有了明显的差距。

人在时间中成长，在时间中前进。对于二十几岁的年轻人来说，善待时间，就是善待自己的前程。

第9章

下定一个决心，让自己实现诺言

多数人在谈到自己的人生成功与幸福时，会归功于自己在二十几岁时就对人生充满期待，下定决心做一个不平凡的人，不虚度自己的一生。早早地和凡人结婚生子，辛辛苦苦地过日子，看到这种人的生活，大多数二十几岁的人应该感到可悲。克富洛夫说：“现实是此岸，理想是彼岸，中间隔着湍急的河流，行动则是架在河上的桥梁。”

命运在自己的手里，而不在别人的嘴里

一个生活平庸的人，带着无数的困惑去拜访禅师。他问禅师：“大师，您说真的有命运吗？”“有的。”禅师回答他。“那您看，是否我命中注定一生贫困呢？”禅师让他伸出手，指给他看，“你看，这条横纹代表爱情，这条斜纹代表事业，这条竖纹代表生命和健康。”然后，禅师把他的手慢慢握起来，然后问他：“现在这几根线在哪里？”那人迷惑地说：“在我手里啊。”禅师微笑着问：“那命运呢？”那人终于恍然大悟，原来自己的命运一直握在自己的手里。

上天对每一个人都是公平的，会在不同的人生阶段降给每个人不同的灾难和幸福。一个人能否化解灾难，能否享受幸福，取决于他能否凭着自己的努力来转变这种状况。别人的鼓励、赞同或是否定、嘲笑都不能改变你的命运，改变你命运的是自己的心态，只有心态端正，接受正面鼓励的信息，无视那些否定、嘲笑之词，凭着自己的双手才能改变自己的命运。

一个人适合做什么，命运怎样，只有他自己最清楚，也只有他自己可以改变。现实生活中的很多年轻人总是在怨天尤人，埋怨上天没有给他们天才的头脑，没有给他们灵巧的双手，埋怨父母没能给他们更好的生活，埋怨上天没有替自己选择更好的出身和社会地位。其实，上天对任何人都是公平的。上天给了每一个人一种特有的才能，只不过有些人发现了，并通过自己的努力，把那项技巧开发出来了；而有些人则只顾着埋怨，或者懒惰，或者贪婪，或者没有机会，却忘了开发自身所特有的技巧。

就音乐方面来说，上天给了贝多芬很高的天分，但同时给予他的灾难也同样多，甚至超过了那一点天分。可是，通过对天分的充分开发，贝多芬取得了非凡的成就。贝多芬生于一个不幸的家庭，父亲碌碌无为且嗜酒

如命，甚至连家人是否有足够的吃穿都从不过问。为了成全自己把贝多芬培养成为自己的摇钱树的愿望，他不惜打骂贝多芬，使贝多芬常常在疲倦和疼痛中睡去。

然而，当贝多芬刚刚获得成功的果实时，他突然发现自己正在逐渐失聪。那时，他才26岁，正是一个人最可能取得巨大成功的年龄。而一个音乐家的失聪代表着他视为生命的音乐，随时可能离他而去。

31岁时，贝多芬爱上了朱列塔·圭恰迪尔，可是她与一位伯爵结婚了，他曾为此写下遗书。面对这样的不幸，面对希望和热情、失望和反抗的交替经历，他却发出了“要卡住命运的喉咙”的呼声，最终为世界留下了大量的不朽作品。贝多芬通过自己的不懈奋斗，真正做到了把命运掌握在自己手里，用自己的意志抗拒了命运对自己的沉重打击和巨大不公。

我们有理由相信，只要自己愿意，完全可以过得更好。成熟的人会把上天给他的一切磨难作为考验，最大限度地实现自己的梦想，为自己的梦想负责。只有那些胆怯的、不负责任的人，才会为自己的不幸推卸责任，怨天尤人。实际上，不能更改的命运真的是少之又少。

其实，老天给予每个人的同样多，无论是才能还是灾难，所以每一个人在命运上都是平等的。所有的努力就是为了与那些命中注定的灾难抗衡，只要我们战胜了那些灾难，就可以打破命运的平衡，命运的天平就会向我们倾斜，好运也就会随之而来。

无论别人怎样评论你的努力，觉得你不够幸运，觉得你会徒劳无功，但你要自己坚持拼搏，不要在乎别人的评论。成功的人在大多数之外，绝不是因为大多数的人不够幸运，而是只有他们能够坚持己见，能够不顾及别人的眼光，在自己认定的路上走下去。因为，他们知道命运掌握在自己的手里，而不在别人的嘴里。

一个人的态度和行动决定了他的命运，虽然别人的鼓励是必不可少的，但它的作用是有限的。想要改变自己的命运，就要改变自己消极的态度，改变自己平庸的想法，改变自己瞻前顾后的习惯。

宁可败给别人，也不能输给自己

面对众人，如果有怕被人笑话的顾虑，首先就输给了自己。年轻人要过自己那一关，要勇于追求与众不同。当陈胜还是个普通农民却说出“燕雀安知鸿鹄之志”时，他肯定是受到众多的嘲笑的，但是他面对众人嘲笑的眼光，没有退缩，终于成就了自己的一番事业。

没有谁可以预见未来，大家要做的就是坚定自己心底的信念，不要被外界的嘲笑击倒。我们可以败给对手，败给力量强大的敌人，却不能输给自己的胆怯心理，更不能败给流言，败给多疑心，败给时间。最可能成功的人，就是那些坚信自己的理论是正确的人，即使现在不正确，也会在未来的一个时间内变得正确，因为他们的眼光看得更远，看得清未来的趋势。当然，因为他们思想的超前性，可能会使他们受到无情地嘲讽，而只有顶住那些嘲讽，才可能有更大的成就。

1814年，史蒂芬孙根据蒸汽机的原理，研制出世界上最早的蒸汽机车。但他所研制出的蒸汽机车丑陋笨重，走得很吃力，像个病魔缠身的怪物。面对构造简单、震动厉害、速度缓慢的蒸汽机车，英国的贵族们驾着漂亮的马车与火车赛跑，并讥笑史蒂芬孙说：“你的火车怎么还没有马车快呀？”

然而，史蒂芬孙没有被这些论调击败，他坚信火车一定能够超过马车，具有远大的前途。他以科学的态度，针对火车的缺陷，做了一系列改进和革新，历经11年的努力，终于在1825年9月，再次进行了试车表演。而这次，好事者的马车被远远甩在身后。

比尔·盖茨当初转行做计算机时，人们也根本不相信计算机可以像一般家用电器一样普及使用，他的同学甚至嘲笑他在异想天开。如果你能够不败给别人嘲笑的眼光，坚定自己的信念，坚持自己的判断，终有一天，你会走在时代的前面。第一个“吃螃蟹”的人往往在人们不理解的眼光中被看作“疯子”。如果你败给了世俗的眼光，败给了自己的畏惧，那么连你自己都会觉得羞愧。

最可能成功的人，就是那些在大家眼里看起来不可思议的人。往往笑到最后的人，才是真正的强者，可并不是每一个人都能笑到最后，这其中的大多数人并不是被自己的对手打败，而是被自己的思想打败，被自己的感觉打败。当我们找不到人生的出路时，当我们感觉不到光明的希望时，焦灼、恐慌及畏惧就会逐渐占领我们的心，让我们在被敌人打败前，就先被自己打败了。

一支小分队在一次行军中，遭到敌人的突然袭击。混战中，有两名战士冲出了敌人的包围圈，结果却发现进入了沙漠。走至半途，水喝完了，没受伤的战士把枪交给了受伤的人，并一再叮咛他：“枪里还有5颗子弹，我走后，每隔一小时你就对空中鸣放一枪。枪声会指引我前来与你会合。”然后去寻找水源了。躺在沙漠中的战士却满腹狐疑：同伴能找到水吗？能听到枪声吗？会不会丢下自己这个“包袱”独自离去？

夜幕降临了，枪里只剩下一颗子弹，受伤的战士确信同伴早已离去，自己只能等待死亡。结果，他彻底崩溃了，把最后一颗子弹送进了自己的太阳穴。可就在枪声响过不久，同伴提着满壶清水，领着一队骆驼商旅赶来，却找到了一具尚有余温的尸体……那位战士冲出了敌人的枪林弹雨，却死在了自己的枪口下。

在人生的旅程当中，不少人常常不怕和别人争斗，却害怕寂寞和劳而无获。他们总担心自己的努力会付之东流，总担心自己的坚持换来的是一场空，从而害怕自己的判断会失误，害怕自己所有的奋斗都会失败，害怕看到失败后人们同情的目光，害怕失败的后果是自己不能承担的，于是，他们选择了逃避。逃避成为优秀的人，逃避让自己与众不同，逃避努力，最终使他们自己放弃了成功的可能。

要成就大事，就必须接受人们的不理解。然而，只有坦然接受人们不认同的目光，才能坦然接受心理的煎熬。有了这种心理准备，才有可能获得成功。一个成熟的人就是无论别人怎样不接纳自己，自己都会接纳自己、爱自己，并坚持自己的观念，从而不被自己打败。

成功者之所以成功，得益于志存高远

二十几岁，正是为人生目标开始奋斗的年龄，年轻人要规划好自己的人生并为之努力奋斗。努力之后，必当有守得云开见月明之日，而中途的苦难已不复存在。

成功者之所以成功，得益于志存高远。人生的路上，有阳光明媚的清晨，也有雾霭弥漫的傍晚；有大雨滂沱的冲刷，也有阴雨绵绵的滋润。交织着忽高忽低之情境的人生才精彩，并能历练一个人的意志和灵魂。信念坚定、志在成功者，才能专注人生奋斗的脚步，而不是左顾右盼于人生的困难。

当今社会竞争激烈，唯有真正的强者、有实力的人才能经得起社会风雨的洗礼，而实力就来自一个人的志向，“我成功因为我志在成功”，燕雀与鸿鹄的人生高度不一，所以它无法明白后者的志向。古人云，立长志，而非常立志。立长志的人才能为未来奋斗，抛开困难向前冲，直达成功的彼岸。

“有志者事竟成，破釜沉舟，三千越甲可吞吴”，这就是越王勾践的志向，卧薪尝胆对于他来说，并不是困难，因为志在复国；诺贝尔在研制炸药时，一次意外的爆炸让他的亲人离他而去，他没有放弃，因为他志在致力于人类和平。他们都成功了，即使在困难重重的时刻，因为他们有着明确的志向与坚定的信念，最终硕果累累。

从前，有个年轻人，总是希望能事业成功，成为众人瞩目的对象，可他平时总是三天打鱼两天晒网，没有一个明确的人生目标。他的父亲发现了儿子的弊病。

有一次，他要在房间里钉一幅画，请父亲来帮忙。画已经在墙上扶好，正准备钉钉子，他突然说："这样不好，最好钉两个木块，把画挂上面。"父亲遵循他的意见，让他帮着去找木块。

木块很快找来了，正要钉，他说："等一等，木块有点大，最好能锯掉点。"于是便四处去找锯子。找来锯子，还没有锯两下，"不行，这锯子太钝了，"他说，"得磨一磨。"

他家有一把锉刀，锉刀拿来了，他又发现锉刀没有把柄。为了给锉刀安把柄，他又去屋子后边的一个灌木丛里寻找小树。要砍下小树，他又发现那把生满老锈的斧头不能用。他又找来磨刀石，可为了固定住磨刀石，必须得制作几根固定磨刀石的木条。为此他又让父亲去找一位木匠。

这时候，他的父亲说："孩子，你这样永远挂不上一幅画，就像总是说自己要成功一样，怎么样才是成功呢？一个人只有立长志，然后为自己的志向奋斗，才会离成功越来越近，最终实现自己的梦想，你连自己到底要做什么都不知道，哪里谈得上成功呢？"

年轻人经过父亲的这般教诲终于醒悟过来，自那以后，他立志做一名画家，为了实现这个梦想，他在山上向一位画坛名人求教数年，勤奋苦学，终于成为当地出名的画家。

空谈义理者绝不会成功，他们只会高喊着成功的口号，却不知道自己的目标在哪里，这是一种悲哀。所以，年轻人要想成功，就必须立志，只有了解人生的航向到底在何方，才谈得上奋斗和努力。

有志者，必当有坚定的信念，即使遭遇逆境和困难，也无法阻挡他们奋斗的决心，正如唐代诗人王勃的那句："穷且益坚，不坠青云之志。"

古之成大事者，不唯有超世之才，亦必有坚忍不拔之志。逆境中，他们的重心是为目标奋斗，而不是愁苦于眼前的困难，困难只是成功路上的风景，本末倒置就会陷入泥潭不能自拔，最终与成功无缘。

物理学大师牛顿，出生在英国的一个村庄里。在他刚刚出生两个月时，父亲就去世了，留下孤儿寡母艰难地生活着。牛顿两岁时，母亲改嫁给了一个刻薄的单身汉，他不肯收留牛顿这个“拖油瓶”，母亲无奈只好把小牛顿托付给年老的外婆。从此，祖孙俩艰难度日。外婆对这个可怜的小外孙很关爱，后来还送他进小学读书。当牛顿长到14岁时，继父又因病去世。母亲带着3个孩子回到外婆家。继父没有留下什么财产，全家人的生活更加艰难。为了生计，母亲不得不叫牛顿停止读书，在家操持家务，种田放牛。牛顿很体谅母亲的难处，但他不肯放弃求知成才，于是他坚持刻苦学习，千方百计地挤出时间读书，外出放牛羊也带着书本，有时看书入了迷，牛羊跑到地里吃了许多庄稼，甚至跑到很远的地方，他也毫无察觉。他这种好学精神感动了舅父，在舅父的劝导下，母亲终于同意牛顿回到学校读书。由于成绩优良，牛顿提早中学毕业，18岁考入英国剑桥大学，就此走上了他的成才之路。

成大事者，必然有超人的斗志，能成功因为志在成功，而不是把目光放在奋斗路上的小插曲上。当然，成功的前提是要有明确的目标，然后为之奋斗。所以，年轻人应做个有志者，立长志，不要太在意奋斗路上的困难，放开困难的羁绊，然后奋力拼搏。天行健，君子以自强不息，志在成功，才能自强，才能有不息的奋斗精神！

人之所以能，是因为相信能

人之所以能，是因为相信能。所谓“事实证明我不行”，不过是有几次偶尔的挫折和失败，它们并不能代表生活的全部，更不代表你永远失败。你完全可以通过改变外在条件，或提高内在能力，否定“事实证明我不行”。

在学校的体育课上，你或许会有这样的经历：当一根横杆摆在面前时，如果你鼓励自己说“我一定可以越过去”，那么你可能跨越横杆，也可能不小心带倒它，功亏一篑；可如果在没跳之前，你心里先打了“退堂鼓”，认为自己绝对不行，那么你的试跳极可能会失败。这件事告诉二十几岁的年轻人，虽然我们的素质不同，能力有高有低，但是“不可能”3个字，是你为自己的成功人为设置的一道障碍。

玛丽·凯是一家世界著名的化妆品公司的创始人，她为自己的化妆品公司设计的吉祥物是大黄蜂。“由于它弱小的翅膀和笨重的身体，从空气动力学的角度讲，大黄蜂应该不能飞行。但是大黄蜂不知道这些，所以它可以自由地飞来飞去。”

我们有时会在自己的头脑中给某些潜能设立极限，以为我们无法超越它。实际上，正是这种预先设立的极限妨碍了我们的潜能的发挥。只有学会打破它们，在还没有做之前，先不要说不可能，即使在做的过程中遇到了挫折，也不要轻易放弃，才能突破现实的障碍，开拓出一片新的天地。乔治·丹特齐格是斯坦福大学运算研究和电脑科学教授，下面是他的很有启发性的经历。

当时乔治·丹特正在加利福尼亚大学伯克利分校数学系攻读硕士学位。有一天，他像往常一样又迟到了。进了教室后，他便匆匆忙忙地抄下黑板上的两道数学题，他以为那是教授留下的家庭作业。那天晚上，在他坐下来解这两道数学题时，他感觉到这是教授有史以来留的最难的家庭作业。他冥思苦想了几个晚上，在试着解第一道题无果后，又试着解第二道题，仍然无法得出结果。可他仍然坚持着。

几天后，他终于取得了突破性的进展，解出了那两道题。他将作业带到教室，教授告诉他把作业放在他的桌子上，当时桌子上已经高高地堆满了纸张，他很担心自己辛辛苦苦完成的作业会被夹在这些杂乱无章的东西中弄丢了，但还是很不情愿地将作业放在了那里。

很久之后的一天早上，一阵巨大的敲门声将他从梦中惊醒，他很吃惊地发现敲门的竟然是教授。“乔治，乔治！”教授喊到，“你把它们解出来了！”

乔治说："是的，我当然解出来了，那不是你留的作业吗？"经过教授解释，乔治才知道，原来黑板上的那两道题不是家庭作业，而是数学界著名的难题，多年来许多有名的数学家都没能解决它们。教授几乎不敢相信乔治在短短的几天时间里就解开了这两道题。

事后，乔治说："如果有人事先告诉我这是两道非常著名的数学难题，或许我根本就不会试着去解它们了。"由此看来，如果我们事先认为某事是不可能的，我们就不会采取积极的态度，也不会全力以赴寻找解决的办法。结果，那件事就真的变成不可能的了。反之，如果我们事先并不把它当成不可能的，我们就会想方设法，调动一切可能的力量去解决它，最终很可能会取得意想不到的成功。

在生活中，由于自己碰过壁，或者由于别人不断向你灌输某种"你不行"的理念，本来颇有能力的人，也容易产生"四面八方都通不过"的感觉，最终干脆放弃努力。应该警惕的是：所谓"事实证明我不行"，不过是有几次偶尔的挫折和失败，它们并不能代表生活的全部，更不代表你永远失败。你完全可以通过改变外在条件，或提高内在能力，否定"事实证明我不行"。多试几次，也许你会创造原来想象不到的奇迹。

那些最大的成功者，总是敢于在风口浪尖上考验自己，将"我不行"3个字从字典中删除。他们不接受外界加给自己的"不行"，更不允许自己打击自己。在别人觉得最不可能成功的地方，他们最终取得了别人无法想象的成功。

清朝末年，孙中山留学归来途经武昌总督府，想见湖广总督张之洞。他递上"学者孙文求见之洞兄"的名片，门官将名片呈上。张之洞很不高兴，问门官来者何人？门官回答是一位儒生。张总督拿来纸笔写了一行字，叫门官交给孙中山：持三字帖，见一品官，儒生妄敢称兄弟。这分明是瞧不起人。孙中山只微微一笑，对出下联：行千里路，读万卷书，布衣亦可做王侯。张之洞一见，不觉暗暗吃惊，急命大开中门，迎接这位风华正茂的读书人。对这样一个心无畏惧，勇敢地向高峰冲刺的人，谁能抵挡呢？

其实，每个人身上都蕴藏着巨大的能量，同时也蕴藏着信心，而一个人在二十几岁时，往往并不知道自己有多大的能力。如果充分挖掘自己的信心，相信自己的才能并不断努力，你潜在的能量就一定会被挖掘出来，并使你的人生变得无限光明，最终做出一番令人赞赏的业绩。

如果你毫无自信、优柔寡断，不敢超越环境和自我，你的生活就会黯淡无光。越是期望奇迹来挽救自己的人，越是不会创造奇迹，生活中美好的事物历来只和敢于正视现实、迎接挑战的人结伴同行。无论二十几岁的年轻人的追求是什么，先相信自己完全有能力做到，你就成功了一半。

人生的突破，躲在异想天开之后的行动上

苦思冥想，谋划如何有所成就，并不能代替获得成功的实践。不肯行动的人，只是在做白日梦。拿破仑说过：“想得好是聪明，计划得好是更上一层的聪明，而做得好是最聪明、最好的。”任何伟大的目标、伟大的计划，都应该落到实际行动中。

美国著名成功学大师马克·杰弗逊说：“一次行动足以显示一个人的弱点和优点，能够及时提醒此人找到人生的突破口。”毫无疑问，那些成大事者都是勤于行动和巧妙行动的大师。在人生的道路上，二十几岁的年轻人需要的就是：用行动来证明和兑现曾经心动过的金点子！

行动是一个敢于改变自我、拯救自我的标志，是一个人能力有多大的证明。心里想、口中说，都是虚的，不能创造出实际的东西。其实，相对于付诸行动来说，制定目标更容易。许多二十几岁的年轻人都为自己制订了目标，从这一点上说似乎人人都像一个战略家。但是，相当多的人制定了目标之后却没有落实，不敢采取行动，结果到头来仍是一事无成。

有一位满脑子都是智慧的教授和一位文盲相邻而居。尽管两人地位悬

殊，知识、性格更是有着天壤之别，可是他们都有一个共同的目标：如何尽快发财致富。

每天，教授都跷着二郎腿在那里大谈特谈他的“致富经”，文盲则在旁边虔诚地洗耳恭听。他非常钦佩教授的学识和智慧，并且按照教授的致富设想去付诸实际行动。

几年后，文盲成了一位货真价实的百万富翁。而那位教授依然囊空如洗，还在那里每天空谈他的致富理论。就像人们所说的那样，“教授教授，越教越瘦”了。

你必定会为教授的愚蠢而发笑，却不会想到，类似的事情在你身上也可能发生。你是否也常常渴望成功，却没有为成功做出过一丝一毫的努力呢？

缺乏决心与实际行动的梦想于是开始萎缩，种种消极与不可能的思想衍生，甚至就此不敢再存任何梦想，过着随遇而安、乐于知命的平庸生活。

因此，要想获得成功的果实，不能只停留于想象，有了想法就要行动，只有将想法付诸行动，并全力以赴地去做，才有可能获得成功的锦标。

一位侨居海外的华裔大富翁，小时候家里很穷，在一次放学回家的路上，他忍不住问妈妈：“别的小朋友都有汽车接送，为什么我们总是走回家？”妈妈无可奈何地说：“我们家穷。”“为什么我们家穷呢？”妈妈告诉他：“孩子，你爷爷的父亲，本是个穷书生，十几年的寒窗苦读，终于考取了状元，官达二品，富甲一方。哪知你爷爷游手好闲，贪图享乐，不思进取，坐吃山空，一生中不曾努力干过什么，因此家道败落。”

“你父亲生长在时局动荡战乱的年代，总是感叹生不逢时，想从军又怕打仗，想经商又错失良机，就这样一事无成，抱憾而终。临终前他留下一句话：大鱼吃小鱼，快鱼吃慢鱼。”

“孩子，家族的振兴就靠你了，干事情想到了、看准了就得行动起来，抢在别人前面，努力地做了才会有成功。”他牢记妈妈的话，以十亩祖田和三间老房子为本钱，位列今天《财富》华人富翁排名榜前5名。他在自传的扉页上写下这样一句话：“想到了，就是发现了商机，行动起来，就要不懈努力，成功仅在于领先别人半步。”

也许你早已经为自己的未来勾画了一个美好的蓝图，但它同时也给你带来了烦恼，你感到自己迟迟不能将计划付诸实施，你总是在寻找更好的机会，或者常常对自己说：留着明天再做。这些做法将极大地影响你的做事效率。因此，要获得成功，必须立刻开始行动。任何一个伟大的计划，如果不去行动，就像只有设计图纸而没有盖起来的房子一样，只能是一个空中楼阁。

1989年4月，香港女作家梁凤仪发表了她的第一部小说《尽在不言中》，一出版便一炮打响，让她的“财经系列小说”有了一个好的开始。

此后，她开始以令人难以置信的速度，以近乎批量生产的方式，系统地开始创作小说。

1990年，梁凤仪写出了《醉红尘》等6部长篇小说。1991年，她更上一层楼，竟然一时间出版了《花帜》等一系列作品。

当时，梁凤仪的财经小说发行量特别大，在港台地区刮起了一阵猛烈的“梁旋风”。

梁凤仪心中一动，既然自己的小说如此受欢迎，如此能创造经济效益，为什么不自办出版社呢？说干就干，于是，她亲任董事长和总经理，成立了香港“勤+缘”出版社。

“勤+缘”出版社获得了很大的声誉，由此而来的是巨大的经济效益。仅仅在建社的一年半以后，“勤+缘”出版社便收回了“八位数字”的投资，并在两年以后，一跃成为香港3家营业额最高的出版社之一。

如果没有梁凤仪的那心中一动，就不会有“勤+缘”出版社的诞生，更不会有今天它的壮大和辉煌——这说明，很多时候，成功的源头就躲在那些异想天开的一念之间，藏在那些一闪即逝的灵感火花之后。

想法固然重要，但若没有她的说干就干，心动之后马上行动，即使有千万次的心动，一切也都不会发生，不过都是水中月、镜中花罢了。

这说明不管我们有了怎样的想法，无论是实际的，还是看似荒唐的，只有拥有必胜的决心，再配合确切的行动，才有成功的可能。

立刻行动起来，不要有任何的耽搁。二十几岁的年轻人必须要知道，世界上所有的计划都不能帮助你成功，要想实现理想，就得赶快行动起来。成功者的路有千条万条，但是行动是每一个成功者的必经之路，也是一条捷径。

一旦你坚定了信念，就要在接下来的24小时里马上行动。这会使你前行的车轮运转起来，并创造你所需要的必要的动力。一位演讲家曾经说过，说空话只能导致你的一事无成，要养成行动大于言论的习惯，那么即使是很艰难、很巨大的目标也能够实现。

所以，要记住："现在"就是行动的时候。行动可以改变一个人的态度，因为凡事都不去行动，就不会知道自己的智慧和能力。而采取了行动，你的潜能就会随着行动发挥作用，辅助你由消极转为积极，让你在每天的行动中都享受到成就带来的满足。

人生的差别，在于能否再坚持一下

对于有志气的人来说，不论面对怎样的困境、多大的打击，他都不会放弃最后的努力。因为成功与失败之间的距离，并不是一道巨大的鸿沟，它们之间的差别只在于是否能够坚持下去。

明朝杨梦衮说："作之不止，可以胜天。止之不作，犹如画饼。"这句话告诉我们坚持下去的道理：世上的事，只要不断努力去做，就能战胜一切，取得成功。但如果停下来不做，就会和画饼充饥一样，永远达不到目的。

这是个浅显的道理，但二十几岁的年轻人在生活中常常会忘记。二十几岁的年轻人都渴望成功，人人都想得到成功的秘诀，然而成功并非唾手可得。我们常常忘记，即使最简单的事，如果不能坚持下去，成功的大门也不会轻易地开启。除了坚持不懈，成功并没有其他秘诀。

年轻人常有“为山九仞，功亏一篑”的遗憾，正是因为我们在距离成功一步之遥时却放弃了努力。浅尝辄止，遇难就退，是做事的大忌，也是人生失败的致命原因。

有一个人，想在自己的田地里挖一口井，用来浇灌农作物，于是请来了会看水线的地理先生。先生为他指定了一个位置，于是他便在那个位置不停地往下挖，可挖了很长时间都没有挖到水。他去找那个地理先生询问，地理先生说这里地下水的水位低，让他继续挖，但是他没有听从地理先生的话，选了另一个地方挖，他总觉得水在别处，结果几乎挖遍了整块地，也没挖到水。

任何目标的实现，都需要你一点一滴地付出，持之以恒地坚持。这种付出和坚持的过程可能很累，如果你坚持下来，就是成功，如果你无法坚持，就会像那个挖井人那样，快挖到水位时，又弃之而去，那么成功的可能性就很小。

成功只有两条秘诀：第一，坚持到底，绝不放弃，绝不认输；第二，当你想要放弃时，就回过头来看看第一条。

你知道石匠是怎么敲开一块大石头的吗？

石匠所拥有的工具只不过是一个小铁锤和一支小凿子，可是这块大石头硬得很。当他举起锤子重重地敲下第一击时，没有敲下一块碎片，甚至连一丝凿痕都没有，可是他并不在意，继续举起锤子一下再一下地敲，100下、200下、300下，大石头上依然没出现任何裂痕。

可是石匠还是没懈怠，继续举起锤子重重地敲下去，路过的人看他如此卖力而不见成效却还继续硬干，不免窃窃私语，甚至有些人还笑他傻。可是石匠并未理会，他知道虽然所做的没有立即看到成效，不过那并非表示没有进展。

他又挑了大石头的另一个地方敲，一锤又一锤，也不知道是敲到第五百下还是第七百下，或者是第一千零几下，他终于看到了成效，那不是只敲下一块碎片，而是整块大石头裂开了。

难道说是他最后那一击使得这块石头裂开的吗？当然不是，而是他一而再、再而三连续敲击的结果。如果我们能时刻保持不断努力实现目标的决心，犹如那把小铁锤，一直不停地敲着，就能敲碎一切横在成功旅途上的巨大石块。

是的，凡是成功地将愿望转变为财富的人，都有一种百折不挠、勇于进取的毅力，这是一切成功之源。

美国海岸警卫队有一名厨师，空余时间，他代同事们写情书，写了一段时间以后，他觉得自己突然喜欢上了写作。他给自己订立了一个目标：用2~3年的时间写一本长篇小说。每天晚上，当大家都去娱乐时，他却躲在屋子里不停地写。这样整整写了8年以后，他终于第一次在杂志上发表了自己的作品，可这只是一个小小的豆腐块而已，稿酬也只有100美元。但是他没有灰心，相反他从中看到了自己的潜能。

从美国海岸警卫队退休以后，他仍然不停地写。虽然稿费甚微，欠款越来越多，有时，他甚至买不起一个面包，但他仍然锲而不舍地写着。

又经过了几年的努力，他终于写出了预想的那本书。为了这本书，他花费了整整12年的时间，忍受了常人难以承受的艰难困苦。因为不停地写，他的手指已经变形，他的视力也下降了许多。

然而，他成功了。小说出版后立刻引起了巨大轰动，仅在美国就发行了160万册精装本和370万册平装本。这部小说还被改编成电视连续剧，观众超过了130000000人，创下了电视收视率历史最高纪录。这位作家获得了普利策奖，收入一下子超过500万美元。

这位作家的名字叫哈里，他的成名作就是我们今天经常读到的《根》。

要想成就一番事业，就得付出坚强的心力和耐性，并且在失败面前要有“再努力一次”的决心和毅力。唯有如此，成功才有可能青睐你。而值得注意的是，你在一步步前进的时候，千万别对自己说“不”，因为

“不”也许动摇你的决心，使你放弃目标，使你像大多数人那样，半途而废，前功尽弃。

古希腊有这样一个神话。为了让妻子起死回生，俄耳甫斯用琴声感动了地府的守门官，他被允许带领妻子重返人间。但条件是要求他必须有恒心和毅力，在走出阴府之前，不能为苦所惧，为情所动，不能回头看妻子一眼。俄耳甫斯历经千难万险之后，气喘吁吁，力倦神疲，在即将踏上人间土地的时候，他停了下来，禁不住回头看了看妻子，结果一切努力顿时付之东流，他那可爱的妻子又不得不被带回了冥国。因缺乏毅力而功亏一篑，天神宙斯也不禁为之扼腕，于是将那只琴抛向空中，化为星座。

有些事情，并不需要你付出多大的努力，只要你坚持不懈，就会成功。比如疯狂减肥的人，总是会失败，不但停止减肥后体重会恢复，还会对身体造成伤害。如果每天保持适当的锻炼，只要持续，反而更容易瘦下来。所以，当你确立了自己的目标后，一定要坚持不懈地去实现。不要为自己找借口，不要为外界所诱惑，也不要急于求成，只要你坚持到底，就一定会摘到成功的硕果。

最后，让我们以英国首相丘吉尔在牛津大学毕业典礼上的致辞与二十几岁的青年朋友共勉：

（经过隆重冗长的介绍以后，丘吉尔走上讲台，先注视观众沉默了片刻，然后，以洪亮的声音说）“永远，永远，永远不要放弃！”（接下来又是长长的沉默。然后，他又一次强调）“永远，永远，永远不要放弃！”

没试过，别以理论解释人生

人的心理倾向于选择安全、舒适和熟悉的环境，世界上很多聪明的人，不一定万事皆成，因为他们都以理论来解释人生，在没有进行任何尝试之前，自己先退缩了。

生活中，没有人一帆风顺，二十几岁的年轻人在逐步走向成熟的过程中，总会遇到一些比较困难或者自己不愿意做的事情，有些人会迎难而上，强迫自己接受挑战，而更多的人是采取逃避的态度，把它无限期地往后搁，最终一事无成。

美国一位寿险业的销售冠军，在被问到如何销售保险的时候，他说在大学的时候，全校几乎所有的美女都跟他约会过。问的人很纳闷："这跟保险有什么关系？"

他回答说："很有关系，因为这些所谓的校园美女，大部分的男生都不敢追求她们，他们都是被动的，都怕被拒绝。"

但是他知道，这些美女都是很寂寞的，他不断地主动出击，因此每次都奏效。

正因为他跟学校所有的美女都约会过，所以当他从事保险业时，他想，这些成功的人士，大家一定都不敢去拜访，或者认为他们已经买了保单。

然而，他不断地主动出击，不断地拜访他们，在说服了这些董事长购买保单之后又转向董事长的朋友，他们也都是成功人士，这些成功人士不断地介绍朋友给他，因此他成了保险业的佼佼者。

这件事告诉二十几岁的年轻人：不论做什么事，都不能在未开始行动之前，先在自己心里打了"退堂鼓"。行不行，都要试过了再说，凡事只有主动出击，才可能有好的结果。

世界上很多头脑聪明的人，不一定万事皆成，因为他们都以理论来解释人生，在没有进行任何尝试之前，自己先退缩了。

琼斯大学毕业后如愿以偿地到当地的《明星报》任记者。这天，他的上司交给他一个任务：采访大法官布兰代斯。

第一次上班就接到如此重要的采访任务，琼斯不是欣喜若狂，而是愁眉不展。他想：自己任职的报纸不是当地的一流大报，自己也只是一名刚刚出道、名不见经传的小记者，大法官布兰代斯怎么会接受我的采访呢？同事史蒂芬得知他的苦恼后，拍拍他的肩膀，说：“我很理解你。让我来打个比方：你现在好比躲在阴暗的房子里，然后想象外面的阳光多么炽烈。其实，最简单有效的办法就是往外跨出第一步。”

史蒂芬拿起琼斯桌上的电话，查询布兰代斯的办公室电话。很快，他与大法官的秘书通了电话。接下来，史蒂芬直截了当地提出了他的要求：“我是《明星报》新闻部记者琼斯，我奉命采访法官，不知他今天能否接见我？”站在旁边的琼斯听了吓了一跳。史蒂芬一边打电话，一边向目瞪口呆的琼斯扮鬼脸。接着，琼斯听到了他的答话：“谢谢你。明天1：15，我准时到。”

“瞧，直接向他说出你的想法，一切问题都解决了。”史蒂芬向琼斯扬扬话筒，“明天中午1：15，你的约会时间不要忘了。”一直在旁边看着整个过程的琼斯面色放缓，他终于明白，有许多事情其实很简单，只是我们自己把它想得过于复杂了，因此也就丧失了机会。

如果有一件事应该去做而你一直在犹豫，那么单刀直入是最简明的办法，做来不易，但很有用。而且，第一次克服了心中的畏怯，下一次就容易多了。

美国前总统罗斯福说过：“我们唯一需要害怕的，是害怕本身。”因为心中的畏怯，使我们在做一些新事情的时候总是犹豫不决。人的心理倾向于选择安全、舒适和熟悉的环境，只有具备成功素质的人，才可以冲破这种心理的束缚。

杨兰今年还不到30岁，已经是一家名牌服装店的老板。她来自贫穷的山区，大学毕业后放弃了回家乡工作的机会，毅然留在省城，当过记者，摆过地摊，开过服装店。一次偶然的机会，她认识了一位皮尔·卡丹代理商，信心百倍的她东挪西借筹款，在省城闹市区租个门面撑起了一个专卖店。创业之初，她吃住都在店里，为了支付昂贵的租金，她有时一顿饭只用一块大馍充饥。热情周到的服务终于让专卖店里有了络绎不绝的顾客，生意红火了，她没去过一次饭店，未买过时尚衣服，仍过着节俭的生活，渐渐地，她口袋里的钱像滚雪球一样一天天地多了起来。一年前，她竟把左右邻店兼并过来，同时还招聘了6名员工。已成款姐的杨兰不无真诚地说："都市里到处都能掘到黄金，关键是你要选择好自己的生活方式，别像城里的人那样，在下岗的风雨袭来时感到手足无措，什么也不去尝试，整日只哀叹命运不济。"

其实，只要细心地观察一下四周，你就会发现，在都市的角角落落，确实生活着生命力很旺盛的外地人。他们大都从事过过很多行业，并且永不言败，以顽强的生存能力有滋有味地生活着。而有些一生下来就有了城市户口的城里人，在失去"铁饭碗"之时，却连一条求生存的路也找不到。因为不愿意也不敢去做，他们仅剩的一点儿生存能力也退化了，已经无力面对外面激烈的竞争。

有些二十几岁的人，人还没老，心却已经老了。采取任何行动之前，他们会想象一切负面的结果，感到焦虑不安，遇事拖延，按兵不动。这种人必须训练自己，在考虑任何事情时，列出清单，同时列出利与弊、改变与维持现状的差异，控制心中的恐惧，让自己变得更有行动力。我们唯有不断拓展生存空间，不断地刷新自己，才能在行动中谋求适合自己的发展方式。

命运掷来一把刀，你就要抓住刀柄

当命运向你掷来一把刀时，如果你抓住刀口，它会割伤你，甚至将你置于死地；但是如果你抓住刀柄，你就可以用它来披荆斩棘，开辟出一条路来。因此，当人生遭遇挫折时，你要抓住它的柄。换句话说，你要直面挫折，挺直脊梁，以昂扬的斗志和积极的心态，从逆境中闯出来。

二十几岁的年轻人，真正意义上的人生刚刚开始，也许现在你还没有接受过磨难的考验，但无论如何都先要有接受挑战的准备。是金是铁，要炼过了才知道。明代洪应明所著的《菜根谭》耐人咀嚼。书中说：“横逆困劳，是锻炼豪杰的一副炉锤，能受其锻炼者则身心交益；不受锻炼者则身心交损。”一语道破了强者的奥秘。

人们驾驭生活的技巧和主宰生活的能力，是从困境生活中磨砺出来的。和世间任何事情一样，挫折也具有两重性。一方面它是障碍，要排除它必须花费更多的力量和时间；另一方面它又是一种肥料，在解决它的过程中能够使人更好地锻炼提高。

我国古人对此早就有所认识，孟子曾经说过：“天将降大任于斯人也，必先苦其心志，劳其筋骨，饿其体肤，空乏其身，行拂乱其所为，所以动心忍性，增益其所不能。”这句话应该颠倒过来说，只有经过艰难曲折的磨练，“斯人”才能承担“大任”。

车尔尼雪夫斯基曾说过：“历史的道路不是涅瓦大街上的人行道，它完全是在田野中前进的，有时穿过尘埃，有时穿过泥泞，有时横渡沼泽，有时径经丛林。”人在事业上的奋斗道路也并不总是洒满阳光、充满诗意的，常常会遇上沼泽、寒风或面临荆棘丛生的小道。

人生多有不如意之事，挫折可以算做生活的调料，能使我们的人生更加丰富多彩、有滋有味。面对挫折，权且把它当作命运跟我们开的一个玩笑，不妨将沮丧丢到脑后，抖擞精神，继续奋斗。

英国伟大的物理学家牛顿曾经花费10年时间撰写光学手稿，在完成的那一天，他长舒了一口气，走到户外歇息了一会儿。当他回来时，与他相依为命的猫从桌子上跳了下来，不慎将正在燃烧的蜡烛碰倒，点燃了放在桌子上的光学手稿，10年的心血在顷刻之间化为灰烬。牛顿伤心至极，抱起那只不知自己已闯下大祸的猫抚摸着。他没有惩罚那只猫，它是牛顿唯一的伙伴。牛顿并没有因此一蹶不振，而是伏案疾书，又用了5年的时间，将他的光学手稿重新写了一遍。

历尽坎坷的伟大作家曹雪芹，从原来“锦衣纨绔”、“饫甘餍肥”的贵族公子，沦为“蓬户瓮牖，绳床瓦灶”、“举家食粥酒常赊”的破落子弟。但是，巨大的挫折并没有使他气馁，窘迫的生活并没有使他消沉，反而激发了他强烈的创作欲望，他终于写出了伟大的现实主义小说《红楼梦》。

以上事例说明，在工作和生活中，一切顺遂如意、没有风雨，不一定是好事。这可能预示着他的进步和发展已处在停顿不前的境地。

成功者大都起始于不好的环境并经历了许多令人心碎的挣扎和奋斗。他们生命的转折点通常都是在危急时刻才降临。经历了这些沧桑之后，他们就具有更健全的人格。

事业上的逆境是一部深奥丰富的人生教科书。它吞噬意志薄弱的失败者，而常常造就毅力超群的事业成功者。

大凡伟大的事业都是在艰巨的磨难中完成的。“好事多磨”、“不受磨难不成佛”，说透了这个深刻的道理。一个人生活太优裕，道路太顺畅，未经磨难，未经人生路上的摸爬滚打，一旦遭到坎坷和挫折，往往会一筹莫展，驻足不前，甚至长期沉落在苦闷之中。

恰如温室里的花朵一般，未曾经历风雨，未曾形成独立自主的能力，也就没有任何承受折磨的心理准备和经验积累。而一个历尽沧桑、饱经风霜的人则不同，他是在磨难和挫折里长大和成熟起来的，他已经具备了应付挫折的心理承受能力和驾驭生活的能力，面对人生事业中的大小磨难，他无所畏惧，勇往直前，凭着坚强不屈的意志，战胜挫折，取得了事业的成功和人生的幸福。

自然界不时给人生提供生动的启示，它仿佛一位饱经沧桑的哲人，为人们指点人生的迷津。马尔藤博士曾这样说，在风平浪静的湖面上荡舟，划船技巧和航行经验使用并不多，只有当海洋被暴风雨激怒，浊浪排空，怒涛澎湃，船只面临灭顶之灾，船中人相顾失色、惊恐万状之时，船长的航海能力才能被试验出来。人生也是如此，当你处于经济窘迫，生活步履维艰，事业惨淡无光之时，你才会接受考验：你是一个懦夫，还是一个勇敢坚毅的英雄好汉！

大凡杰出的人物，都产生在重重的磨难里，产生在十分恶劣的人生境况之下。在阳光和煦的温柔之乡，在充满欢声和笑语的杯盘酒盏之下，在醉生梦死的温馨的金纱帐里，不可能陶冶出杰出的人物、伟大的人生。人生的风雨是立世的训喻，恶劣的境遇是人生的老师。

二十几岁的年轻人，人生旅程刚刚起航，或许还没有经历命运的多舛，没有经受风雨的洗礼，但要有直面挫折的勇气，在挫折面前，做个打不垮的强者。

专注做好一件事，不节外生枝

专心做好一件事，就能有所收益，就能突破人生困境。这样做的好处是不至于因为同时想做太多的事，反而一件事都做不好，结果两手空空。

人的精力是有限的，将有限的精力投入到很多事情上去，则用于做每件事情的时间都会很少，通常也就不会做得出色。如果一个人花10年的时间专注于某一件事，那么10年后，他基本上会把那件事做得很好。正所谓“十年磨一剑”，这一剑必是锋利无比、削铁如泥的宝剑，与只用几天磨出来的剑是不可同日而语的。一桶水，只浇一棵树，可以使它成活；如果用来浇10棵树，只怕每一棵都会死去。二十几岁年轻人精力的使用也遵循同样的道理。我们常说“有所不为才能有所为”，强调的也是专注的重要。

古往今来，凡是有成就的人，都很注意把精力集中用在一个目标上，专心致志，集中突破，这是他们成功的最佳方案。历史上不少人被埋没，除了社会原因外，没有找到他们献身的具体目标，今日种瓜，明日种豆，不能不是一个重要原因。

有人在客厅里钉一幅画，请邻居来帮忙。画已在墙上扶好，正准备砸钉子，他说："等一等，木块有点大，最好能锯掉点。"于是便四处去找锯子。找来锯子，还没有锯两下，"不行，这锯子太钝了，"他说，"得磨一磨。"

他家有一把锉刀，锉刀拿来了，他又发现锉刀没有把柄。为了给锉刀安把柄，他又去校园边上的一个灌木丛里寻找小树。要砍下小树，他又发现那把生满老锈的斧头不能用。他又找来磨刀石，可为了固定住磨刀石必须得制作几根固定磨刀石的木条。为此他又去找了一位木匠，他想木匠家一定有现成的。然而这一走，就是很长时间。下午再见到他时，是在街上，他正在帮木匠从商店里往外架一台笨重的电锯。

也许你会觉得这个故事有点儿可笑，事实上，工作和生活中有很多走不回来的人。他们认为要做好这一件事，必须得去做前一件事，要做好前一件事，必须得去做更前面的一件事。他们逆流而上，寻根探底，直到把那原始的目的淡忘得一干二净。这种人看似忙忙碌碌，其实，他们不知道自己在忙什么。起初，个别的人也许还知道，然而一旦开始忙碌，就真的忘记了自己的初衷。

可以看出，最成功的人都是能够迅速而果断做出决定的人，他们总是首先确定一个明确的目标，并集中精力，专心致志地朝这个目标努力。

曾经有人问牛顿怎样发现了"万有引力定律"，他回答说："我一直在想这件事。"成功者始终将目光集中在他们的目标上，他们常常在向目标奋进的过程中提醒自己的目标所在。

林肯专心致力于解放黑奴，并因此使自己成为美国最伟大的总统。

李斯特在听过一次演说后，内心充满了成为一名伟大律师的欲望，他把一切心力专注于这个目标，结果成为美国最成大事者的律师之一。

汉代大儒董仲舒为了著书立说，有3年时间连近在咫尺的花园都没有看一眼，终成一代鸿儒。

只专心地做一件事，全身心地投入并积极地希望它成功，这样你就不会感到筋疲力尽。不要让你的思维转到其他的事情、需要或想法上去。专心于你已经决定做的那个重要项目，放弃其他所有的事。

记得一次在三环，有人坐在车上看到旁边一辆空计程车违规肇祸，就对司机抱怨说："空车没有载客，应该从从容容地开才对，怎么还这样漫无章法呢？"

正在驾驶的司机却侧过脸对他说："就因为是空车，所以更容易出事！"

空驶计程车因为急于寻找客人，开车时总是东张西望，注意力不集中。有时正要左转，心想也许这时候右边的客人或许多些，又临时改为右转，所以速度虽不见得快，却最容易出事。反而许多载了客人的计程车，司机心里有目的地，纵使开得快了些，也不容易肇事。

认定目标的人，速度快而平稳；没有志向而彷徨犹豫的人，不但速度慢，还容易出错。记住这一点，可以使我们处理事情的方式有彻底的改观。

把你需要做的事想象成一大排抽屉中的一个小抽屉。你的工作只是一次拉开一个抽屉，令人满意地完成抽屉内的工作，然后将抽屉推回去。不要总想着所有的抽屉，而要将精力集中于你已经打开的那个抽屉。一旦你把一个抽屉推回去了，就不要再去想它。

了解你在每次任务中所需担负的责任，了解你的极限。如果让自己筋疲力尽和失去控制，就是在浪费时间、健康和快乐。选择最重要的事先做，把其他的事放在一边。做得少一点，做得好一点，才能在工作中得到更多的快乐。

最弱的人，集中精力于单一目标，也能有所成就；反之，最强的人，分心于太多事务，也可能一事无成。在激烈的竞争中，如果二十几岁的年轻人能向一个目标集中注意力，成功的机会将大大增加。

从失败中学到聪明，并善加利用

聪明人的智慧并不全部来源于自己的成功，其中80%是从自己及他人所犯的错误中学到的。从失败中学到聪明，并善加利用，这就是他们步入成功人士行列的真正原因。

错误很可能致命。错误会造成严重的结果，往往不在错误本身，而在于犯错人的态度。聪明的人会从失败中学到教训。失败者一再失败，却不能从其中获得任何经验。能从失败中获得教训的人，就能建立更强的自信心。直面错误，积极改正，继续努力，就可能获得成功。

某家大公司招聘职业经理人，一位中年男子前来应聘。他说："我虽然只是本科毕业，中级职称，可是我有10年的工作经验，曾在12家公司任过职……"

主考官表示，先后12次跳槽，并不是一种令人欣赏的行为。

那男子说："先生，我没有跳槽，而是那12家公司先后倒闭了。"在场的另一个考生说："你真是一个地地道道的失败者！"男子也笑了："不，这不是我的失败，而是那些公司的失败。这些失败积累成我自己的财富。我很了解那12家公司，我曾与同事们努力挽救它们，虽然不成功，但我知道错误与失败的每一个细节，并从中学到了许多东西，这是其他人学不到的。很多人只是追求成功，而我更有经验避免错误与失败！"

他停顿了一会儿，接着说："我深知，成功的经验大抵相似，容易模仿；而失败的原因各有不同。用10年学习成功经验，不如用同样的时间经历错误与失败，所学的东西更多、更深刻。别人的成功经历很难成为我们的财富，别人的失败过程却能！"

失败的过程就是一个学习的过程，无论你有多少关于成功的知识，最终都是纸上谈兵，失败的教训却不同，它能使你更为清晰地认识自身的长短和周围的世界，一个人从失败中学习到的人生经验，印象更深刻，更能使人警醒。而且真正善于总结经验、吸取教训的人，不仅能从自己的经历中吸取有用的东西，更能从别人的经历中取得经验和教训。这样的人不仅不会被同一块石头绊倒两次，更多的时候，他会避开这块石头，或者将它从自己前进的路上搬走，因为他已经从别人的经验和教训中对这块石头有了清醒的认识。

所以说失败并不可怕，如果能用乐观的心态、思考的眼光看待失败，失败就是一种宝贵的人生资历。反而是那些一向顺风顺水的人，没有尝过苦的滋味，没有体验过挫折感，一遇到挫折和难关，便容易一蹶不振。

事业是我们永恒的追求。但做任何一项事业都可能会遭遇失败。诚然，避免失败的唯一办法是绝不追求成功，宁可安分守己。不过其实还可以从失败中吸取教训，找出纰漏所在，设法纠正，就会有扭转乾坤的力量。

细心检讨失败的原因很重要。一定要正视失败，以免重蹈覆辙。哈佛大学的一位心理学教授对许多事业上受过重大挫折而屹立不倒的人进行总结后发现，找到失败的原因并引以为戒是其共同的特征。无论是谁，都可能发现自己遭受过同样的挫折，问题是能否针对这些原因加以改进。

布朗是美国一位最成功的电影制片人，却先后被3家公司革职，他才体会到大机构生活对他不合适。他在好莱坞晋升为20世纪霍士公司第二号人物，后来建议摄制《埃及妖后》，不料这部影片卖座奇惨。接着公司大裁员，他也被裁掉了。

在纽约，他在新阿莢利坚文库任编纂部副总裁，但是几位东主聘请了一位局外人，而他和这人意见不合，于是又被开除了。

回到加州，他又进入了20世纪霍士公司，在高层任职6年，不过董事局不喜欢他建议拍摄的几部影片，他又一次被革职。

布朗开始仔细检讨自己的工作态度。他在大机构做事一向敢言、肯冒险，喜欢凭直觉处事。这些都是当老板的作风。他痛恨以委员会的方式统筹管理，也不喜欢企业心态。

分析了失败的原因之后，布朗自立门户，摄制了一系列受人欢迎的影片，如《大白鲨》《裁决》《天茧》等。

布朗作为公司行政人员确实很失败，但他天生是个企业家，只是过去做了不适合自己的工作，一时没有发挥潜力而已。

在人生的旅途中，你必须以辩证的态度面对失败，总结经验，调整方向，终究会找出一条属于自己的路来。唯有如此，你才不会被挫折击垮，被失败所伤。因为在人生路上，毕竟一帆风顺者少，而曲折坎坷者多，成功者大多是在经历无数次失败后才走向成功的。正如通用电气公司创始人沃特所说："通向成功的路就是把失败的次数增加一倍。"但失败对人毕竟是一种"负面刺激"，总会使人不愉快、沮丧、自卑。那么如何面对失败，在失败时如何解脱，就成为能否战胜失败，走向成功的关键。

据一项心理学统计，一个普通人可以忍受被拒绝和失败的次数通常以3次为限，但是一个成功的人，他可以忍受失败的次数，应该是几次？

答案是：无数次！

美国最伟大的总统林肯坚信："上帝的延迟，并不是上帝的拒绝。"成功就是屡败屡战，然后从每一个失败中学习，把每一次的失败经验，当成自己下一次成功的资本。就像爱迪生在发明电灯时，他虽然试了1万次不同的材料做灯丝都失败了，但他并未气馁。爱迪生说，经由这1万次的实验失败，我已经知道有1万种材料不适合做灯丝。换言之，之前的每一次失败，都让爱迪生越来越接近成功。

二十几岁的年轻人，正处于人生的尝试阶段，所以失败是在所难免的。我们需要记住先哲的一句话："生命中的每个失败，每个伤痛，每个打击，都有其意义。当你正视失败，并把失败看作成功的基石时，成功就会莅临在你头上。"

第10章

看准一个机会，命运靠自己转弯

想法支配行动，行动制造机会，机遇是二十几岁的你逃出困境的跳板。成功者并不是机遇的宠儿，他们的成功是因为他们善于发现机会、把握机会。一个事业上没有取得成功的人，常把自己的失败归咎于没有机会，实际上机遇无处不在。抱怨没有机会的人，是因为不善于认识机会和发现机遇，他们一心要摘取远处的玫瑰，反而将近在脚下的菊花踩坏。人生实际上就是一个不断选择的过程，不同的选择就使人生轨迹发生了不同的变化。面对机遇，要开动你全部的智慧，做出最正确的判断。不要错过机遇，不要在等待中丧失机遇，果敢地行动是抓住机遇最有效的措施。

像下跳棋一样想办法“一步登天”

谁做事有效率，谁的业绩高，谁能帮公司渡过难关或者更上一层楼，谁才能更快地得到升迁。

长辈经常告诫我们做事要安分守己，要一步步来，不要奢望“一步登天”，赚钱也要一点点积累，不要奢望“一夜暴富”。确实，我们做事的确要踏实、安稳，从小事做起，戒浮躁。但不一定非要“安分守己”地等待升迁，我们一定要想办法，找机会，让自己像下跳棋一样“一步登天”。

二十几岁的年轻人往往思想活跃，我们一定要利用这个优势。在踏实做事的基础上，尽量寻找机会，用自己独特的创意、想法帮到公司。这样才能做到“不飞则已，一飞冲天；不鸣则已，一鸣惊人。”

一个生产牙膏的公司，在销售上遇到了瓶颈，尽管它们的质量很不错，售后服务也很周到，但无论如何，它们的销售量也不能再增大了。因为市场是一定的，他们已经努力让自己的产品在市场上占到了很大份额。

公司的上层召集销售部门开会，希望他们能制定出一个决策，让他们的销售量扩大。领导们苦思对策，有的建议降低牙膏的销售价格，虽然销售量可能上去，但同时利润也更低了，并且消费者也不能从中得到很大好处。有的建议提高牙膏的质量，可那并不能马上实现。问题是怎样让自己的产量不必降低，市场份额不必扩大，却把库存消耗掉。这时，一个年轻的销售员提出了一个好方法“把牙膏的出口扩大一毫米”原来他注意到，每个人挤牙膏时，都会挤出一定的长度，如果在长度不变的情况下，让牙膏口的直径扩大一毫米，那么每个人每次用到的牙膏量就会增加，那么大的市场，每天就要消耗掉更多的牙膏，自己的销售额自然能够上去。销售员的方法得到了采纳，很快销售员就变成了销售部经理。

他是怎样思考的呢？为什么他能想出这样的好方法？因为他利用了逆向思维。大家都想到的是改变自己，以得到消费者的认可。可他想到的是改变消费者的需求量，有了需求，市场占有率与销售额自然而然就会得到提高。

如果你希望自己能够像他那样，把握住机会，“一飞冲天”，就要在平时多留心观察生活，多思考，让自己的思维变得活跃、宽广，这样才能在关键时刻想出更好的方法。

“安分守己”等待升迁，是一种被动的做事方法，随着经济浪潮的冲击，已经不是谁的资格老、做事多谁就可以得到升迁。而是谁做事有效率，谁的业绩高，谁能帮公司渡过难关或者更上一层楼，谁才能更快地得到升迁。不要以为那些事与你无关，做决策、想办法是领导层的责任，这样的想法是消极的。我们一定要用积极的想法去做事情、想事情，要对公司有主人翁的意识：既然我是公司的一员，我就有责任帮公司想办法提高利润，我有责任让公司变得更壮大。只要你有了这样的意识，做事自然就会努力，会想尽一切办法帮助公司。如果你只想着自己的升迁、薪水，做事就会没有动力。

要想自己做得好，就要把职业当成事业来做。很多人不明白其中的微妙区别：如果有一个小店，你是老板，自然就会格外卖力，希望把它经营好；如果你是个雇员，就会得过且过，反正工资照发，利润多少与你无关。为什么有这么大的差别？因为前者是在做事业，而后者是在做职业。我们只有把做事业的心拿来做职业，才会更加热情，更加努力，更有想法。

在现代，“等待升迁”已经变成了消极做事的同义词，我们要学会主动出击，而不是慢慢等待。等待会消耗掉我们做事的激情，会影响我们做事的动力。我们一定要让自己时时刻刻处在前进中，而不是等待中。我们要学会不等待升迁，而让升迁职位来等待我们。

职位是死的，人是活的，如果人为了一个职位去做事，就会让自己的胸怀变窄，格局变小，最终他就可能变成一辈子为了职业、升迁、薪水等小事庸庸碌碌、一事无成的人。格局决定结局，我们一定要拿出做事业的心态和胸怀来做职业才可能让自己得到更大的发展，用别人的资源，练自己的兵，怎么都很划算。如果我们得到了做事业的思想观念和经验，那么还有比这更吸引人的职位吗？还有比这个更值得我们努力的事吗？所以，我们一定要站在高处看事情，用更宽广的胸怀想事情，才能不断拓展自己的视野。万事没有不可能，只要你做了足够的准备，就等待“好风凭借力，送你上青云”吧。

年轻的朋友，不要“安分守己”地等待升迁，要像下跳棋一样想办法“一步登天”。只要我们万事留心，多思考，开动脑筋，变被动等待为主动出击，就一定能找到“一飞冲天”的机会。

善于识别时机，学会抓住时机

机遇广泛存在于生活中，但它的存在不是显露的，也就是说，并不是每一个人一眼就能看到它的身影，从而捕捉到它。机遇的存在是潜隐的，它隐藏于纷繁复杂的社会生活之中，只有以敏锐的眼光、积极的行动才能撩开笼罩在它头上的神秘面纱，发现它俏丽的身影，从而捕捉到它并利用它，将其变为宝贵的物质财富。

二十几岁的年轻人要想在生活中获得成功，除了要受过良好的教育和本身具有的充沛的精力外，还要学会在时机来临之前识别它，在时机溜走之前就采取行动。

海龟和海星各自从东海里采摘到了一颗美丽的珍珠。它俩商量好由海龟拿着这两颗珍珠到矮人国去，想在那里卖个好价钱。可海龟到了矮人国后，无论是皇后还是村妇，没有一个人正眼瞧那两颗珍珠一眼，就更别说有人买了。

海龟只好沮丧地带着珍珠又回到了东海。

海星见珍珠没有卖掉，便决定自己带着珍珠再去一次矮人国。没过几天，海星便带着大把钞票回到了东海。

“你是怎么把珍珠卖掉的？”海龟吃惊地问。

“很简单，我抓住了一个最佳时机。”海星回答道。

原来，海星到了矮人国后，两颗珍珠依然无人问津。经了解，才知道矮人国是一个崇尚俭朴的国家。上至皇后，下到平民百姓，都节俭过日，海星因此也很失望。但就在它决定无功而返时，却突然得知第二天是皇后60大寿，即将举国同庆。于是，海星灵机一动，决定抓住这个机会再努力一次。

第二天，海星带着两颗珍珠来到了皇宫，并对国王说：“我知道你们举国崇尚俭朴，连皇后也不例外。国王今天何不买下这两颗珍珠，亲赐给皇后，一来为她祝寿，二来表彰皇后节俭的品德呢？”

“啊，这真是个好主意！皇后的确应该得到这样的赏赐。”本来心情极佳的国王听海星这么一说，立即忘记了自己曾经颁布的节俭条例，用巨款买下了那两颗珍珠。

海星之所以成功，就是因为在恰当的时候，抓住了恰当的时机。

罗丹说：“生活并不是缺少美，而是缺少发现的眼睛。”同样，生活并不缺少机遇，关键是能否识别时机、把握时机，这才是成功的关键。当然，做事并不需要把握所有的时机，如果10个机会你抓住了一个，你就可能成为成功者。

要抓住机遇，首先必须发现机遇。生活中处处充满机遇，社会上的每一项活动、报刊上的每一篇文章、人际中的每一次交往、生活中的每一次转折、工作中的每一次得失等，都可能给你带来新的感受、新的信息、新的朋友，都可能是一次选择、一次机遇，是一次引导你走向成功的契机，问题在于你自身的素质，在于你是否能发现每一次机遇。不要以为机遇难寻，其实机遇就在我们身边，甚至就在我们手上。

很多年前，美国穿越大西洋底的一根电报电缆线因破损需要更换，这则小消息平静地传播在人们之间。但是一位不起眼的珠宝店老板没有等闲视之，毅然买下了这根报废的电缆。

没有人知道小老板的意图，认为他一定是疯了，异样的目光惊诧地围绕着他。

小老板关起店门，将那根电缆洗净、弄直，然后剪成小段的金属段，并装饰起来，作为纪念物出售。

大西洋底的电缆纪念物，还有比这更有价值的纪念品吗？

这样他轻松地发迹了。他又买下欧仁皇后的一枚钻石。淡黄色的钻石闪烁着稀世的光彩。

人们不禁要问：他是自己珍藏还是抬高价位转手？

他不慌不忙地筹备了一个首饰展示会。观众当然是为皇后的钻石而来的。

可想而知，梦想一睹皇后钻石风采的参观者会怎样蜂拥着从世界各地接踵而至。他几乎坐享其成，毫不费力就赚了大笔的钱财。

他就是美国赫赫有名、享有“钻石之王”美誉的查尔斯·刘易斯，一个磨坊主的儿子。

查尔斯·刘易斯无疑是一个善于抓住机遇的高手，他目光锐利，判定一根报废的电缆中蕴含着一个巨大的商机，把这次机遇当作自己事业腾飞的平台，乘着机遇的东风冲天而起，在商海大展身手。

现在社会上到处都是失业者，他们不停地抱怨经济不景气，从而导致了他们失业，却不知道寻找机会重新就业。事实上，也有许多空缺岗位急需人员上岗。在报纸上、人才市场上到处都是“急聘”的广告，可这些失业者不知道去抓住这些机会。

一些失败者的口头禅也常是："我没有机会！"他们总是为失败找借口，好职位也总是让他人捷足先登。而那些保持头脑清醒的人则绝不会找这样的借口，他们不等待机会，而是去寻找机会、创造机会，并善于抓住哪怕是一个微小的机会，从而让自己登上成功的舞台。

不过，把握最佳时机是一个人综合素质、综合能力的具体体现。因为再坏的时机，也有人赚钱，再好的时机，也有人破产；再坏的行业，也有人成功，再好的行业，也有人失败。所以常言说得好，机会之神先把头发送给你抓，如果你一下没抓住，再抓就只能抓秃头了。或者至少它先给你一个易抓的瓶颈，如果你没有及时抓住，再抓就是抓不住的圆滚滚的瓶肚了。

抱怨缺少条件，不然何创造条件

成功是需要很多条件的，比如，健全的体魄、聪明的头脑、坚忍不拔的精神等，但这些条件并不是每个人都能具备的。一个成功者，首先就在于他从不苛求条件，而是竭力创造条件。

遗憾的是，在现实生活里我们经常会看到，很多二十几岁的年轻人在遭遇挫折、打击和失败之后，就逐渐失去了战斗力。他们开始感到无奈、无助、无力，并经常发牢骚，在消极等待中苦叹功成名就的终南捷径与自己无缘："这个社会太不公平！""我没有关系！""如果给我机遇，我也会成功。"

事实上，"没有机会"只是失败者的推托之辞，真正的成功者通常不是那些把机会奉为神明的人，他们从不把希望寄托在机遇上，更不会一味地怨天尤人。如果只就先天条件来说，没有人会比美国总统罗斯福更糟。

美国最受爱戴的总统罗斯福8岁时，他的身体虚弱到了极点，呆钝的目光，露着惊讶的神色，牙齿暴露唇外，不时地喘息着。学校里的老师，唤他起来读课文，他便颤巍巍地站起，嘴唇微张，吐音含糊而不连贯，然后颓然坐下，生气全无，真是低能儿童的典型。而世界上像他这样的儿童不在少数，大都是这样的神经过敏，如果稍受刺激，情绪便受影响，处处恐惧畏缩，不喜交际，顾影自怜，毫无生趣。在别人看来，他没有任何可以取得成功的条件。但罗斯福并不如此，他虽有天生的缺憾，但他也有奋斗的精神，他抱定必胜的信心，克服他天生的缺憾，去为成功创造条件。

他是怎样克服先天的缺憾并创造成功的条件的呢？他不是静等幸运的到来，而是努力追求幸运。他毫不气馁于先天的贫薄，反而利用它作为通往成功的基石。他绝不怨恨先天的缺憾，而使自己愁苦，更不姑息他身体的虚弱，一味地疗养。他采取积极的锻炼，以达到他的目的，他要和其他健康的孩子一样，活泼地去骑马、划船和做剧烈的运动。他用坚毅的态度，对付他畏怯的天性。处处以快乐和蔼对待人们，除去怕羞、畏缩和不喜交际的个性。果然在他入大学之前，他已获得大大的成功，他已是人们乐于接近、精神饱满、体力充沛的青年了，他经常在假期中，到亚烈拉去追逐野牛，到落基山狩猎巨熊，以及到非洲大陆去袭击狮子，终至他胜任军队的艰苦生活，带领马队，在与西班牙的战争中，功绩显赫。

罗斯福总统的成功，不但因为他有刚毅的精神，不为先天的缺憾所屈服，更因为他有自知之明，他深知自己的缺憾，自知虚弱、畏怯可以克服，而语言、态度必须因势利导，他学习假嗓音，在演讲时运用，虽然有齿露于外，还有身躯颤抖等缺憾，达不到演讲的技术要求，但仍是具有令人信服的力量的演说家之一。

自身的缺憾往往是难以更改的事实，任何企图掩盖或回避缺憾的做法都可能引来消极的结果。尝试着直视缺憾，并把它当作奋斗的动力，即使有缺憾，在看似没有成功的条件时，也可以创造条件获得成功。

连自己都可以战胜，外面的客观条件更微不足道。

马其顿国王亚历山大大帝在打了一次胜仗之后，有下属问他，是否等待机会来到，再去进攻另一个城市？

“什么？”亚历山大听了这话，大发雷霆，“你认为机会什么时候会来到？机会是我们自己创造的！”

如果一个想成功的人，只求别人用双手托着银盘子把机遇送到他面前，那他就只能失望了。成功的机会，是要靠我们的努力与实力结合，自己创造出来的。

1973年，后来成为美国最成功的广告人之一的肯尼迪高中毕业，他想找份工作，并打算从“专业销售”开始。他梦想拥有公司配的又新又好的汽车，一份薪水，外加佣金和奖金，每天西装革履地上班，还有出差机会。

肯尼迪偶然发现了一则招聘广告：一家出版公司的全国销售经理要在本城待两天，只为了招聘一位负责5个州内各书店、百货公司和零售商的业务代表。肯尼迪梦想在将来成为作家或出版家，所以“出版”二字对他来说是有吸引力的。广告又说，起初月薪1600～2000美元，外加佣金、奖金、公务费和公司配车。这正是他梦寐以求的工作。

不幸的是，肯尼迪不是他们的理想人选。他去面试时，那位全国业务经理很客气地向他解释，他不是他们要找的人。第一，肯尼迪太年轻；第二，他没有工作经验；第三，他没念大学。这份工作显然是为35～40岁、大学毕业，并具有相当丰富经验的人准备的，刚出校园的毛头小伙显然不合适。该公司已有几位应聘者待定。肯尼迪竭力毛遂自荐，但招聘者态度坚决——他就是不够格。

这时，肯尼迪亮出了绝招。他说：“瞧，你们这个地区缺商务代表已达6个月了，再缺3个月也不至于要命吧。看看我的主意：让我做3个月，公司只负担公务费，我不要工资，还开我自己的车。如果我向你证明我能胜任这份工作，你再以半薪雇用我3个月，不过我要全额佣金和奖金，还得给我配车。如果这3个月我仍胜任这份工作，你就用正常条件录用我。”

这样，肯尼迪被录用了。在很短的时间里，他重组了销售流程，创下3项记录：短期内在困难重重的地区扭转乾坤；3个月内，让更多新客户的产品摆满他们的整个摊位；争取到新的非书店连锁的大公司等。3个月以后，肯尼迪有了公司配车、全额工资、全额佣金和奖金。

金子不是在哪里都会发亮的，譬如，当它还埋在沙土中时；同样，也不是每一位有才华的人就一定会飞黄腾达，当机遇不来时，怨天尤人也无济于事。

这时，二十几岁的年轻人不妨学一学肯尼迪，动一动脑筋，想一个聪明的办法来创造自己的机遇。那么，成功可能就会不期而至了。

罗斯乔特说：“那专想等待良机的人，无异在等待月光变为银子。”机遇确实很重要，因为它能改变人们一时的处境，甚至一生的命运，但机遇最终的主人不是信步其上的人，而是耕耘其下的人。当我们抱怨社会没有给自己一个展示的舞台时，要先想一想，你的开拓精神和创造力是否还在沉睡着。

别空等万事俱备的时候

如今二十几岁的年轻人，大都是在顺境中长大的，不仅物质丰富，而且从来不缺乏掌声和赞扬。进入社会工作以后，他们对自己的定位也比较高，有些完美主义者的倾向，一心要等待一个绝佳的机会，做出一件让人刮目相看的大事来。岂不知万事俱备，只欠你那一阵东风闪亮登场的机会，在现实中少而又少，当你满头白发时，那些具有实干精神的人已远远地跑在了前面。

一名记者在采访EDS公司总裁罗斯·佩洛时问：“你们公司成功的秘诀是什么呢？”

罗斯·佩洛回答得很有意思：“预备！发射！瞄准！”

人们对他说的话有些不解。因为按照常规，应该是预备、瞄准、发射才对。然而，他所说的话，的确是EDS公司的经营宗旨。也正是这一打破常规的理念，才使得EDS公司在极短的时间内，有了突飞猛进的发展。

对于这个疑问，他是如此解释的：“我们从来不等有了方法再行动，而是在行动中寻求方法，在行动中瞄准。如果射偏了，没关系，纠正它，再发射，重要的是发射，是行动！”

我们在追求理想目标时，往往经过一番充分准备之后，不是果断地发射而是顾虑自己的行动是否会成功、该如何面对失败等问题。但是，当我们真正下定决心开始发射时，成功的靶子早已偏离了我们的视线。

赵博所学的专业是信息技术，大学毕业之后，工作一时不好找，靠父辈的关系，在家乡小镇当了一个小科员。在单位不得志，他便愤愤地说：“老子到大城市发财去，受你这窝囊气！”但第二天醒来，他又照常上班，觉得还是继续忍耐比较稳妥。3年过去了，职称没评上，他又火冒三丈，逢人便说还是大地方好，靠本事吃饭，但事后他又给自己打圆场，说是再看一看。结婚生子之后，年终人事任免还是与他无缘，这一次他好像彻底失望了，也与在外面打拼的同学像模像样地通了话，但终究没有成功，理由是家里儿子小要人照顾。几年后，当年的同学大都买了房，有的开了公司，也有的拥有了私家车，这下他更后悔了，说自己要是铁定心早走一步，现在一样风生水起、快乐逍遥。内心热血上涌了，但马上又照旧冷了下来。结果，“老子要出去！”成为别人嘲笑他的口头禅，而他自己也终究窝在人事纷争的机关环境中不愿挪开一步。

不同的态度产生不同的结果。有许多被动的人平庸一辈子，是因为他们一定要等到每一件事情都百分之百地有利、万无一失以后才去做。当然，我们必须追求完美，但是人间的事情没有一件绝对完美或接近完美。等到所有的条件都完美以后才去做，只能永远等下去了。

许多意气风发的年轻人总是在“假如……”“如果……就”中耗掉了自己宝贵的青春，浪费了自己所有的激情和热情。他们年复一年地按照失败者的生活模式过日子，却不知自己的遭遇恰恰是他们自己不去行动造成的。而且还会责怪自己的配偶，责怪一起做生意的伙伴，责怪运气不好，责怪经济不景气……他们经常谈论所有的人如何“亏待了他们”。

他们也想创业，却总是怕失败，总想等到“条件成熟”。其实，条件并不是等成熟的，而是逐渐做成熟的，在做的过程中完善，在做的过程中逐渐成熟。再好的新构想也会有缺陷。即使是很普通的计划，如果确实执行并且继续发展，都胜于半途而废的好计划。因为前者会贯彻始终，后者却前功尽弃。

生活中这样的事随处可见：搬了新家窗帘还没有装，所以没请朋友来家里玩；这篇文章的构思还不是非常成熟，所以还没有写；这只现价30元的股票原想等降到5块再买，但它一直没有降到5块，所以就一直未买……归纳一下你就会发现，你一直在等待所谓的条件完全具备，你好将它做得尽善尽美。可是，你可能会发现同样的事情有些人的方案或者条件远不及你的成熟，但他们的成果已经问世，或者已经赚了一大笔钱。你又会因此而烦恼。造成这种状况的原因就是你也患上了“等待主义”的毛病。

这就可以解释，为什么会有那么多表面看起来相当精明能干的人，到头来却一事无成，在人生的道路上坎坷颇多，进退维谷。

你可以做这样的试验，把手头的某项工作交给两个人，一位是完美主义者，一位是现实主义者，可看到他们面对同一工作会有哪些不同。等他们的方案提交上来，你会发现，完美主义者可以给你提供十多种可能的方案，分别说明了其可行性与利弊得失。但是他无法确定哪种方案最好，他会采用哪种方案。而现实主义者则不然，他可能只有一种方案，也就是他要实施的那套方案。在聪明才智方面，他比不上前者，但他能够给出一套很切合实际、马上就可实施的方案。

二十几岁的年轻人不要等到所有情况都完美以后，才动手去做。如果坚持要等到万事俱备，就只能永远等待了。同时，对待自己也要宽大些，不必追求自己永远绝对完美。这样，你不但少了许多烦恼，同时，你会发现，你的工作、事业在一个较短时间内就会有很大发展。

机遇之门只为有准备的人敞开

有的人总是抱怨，自己空怀凌云之志和过人才气，却总是没有机遇，难以成功。其实，机遇对每一个人来说都是公平的，机遇只青睐有准备的人。只有努力提高自身素质，苦练“内功”，充分积累和准备，才能在机遇到来时“发现”机遇，抓住机遇。

古往今来，人们都很看重机遇。但是，机遇只是一种可能，一个必要条件，也就是说，有了机遇并不一定就会成功。面对同样的机遇，不同的人有不同的表现和结局，区别在于能否抓住机遇。法国科学家巴斯德有句名言：“机遇只偏爱那些有准备的头脑。”我们只有平时刻苦勤奋，积累丰富的知识和经验，才能抓住它并能充分利用它。有些人空叹机遇难求，可见他们平时脑子里空空如洗，再好的机遇也只能让它悄悄溜走。

二十几岁，人生的大好年华，正处于人生的起步阶段，也是能力和才干快速增长的时期。你要明白，能力与才干的获得，无不是来自艰苦不懈的努力。二十几岁的阶段，犹如垒土，只有打下夯实的根基，才能借助机遇来实现人生的腾飞。

李斯·布朗和他的双胞胎兄弟，出生在迈阿密附近的一个穷苦之家。因为李斯好动，说话口齿不清但又说个不停，因此从小学到中学，李斯都被编到专为有学习障碍学生所设的特教班，毕业后，他就在迈阿密海滩担任清洁工，但他梦想成为播音员。

晚上，李斯会把晶体管收音机抱上床，收听当地播音员的演播。他的房间很小，塑胶地板也残破不堪，但他在里面创造了一个想象的电台，他练习嚼舌根把唱片介绍给假想的听众，梳子就被用来当作麦克风。

李斯长大后，终于争取到进电台工作的机会，当然，他只是做一个打杂的小工。

在电台里，李斯任劳任怨，甚至做得更多。和播音员在一起时，李斯就学习他们在控制板上的手势，李斯待在控制室里尽可能地学习他所能看到的，直到播音员要他离开。然后晚上在他自己的卧室里，他就反复练习，为他深信会出现的机会做万全的准备。

一个周末的下午，一个叫洛可的播音员喝多了酒，无法完成他的播音节目了。一时之间，经理找不到其他人选，只好问李斯："小伙子，你知道如何操作录音室的控制装置吗？"

李斯飞进录音室，轻轻地把洛可移到旁边，然后就坐在播音台前，他已经准备好了，而且跃跃欲试，打开麦克风的开关，开始了他的第一次广播。

这次的表现显示了李斯已经到了炉火纯青的境界，他让听众和他的经理刮目相看，从这次命中注定的好运开始，李斯相继在广播、政治、公共演说及电视方面缔造了成功的生涯。

我们每个人的一生中，都会有很多机会。在机会没有来临时，要耐心等待。屠格涅夫说："等待的方法有两种，一种是什么事也不做地空等，另一种是一边等，一边把事情向前推动。"也就是说，在机遇还没有来临时，就应事事用心，事事尽力，要准备得更加充分，要准备得有能力抓住和运用机会。

例如，某个学英语的人，他只能勉强读懂简单的文章，既不会说，也不会写。这时，他想找一份工作，一定会发现几乎没有什么适合自己的机会。假如他痛下决心，将英语学得炉火纯青，听说读写译样样精通，他就会发现有很多机遇。由此可见，机遇常常就在某个地方等着我们，当我们准备好时，就能够发现机遇。

那些一夜成名的人，在功成名就之前，其实早已默默无闻地努力了很久。成功是一种努力的累积，不论何种行业，要想攀上顶峰，通常都需要漫长时间的努力和精心的规划。许多伟人的成功历程，也印证了这一点。

清代书画家郑板桥说他是“四十年来画竹枝，日间挥写夜间思。冗繁削尽留清瘦，画到生时是熟时。”正是因为有了几十年的生活积累和艺术积累，他才能在商业和艺术都相当繁荣的扬州声名鹊起，成为“诗书画三绝”的一代大师。

我们正处于一个充满机遇的时代，机遇经常出现在我们身边。智者能发现它、利用它走向成功，愚者往往错过它却抱怨命运不公，其原因就在于机遇之门只为有准备的人敞开，有准备的人才能辨识和把握机遇。

如果你是一粒沙子，有谁能在砂堆中发现你？如果你是一个金色的珠子，就很容易在砂堆中找到你。当自己还没有成为一个金色的珠子时，一切的抱怨都是不实际的。

或许二十几岁的我们肩膀还太稚嫩，某些方面的条件我们还不具备，但只要通过不断地学习，不断地提高素质，相信一定会适应社会的要求，把握一定的机遇，“大鹏一日同风起，扶摇直上九万里”，做出一番引人注目的辉煌成绩。

“秀”出自己，赢得机遇的倾心

“酒香也怕巷子深”，在现今的社会里，没有毛遂自荐的精神，恐怕很难会找到施展才华的机会。如果你有自己的优势或者特长，就必须不断而又醒目地“秀”出你自己，只有先让别人“认识”你，才会有人“接纳”你。

古语说：“美玉藏于深山，人不知其美，黄金埋于地下，人不知其贵。”一个优秀的人，如果只是深藏不露，而不能表现自己，人们就不能看到他存在的价值。这样下去，即使他有绝世的才华，也会渐渐被埋没。

机会不会自动找到你，你必须不断、醒目地亮出你自己的优势，让别人发现你，进而才能赏识和信任你。

作为一个二十几岁的年轻人，不要奢望上司或老板会主动关注你，而是要积极主动地把自己的才干展示给他们。如果你是一匹“千里马”，但不亮出你的真本领，不抓住机会勇于尝试，又怎么能被“伯乐”发掘呢?

对于机遇，对于成功，人们总有各种各样的说法。然而，不能否认的是，机遇在一些人面前确实是平等的。只是当机遇突然出现在面前时，有人迟疑了，犹豫了，结果与之擦肩而过；而有的人却能主动上前，把自己的才华展示给别人，从而赢得机遇的青睐。

“把希望寄托在自己身上，把主动权掌握在自己手中。”这不是一句简单的话，它意味着如果别人还没有注意到你的才华，你就要把它充分地展现出来。

“秀”出自己，有时候不必按常理出牌，如果能带进一些时尚、炫目的做法，更容易吸引眼球。让我们看看写下“前不见古人，后不见来者，念天地之悠悠，独怆然而涕下”这一千古名句的唐朝诗人陈子昂，是如何表现自己的。

陈子昂少时聪颖，自知所学足可以应世，于是进京求取功名。但到了长安以后，由于人地生疏，又没有权贵人士为之吹嘘，其诗文自然不受人注意，遂落落寡合，郁郁不得志。

一天，陈子昂在街上闲逛，看见一位卖胡琴的人索价百万，很多豪门子弟、文人学生都在议论古琴价值，却谁也不买。陈子昂突然跑过去，叫手下人把琴买下了，照价付钱。众人见了大吃一惊，争问这把琴的底细。陈子昂高声说："此琴名贵，我又善操此琴，故不惜高价把它买下了。"有人问："你可以弹弹给大家欣赏一下吗？"子昂说："当然可以啦，各位若有兴趣，明天中午请到宣阳里来，我会献丑为诸君试奏一曲。"

次日正午，很多豪门子弟和文人学士都齐聚宣阳里，只见欢宴嘉宾的酒席已经摆好。陈子昂与这些豪门子弟、文人学士应酬过后，捧着古琴，当众宣布："在下陈子昂，乃蜀中文士，写了不少诗文，自信皆为呕心沥血之作，只因初到贵境，不为人知。现于操琴之前，特为各位朋友朗诵拙作一篇。"

因文采好，陈子昂的朗诵使听众大为敬服。忽然，陈子昂的声音戛然而止，感叹地说："唉，弹琴只不过是一种娱乐消遣，并非我们文士心之所系。这琴虽名贵，于我又有何用呢？"说完当场将琴摔碎，随后将自己的诗文遍赠宾客。一时间，陈子昂的豪举和他的文名传遍京城长安，他的诗文亦为世所重。

"人以文传，文以人传。"人与文都需有名才能传世，所以必须让人知晓。要想见用于世，则先要为世所知。古代社会闭塞，人际交流困难，信息流通频率低。而陈子昂来到人才荟萃的长安，又选定公众聚会集中的场所来表现自己的才能，这就相对扩大了传播的范围。另外，他还选取了与众不同的传播手段。首先是所售古琴贵得令人咋舌，但陈子昂一锤定音，显得鹤立鸡群，身手不凡；接着是设宴迎宾，显得豪爽好客，当众吟诗，又使别人得知他出众的文才；最后，摔琴一举，更是出奇，显示出陈子昂志存高远，并非平庸之辈。再以诗文谢宾客，就很自然地为自己赢得了一批朋友和宣传者。

没有人天生就拥有比周围的人更耀眼的光芒，你必须善于表现最优秀的一面，从而让别人了解你、信任你、赏识你。

成功地表现自己是二十几岁的年轻人迈向成功的第一步。在表现自己的过程中多动些脑筋，设计一些“小花样”，就容易获得别人的兴趣和关注。

面对同样的机会，那些积极主动的人往往会赢得更多。如果你认为自己有能力，就应该适时地表现自己的能力，从而取得最后的胜利。

机会与诱惑总会如影随形

对于二十几岁、不谙世事的年轻人来说，一定要沉得住气，动态的人生中，不可能有所谓的“放之四海皆准”的捷径，在众多的诱惑眼前，要有定力，等待迟来的机遇。

诱惑如同一个禁果，看似芳香诱人，却剧毒无比；诱惑好比带刺的玫瑰，看似惊艳动人，一旦触及，就会疼痛难忍。面对诱惑，机遇就如掉下山崖后的救命稻草，看似力量微薄，却在命悬一线时让人转危为安。机会只会敲打一次门，诱惑却总按住门铃不放，他们似乎是一对孪生兄弟，而诱惑常常在机遇来临之前抢先到达。在这个机遇与诱惑并存的社会里，年轻人要有识别能力，把诱惑关在门外，不要被它冲昏头脑，分不清方向。要抵制诱惑，年轻人就需要结合自己的实际，充分发挥自己的聪明才智，用科学的态度、清醒的头脑和正确的方法，摆脱它们的干扰，避免其对自己的危害。

史玉柱在中国的创业史上是个具有传奇色彩的人物，他的奋斗史中就充满着无数的诱惑，可是他拒绝了诱惑，成就了传奇。20世纪90年代中国处于改革开放初期，也是一个遍地黄金的年代，在那个年代，只要你敢想敢做，就很可能会成功。他曾经做过电脑、保健品、服装，他成功过，在5年内跻身财富榜第8位，他也失败过，巨人大厦的破产让他在一夜之间背上了25亿元的巨债。后来，他改变了自己的创业模式，专心做3件事：脑白金和黄金搭档、买入银行股票、做网游。不久以后，中国的富豪榜上又出现了他的名字。当有人问起他成功的原因时，他说，在机遇与诱惑的面前，更要注重抵挡诱惑。他说，当保健品项目和银行投资带来的巨大收益一直寂寞地停留在账户上时，手机、汽车等许多极富诱惑力的大机会在他眼前摇晃，幸亏它们被挡在了决策的门之外，让他免去了再次翻船的可能。

从他的传奇经历中，年轻人应该看到，诱惑往往是一扇扇美丽的大门，你跨进去了，就会跌入无尽的深渊；而机遇则常常是稍后于诱惑为你开门，要发现它，需要你仔细地观察，深入地思考。这就考验着年轻人的分辨能力和发现能力，在浮躁轻狂的年代，面对似诱惑又似机遇的前景，年轻人应该先想想，这是好的还是坏的，是会促使你进步的还是会拖你后腿的。是诱惑，就应该坚决抵制，而对于稍后而来的机遇，则应该积极追求，因为机遇不会经常敲门。

刘邦是个经得住诱惑的君王，他高瞻远瞩，深谋远虑，审时度势。而楚霸王项羽却为诱惑所迷，不仅失去君临天下的机遇，而且赔上了身家性命。乌江自刎，让后人谨记，“不可沽名学霸王”，鸿门宴前，他被项伯的巧言辩解诱惑，失去即刻攻打刘邦的机遇；鸿门宴上，他被刘邦的委曲求全、曲意逢迎诱惑，被樊哙的忠肝义胆诱惑，失去斩杀刘邦的机遇；鸿门宴后，他被刘邦的贵重礼物诱惑，失去追赶刘邦的机遇。项羽之所以一次次为义所诱惑，是因为他没有意识到对刘邦的义，恰恰是对自己的不义，直到垓下被围，他才幡然悔悟，但为时已晚，终因“无颜见江东父老”而自刎。

项羽是个刚愎自用的军事家，从他一次次地为诱惑所迷，我们可以看出他的目光短浅，他和刘邦之所以有不同的结局，很大一部分原因就在于此。李清照在《夏日绝句》中写道，“至今思项羽，不肯过江东”，是对他军事才干的肯定，但也透漏着些许的叹惋。

人生在世，具有诱惑的东西实在太多，但诱惑并不等同于机会和机遇，只有剔除摆在眼前的看似机遇的诱惑，保持头脑的清醒，然后确定自己的目标，并且坚守住自己最初的目标和理想，才能抓住机遇，走向成功！

机遇总是光顾那些善于决断的人

聪明的年轻人，也应该做个有主见、善断之人，只要是自己认为对的事情，绝不可优柔寡断，必须马上付诸行动。

人说，深思熟虑者方能成大器，思维的周全是一个人成熟的标志，但若考虑过多则会变成左右迟疑、优柔寡断，要知道，在当今这个机遇与挑战并存的社会，机遇稍纵即逝，不及时抓住，就会造成遗憾。所以，对于初入社会的二十几岁的年轻人，思维一定要果断，不可拖泥带水，否则，等你考虑清楚了，机遇已经从身边悄悄地溜走了。

生活中，年轻人会受周围人和事的影响，对于自己认为对的事，不敢擅自做决定，于是左顾右盼，当他最终下决心时，为时已晚。就如同散了场的电影，即使精彩，也只是满足了别人。

从前，有头小毛驴，因为勤勤恳恳地干活，主人很喜欢它，总是给它充足的草料，可是它总是为了吃哪堆草料而犯愁。

一天，当它为主人运输了大量的田间作物以后，它感到自己饿了。主人也似乎察觉到了它的疲乏，于是把它牵回家，并抱来了两大堆草料。它饿了，可是站在两堆草料中间，猪对它说，吃左边的吧，草料新鲜，马说，吃右边的吧，吃起来方便，是去左边还是去右边呢？它开始在两堆草料中间徘徊，于是，这头没有主见的毛驴，就这样在两堆草料间活活地饿死了。

这个故事确实有些夸张，但生活中这样的人也是有的，当机遇光顾我们时，我们却左顾右盼，迟疑不定，结果机遇与我们擦肩而过。

所以，聪明的年轻人，也应该做个有主见、善断之人，只要是自己认为对的事情，绝不可优柔寡断，必须马上付诸行动。犹豫不决的年轻人，固然没有做错事的机会，但也失去了成功的机会。过多的事前考虑——这样做也有不妥，那样做也有困难，只会无休止地纠缠于该与不该之中，让人在多个方案中徘徊犹豫，陷入束手无策和茫然不知所措的境地。更有甚者，因为过多的思虑而失去了行动的勇气，结果错失良机。在机遇到来时，唯有把握它，才有成功的可能，一个人连行动的勇气都没有，怎会有做大事的睿智呢？年轻人一旦认定了目标，就要毫不动摇地走了下去，任何迟疑和退缩，都会让机会稍纵即逝。

年轻人果断的前提必须是克服胆怯和怯懦。有的年轻人之所以犹豫，是因为害怕风险，害怕做错事，害怕有可能承担的责任。这样的心态怎么能成功呢？年轻人要长期地进行自我心理暗示和努力，培养出果断的性格。否则，就会因为惧怕失败的风险而不去行动，必然的结局就是被淘汰。

让年轻人左右迟疑，不敢做决定的原因，很大程度上不是来自外界环境，而是来自内心。我们只有建立起自信心，勇于超越自我，才能进一步去尝试成功。生命的意义在于不断完善自己，在于不断尝试，在于发现自己的新价值，重新认识自己。

醒目地亮出自己而非坐等伯乐发现你

年轻人必须学会醒目地亮出自己，为自己创造机会，否则，才华就会被埋没。

中国几千年的文化教育我们要默默无闻，但现代社会人才济济，竞争压力大，也许你是匹好马，但如果坐等伯乐来发现，不懂得表现自己，你只会怀才不遇，碌碌无为。你可以不是最出众的，但一定要把自己最优秀的一面表现出来，就像孔雀总是乐于展示它的美丽一样。学会表现自己，是生存的需要，更是利用机遇的必备能力，只有把握了机遇，才能实现自我价值，成功地将人生转型。

跻身于社会大潮中的年轻人，要学会表现自己，让“伯乐”发现你的才华，在现代社会中，默默无闻、埋头苦干的年轻人，不一定会得到重用。一个精明的人，不仅要会做事，还要会展示自己，这样才有机会脱颖而出。绝大多数人都有着自己的理想和目标，但目标的实现和达成还有赖于机遇，年轻人必须学会醒目地亮出自己，为自己创造机会，否则，才华就会被埋没。其实，很多时候，机遇和伯乐就在身边，可是很多人不知道停下脚步来展示自己的才华，只顾一味地追逐前方的机遇。

一个20岁出头的小伙子急匆匆地走在路上，对路边的景色与过往的行人全然不顾。一个人拦住了他，问道：“小伙子，你为何行色匆匆？”小伙子头也不回，飞快地向前奔跑着，只冷冷地甩了一句：“别拦我，我在寻找机会。”转眼20年过去了，小伙子已经变成了中年人，他依然在路上疾驰。

又一个人拦住他：“喂，伙计，你在忙什么呀？”“别拦我，我在寻找机会。”又是20年过去了，这个中年人已经变成了面色憔悴、两眼昏花的老人，却还在路上挣扎着向前挪动。一个人拦住他：“老人家，你还在寻找你的机会吗？”

“是啊。”当老人回答完这句话后，猛地一惊，一行眼泪掉了下来。原来刚才问他问题的那个人，就是机遇之神。

他寻找了一辈子，可机遇之神实际上就在他的身边，大好的机会就这样一次次地被浪费了。

这样的悲剧在生活中经常发生，机遇并不会主动敲你的门，而是需要你主动去寻找，去表现自己，它对于任何人都是公平的，而消极等待与一味地默默无闻都是不可取的，应该自信地表现自己的才华，才能得到认同，成功也就离你不远了。就拿刚刚踏入职场的很多年轻人来说，有些人做了很多，但升迁、加薪的往往不是他；有的人虽然做得不多，却引来老板的赞赏、同事的羡慕，加薪等好事自然也尾随而至……这就是会不会表现自己的不同结果，其实每个年轻人都愿意成为前者而不愿意成为前者，那么就要主动地表现自己，不要再做一头“老黄牛”，把握成功的每一个机遇。

从前，洛阳有一个人，总想做官，而一辈子都没遇到做官的机会。时光如流水，几十年弹指一挥间，这个人眼看着自己头发已白，年纪大了，不禁黯然神伤。一天，他走在路上，不禁痛哭流涕起来。

有人看见他这般模样，感到很奇怪，于是走上前问他说：“老丈，请问你为何如此伤心呢？”

这个老人回答说：“我一生求官，却始终没有遇到过一次机会。眼看自己已经老了，依然是一身布衣，再也不可能有做官的机会，所以我伤心痛哭。”

问他的人又说：“那么多求官的人都得到了官，你为什么却一次机会也没遇上呢？”

这个老人回答说：“我年轻时学的是文史，当我在这方面学有所成时出来求官，正好遇上君主偏爱任用有经验的老年人。我等了好多年，一直等到喜好任用老年人的君主去世后又出来求官，谁知继位的君主却是个喜爱武士的人，我又一次怀才不遇。于是，我改变主意，弃文学武。等我学武有成时，那个重视武艺的君主也去世了。现在继位的是一位年轻的君主，他喜欢提拔年轻人做官，而我，如今早已不年轻了。我的几十年光阴转瞬即逝，一辈子生不逢时，没有遇到一次做官的机会，这难道不是十分可悲的事吗？”说罢，他又哭了起来。从这个老年人的故事中，年轻人应该可以看出，机遇总是充满着无数的变数，默默地等待机会，只会让机会从身边一次次地逃走，只有在机遇眼前主动地利用机遇，学会表现自己，才能跟得上机遇的脚步，抢占先机，控制住机遇，而不是被机遇控制。

勇气和自信是表现自己的关键，抛弃懦弱和自卑，相信自己并不比身边的任何人差，勇敢地表现自己，抓住机遇，你就能成功。

愚者才等待机会，而智者则造就机会

生活中有很多机会已经在向你招手，如果不去争取，不善把握，便只能望洋兴叹。

有人把成功的路比喻成一把云梯，要想走向成功，就必须拾级而上，在这个过程中，机遇必不可少。机遇能改变一个人的命运，但机遇不会从天而降，只有愚者才等待机会，而智者则造就机会。

作为二十几岁的年轻人，不要总是坐等命运的垂青，而应该主动去争取机遇，才能在人群中脱颖而出，才会被幸运之神眷顾。即使有出类拔萃的才华，不会创造机遇也会被埋没。生活中，有很多这样的年轻人，总是抱怨自己时运不济，庸庸碌碌地等待天上掉下来的馅饼。生活中有很多机会已经在向你招手，如果不去争取，不善把握，便只能望洋兴叹。

两个工作不顺心的年轻人去请教恩师：“老师，我们在办公室被欺负，太痛苦了，您看，我们是不是该辞掉这份工作？”恩师闭着眼睛，隔半天，吐出“不过一碗饭”5个字，就挥挥手，示意两位年轻人离开。回到公司后，其中一位年轻人递上辞呈，回家做了农民；另一位年轻人什么也没做。转眼10年过去了，改做农民的年轻人以现代方法经营，加上品种改良，成为农业专家；另一位留在公司的年轻人则依然忍气吞声，碌碌无为。

有一天两个人相遇了。农业专家对职员说：“你当时为何没听老师的话呢？不过一碗饭嘛，日子有什么难过的，何必留在公司？”“我听了啊，”那职员笑道，“老师说‘不过一碗饭’，我只想混碗饭吃，服从上级，少赌气、少计较就可以了。老师不就是这个意思吗？”

两个人对当初恩师的话理解不一样，使两个人的命运截然不同。农业专家认为不应该受人欺负，所以，他主动摆脱了以前受人欺负的生活，开始为自己努力，也就创造了成功的机会；而另一个职员则有了不同的理解，他或许也希望可以改变自己的命运，可是他没有将自己的愿望付诸行动，而是甘于做一个小职员，结果只能十年如一日，得不到幸运女神的垂青。

学会伺机而动，才能制造机遇，从而改变自己的命运。二十几岁的年轻人，不要总是抱怨自己怀才不遇，抱怨并不能改变自己的现状，不妨把所有的怨气化作争取机会的动力，为自己造就机遇。

肖军是某大学哲学系的研究生，毕业后留校做了图书管理员，这份工作或许对于正在应聘的大学生来说，已经不错了。可是肖军是个有理想的年轻人，他不愿让自己的一生就被限制在学校这个小范围内。但由于合适的工作不好找，他一直也没能跳出图书馆这个圈子，但他始终坚持专业课的学习，坚持了5年。

一次，省里的领导临时来学校开座谈会，可是学校领导并没有任何准备。这时，肖军毛遂自荐要代表学校在会上做演讲，这是肖军的强项。肖军果然不负众望，以出色的口才和过硬的专业知识获得了省里领导的好评，这次难得的机遇成了肖军人生的转折，后来他被推荐到省政协工作，从一个图书管理员走到了自己向往已久的政界。达成愿望的他，处处为人民谋福祉，为大家做了不少好事。

机会是自己创造的，肖军通过不懈的努力为自己创造了机遇，改变了自己的命运，完成了人生的理想。

在中国人的心目中，“深藏不露”是绝对的褒义词，在这种观念的影响下，一些有实力的人反而不愿去展现自己。但机会不会主动找上门，只有展示出自己的才华，吸引别人的关注才能够创造机遇。

有理想的年轻人，摒弃那些传统的枷锁吧，学会表现自己，平时做好迎接机遇的准备，等到时机成熟，就可以大展宏图！

第 11 章

拓展一层关系，让自己相交天下

二十几岁的你，可能还没有体验到，对于人生来讲，人际关系是多么巨大的财富。当有一天，你发生重大事情时，才惊觉相交满天下，相知无几人。在你事业尚未发展，或是决定胜负的关键时刻，甚至是落魄时，能够找到生命里"雪中送炭"的贵人，在我们生命最需要人提携时，给予一臂之力，才是人生最重要、最务实的人缘。当你开始有实力时，不要拒绝锦上添花的人，要妥善发挥"锦上添花"的妙用。"花花轿子人抬人"，这是一个讲"人气"的时代，先有钱大家赚，大家才能让你赚到更多的钱。

多结交比自己优秀的人物

不少人总是乐于与比自己差的人交往，这的确很值得自慰，因为借此能产生优越感。可是从不如自己的人当中，显然是学不到东西的；而结交比自己优秀的卓越人士，则可以扩大你的视野，提高你的层次。

从某种程度上讲，结交不如自己的朋友，是虚荣心作祟的一种表现。二十几岁的年轻人总希望自己能独占鳌头于群体之中，获得大家的称羡。

为了求取这种名实不符的赞扬，他们甚至不惜与不如自己的人们结交。如此将导致何种结果呢？是的，不久你就将变得与他们层次相当，从此再也不愿结交出色的朋友了。

朋友是社会关系的重新组合。人一生下来便由父母带着进入一个社会关系圈，交朋友是在努力打破原有的关系圈而组织新的关系圈。建立良好的社交圈子，应尽可能结交优于自己的人，并朝这一目标而努力。结交卓越的人士，便能见贤思齐；反之，若结交品质低劣的朋友，自己难免同流合污。所谓近朱者赤、近墨者黑。人们往往会被伙伴感化，不管这样做是使自己的层次提高了，或是降低了，都摆脱不了这种影响。

在一个主题为“创造财富”的论坛上，一位发言人说：“请大家拿出一页纸，在纸上写下和你相处时间最多的6个人，也可以说是与你关系最亲密的6个朋友，记下他们每个人的年收入，算出这6个人年收入总和的平均数，这个平均值便能反映出你个人年收入的多少。”

二十几岁的年轻人正处于人生的上升期，如果你想在人生和事业上取得成功，必须小心谨慎地结交朋友。如果你最亲密的朋友是公司的高级主管，你们在一起时所谈论的主要内容一定是关于如何管理和经营的；如果你最亲密的朋友是家庭主妇，你们在一起时谈论的主要话题一定是关于如何做饭、拖地板、去超市买便宜货；如果你最亲密的朋友是房地产商，你们谈论的话题一定会是关于房地产的……虽然你的朋友是高级主管或者是房地产商，你不一定也从事这个行业，但你的朋友的思维和谈论对你的事业和工作的影响是不言而喻的。如果你下一次和朋友聊天，请记下你们谈论的主要话题，那时你就会明白这句话的重要意义了。

那些成功人士即使在聊天，谈论的内容也离不开投资理财、经营管理，即使他们谈的只是艺术品或者健身、旅游，对那些还没有资本享受它们的年轻人也将是一种激励。

当然，我们所说的“优秀的人物”，并非单指家世显赫、地位超绝的人，还包括有内涵修养的、为世人所称道的人物。“卓越的人士”大体上可区分为以下两大类型：一是立身于社会主导地位的人；二是指那些有着特殊才华的人们，对社会有着杰出的贡献，才能突出，或是学识渊博的学者，才华洋溢的艺术家等。此种杰出绝非凭一个人的喜好界定，而需由社会的认同方可获得。

贝尔28岁时拜访著名物理学家约瑟夫·亨利，谈论“多路电报”试验，亨利对此不感兴趣。贝尔又提到他在实验中观察到的一个现象：把包着绝缘材料的铜线缠成螺旋状，有间隔地通电，就能听到线圈上的“嚓嚓”声。这回，亨利打起精神了，他敏锐地感到，这个年轻人在谈一个有价值的现象。他要亲眼看看贝尔做这个试验。那天，街上虽寒风刺骨，老亨利却叫来马车，打算到贝尔的住所去。贝尔怕老人吃不消，便把仪器带来了。

他们听到了电流通过铜线圈发出的声音。贝尔觉得，可以利用这一原理让电线传递人的声音，又说自己缺乏足够的电学知识，不知道是否应该把这一设想公布于众，让电学专家来做进一步的研究。亨利鼓励他：“如果你觉得自己缺乏电学知识，那就去掌握它。你有发明的天分，好好干吧！”后来，贝尔写信给父母，描述自己的感受：“我简直无法向你们描述这两句话是怎样地鼓舞了我……”要知道在当时，对大多数人来说通过电线传递声音无异于天方夜谭，根本不值得费时间去考虑。几年后，贝尔又说：“如果当初没有遇上约瑟夫·亨利，我也许发明不了电话。”

那些优秀的人物一向站在时代的前沿，眼光见识都是一流的，有时他们的一句忠告或一次提示，就能让你看到成功的路径。

一些年轻的乡村企业家开始创业时并不是非常成功，但在拜访过大城市的同行后，他们获得了巨大的动力，那些成功的大企业家刺激了他们的进取心。

同样的事情也发生在专业人士身上。年轻的乡村医生参观了大城市的医院后，更加坚定了在医学界出人头地的信念；学生听完本专业大师的演讲，心中可能会燃起万丈豪情；一位默默无闻的年轻运动员与他心目中的偶像、一位世界级明星的一次会面，也许是他一生的转折点。

成功者总是与成功者交友，失败者也总是与失败者为伍，不幸的人吸引不幸的人，而散漫者的圈子里也都是散漫的人。请二十几岁的年轻人牢记一点：经常与有价值的人保持来往，回避没有价值的人际关系。

你也许会觉得这句话太庸俗，但请别误会，把有能力的人作为自己的榜样并不可耻。朋友与书一样，好的朋友不仅是良伴，也是我们的老师。

“贵人”是送你上青云的好风

在人生或事业中，若是遇到了贵人相助，那无疑是锦上添花，会使你平步青云，或者至少会使你少走许多弯路。所以说，在实现人生梦想和雄心的过程中，找到自己的贵人，并博得他们的信任和赏识，是成功的重要步骤。

有一份调查表明，凡是做到中、高级以上的主管，有90%的人都受过栽培，至于做到总经理的，有80%的遇到过贵人，自己创业当老板的，竟然100%全部都曾被人提拔。不论在何种行业，“老马带路”历来是传统。作用不外乎栽培后进，储备接班人。

二十几岁的年轻人在社会上打拼，靠实力，也要讲关系和缘分，“贵人相助”是其中极为重要的一环。“贵人”可能是指某位居高位的人，也可能是指令你心仪的急欲模仿的对象，无论是在经验、专长、知识还是技能等各方面都比你略胜一筹。因此，他们也许是师傅，也许是教练，也许是引荐人。

姜子牙在渭水之滨垂钓，如果不是遇到周文王，他很可能碌碌无为，在渭水之滨度过余生，更不可能建立起赫赫功勋，成为流芳千古的传奇人物。

曾国藩因为得到穆章阿的器重与举荐，一腔热血和满腹经纶才得到了用武之地，成为权重一时的显贵人物。

有贵人相助，成功就会变得简单得多。所以，找到自己的贵人，并博得他们的信任和赏识，是成功的重要步骤。

清末大商人胡雪岩积累了富可敌国的财富，与其说是在经商，不如说是在做人。真正影响他成功的关键人物，只有两个人：杭州知府王有龄，以及湘军名将左宗棠。前者帮助他站稳脚跟，后者则让他的事业更上一层楼。

胡雪岩最初与王有龄交往，正是王有龄落魄之时。当时还是钱庄伙计的胡雪岩，冒着被炒鱿鱼的危险，慨然赠予刚收到的呆账500两银子，供王有龄打通关节做官。结果东窗事发，胡雪岩果真被开除，沦落街头。而王有龄在得到胡雪岩的500两银子相助后，鸿运大发，顺利当上了浙江海运局坐办，专门主管海上运粮的事宜。这在清末是一份很有“油水”的官职，这也意味着胡雪岩押对了宝。“一人得道，鸡犬升天”，胡雪岩也就有了翻身的机会。

后来胡雪岩的人际圈子越来越广，结交上清末重臣左宗棠后，他的事业更是风生水起，在与洋商的军火生意中，俨然清朝政府的代理人。

胡氏的成功模式，给我们的启示是多方面的。从借力的角度，为自己寻求一些贵人作为背景，从而使自己尽快得到提拔，英雄有用武之地，这对于我们修正自己的做人方法，是很有帮助的。

值得一提的是，年轻人从校园走向社会，刚开始都有几分“清高”，他们往往喜欢闭门谢客，喜欢孤军奋战，特别是对官场上的事情喜欢“两耳不闻窗外事”，对政界的人物更是不愿去与之进行交际。这样的传统和习惯是十分不利的。每个要成功的人，都离不开上层的信任和支持，而上级领导大多是官场中人，你不主动与他们交往，让他们了解你，怎么能获得他们的信任和支持呢?

为了在通往成功的道路上畅通无阻，首先要用心地分辨谁是贵人。你或许以为，你的晋升概率取决于顶头上司对你的评语好坏，这种观念或许是正确的。但是更高的管理阶层可能觉得你的顶头上司并不能胜任本职工作，因而可能不在乎他的推荐和好恶。所以，仔细深入观察，你才能找到能帮助你晋升的贵人。

其次是争取多位贵人的共同提拔，这样才能产生倍数的提拔效果。倍数效果的产生，是由于这些贵人在他们的谈话中，不断地互相强化你的优点，因而使他们决定提拔你。假使你只有一个贵人，便得不到这种强化的效果。

年轻人也许会以为，如果自己与上层关系密切，就有可能会失去“群众基础”。这种可能性是有的，你与领导关系密切，被委以重任之后，一些原先的“朋友”会疏远你。也许是出于嫉妒，也许是出于其他原因，他们会散布对你不利的言论。但最终每个人都是凭自己的能力与才华说服人的，如果你受到提升，而且胜任那个职位，流言就会云开雾散。我们不能操纵别人的议论，但我们可以生长自己的智慧之果。面对事实，任何非议都站不住脚。所以，你要成功，先不要畏于人言。只要你不是谄媚之徒，真相最终会还你清白。关键是先抓住成功之梯的第一级：让权威肯定你、认识你。

应该注意，虽然没有贵人比较难成气候，但若要被贵人“相中”，首要条件还是在于自己究竟有没有实力。俗话说：“师父领进门，修行在个人。”如果你一无所长，却侥幸得到了一个不错的职位，可能会有很多人在等你出丑。毕竟，千里马的表现好坏与否，代表伯乐的识人之力。假如提拔了一个扶不起的阿斗，对贵人的荐人能力，也是一大讽刺。

良好的“伯乐与千里马”的关系，最好是建立在双方各取所需、各得其利的基础上的。这绝不是鼓励唯利是图，而是强调双方以诚相待的态度，既然你有恩于我，他日我必投桃报李。这才是正确的做人方法。

有句话说：“七分努力，三分机运。”我们一直相信“爱拼才会赢”，但往往有些人即使拼了也不会赢，关键就在于缺少贵人相助。二十几岁的年轻人在攀向事业高峰的过程中，贵人相助往往是不可缺少的一环，有了贵人，不仅能替你加分，还能增加你的筹码。

有意识地建立你的朋友网络

交情是日积月累的结果，只有平时多“交”，在关键时刻才会有“情”。只有有长远的眼光，早做准备，未雨绸缪，应急时才会得到意想不到的帮助。

古人云：“在家靠父母，出门靠朋友。”如今二十几岁的年轻人要面对的现代社会，分工细化，竞争残酷，单凭一个人的力量是无法取得事业上的任何成就的。无数事实证明：你的专业本领往往只能给你带来一种机会，而交际本领则可以给你带来百种、千种机会；专业本领只能利用自身能量，而交际本领则可使你利用外界的无限能量。只有借助他人之力，才有可能创造辉煌的人生。而要获得众人的帮助，上下一心，攻克目标，那就必须拥有好人缘，这是我们人生中最宝贵的财富。

人缘主要是个人与众人的感情联系。一个人应有自己的个性，但为了事业成功，为了大家能接受自己，也必须适当争取人缘。而人缘作为一种人与人感情联系的结果，是人们平时努力争取得来的。

广泛与人交往是机遇的源泉。交往越广泛，遇到机遇的概率就越高。有许多机遇就是在与朋友的交往中出现的，有时甚至是在漫不经心时，朋友的一句话、帮助、关心等都可能化作难得的机遇。在很多情况下，就是靠朋友的推荐、朋友提供的信息和其他多方面的帮助，人们才获得了难得的机遇。

每一个伟大的成功者背后都有另外的成功者，而其他各方面有所建树的人是你所有资源中最大的资源。你要做的就是找到他们，构建有助于你事业发展的“关系网”。

关系网既然称作“网”，就应当具有网的特点。也就是说，在这面网上，朋友的构成应有点有面，分布均匀。不懂交际之道的人交友却不是这样，他们结交的范围狭窄，分布不均。只在自己熟悉的范围内认识一些人，而这些人的行业和特长比较单一。这样就构不成一面标准的关系网了。

实际上，你的“关系网”远比你意识到的要广大得多。你实际拥有的网络延伸到了你每天都有联系的人之外，更多的联系包括你与之共同工作和曾经一同工作过的人们，以前的同学、校友、朋友，你整个大家庭的成员，你朋友的父母，你参加研讨会或其他会议时遇到的人，这些人都会是你的网络成员。你的网络成员还包括那些你在网络中认识的人，以及与他们有联系的人。

每个追求成功的年轻人，都应当尽早建立起自己的“朋友档案”。

在档案簿上记下的不一定是最相熟的朋友，原因在于相熟的朋友都会时时想起，那些有一面或几面之缘的人是记录的主要对象。那些在应酬场合认识，只交换名片，谈不上交情的“朋友”，在各种行业各种阶层都会有。你不可把这些名片丢掉，应该在名片中尽量记下这些人的特征，以备再见面时能“一眼认出”。但有一点，名片带回家，要依姓氏、专长、行业分类保存下来。你不必刻意去结交他们，但可以借机在电话里向他们请教一两个专业问题，顺便要提到你们碰面的场合，以唤起他对你的印象。有过“请教”的历史，他对你的印象也会深刻些。当然，这种“朋友”不可能对你大有帮助，因为你们没有进一步的交情，但为你解决一些小问题则容易得多。

我们以上所谈到的，是一种最普遍的关系法则，若想与一个人深交，还需要做些细致的工作。

纽约的金融家华特生在做银行职员时，有一次，他的上司要他尽快准备好一份资料，而拥有此类资料的人是一家公司的总经理，华特生就去拜访他。但是，从头到尾那位总经理都在含糊笼统地敷衍华特生，摆出一副根本不想谈论这个问题的样子，因此这次的会谈很快就结束了，而且毫无结果。

华特生当时真不知所措，这时他得到一个信息是总经理有个12岁的孩子，极为喜欢邮票。于是华特生想到他们银行国外部也在做邮票收集的工作，那些邮票正是来自世界各地的。

第二天下午，华特生重新去拜访总经理，表示自己带了一些邮票要给他的孩子。于是，他受到热烈的欢迎，总经理面带笑容，一面赏玩着邮票，口里一面说着：“我的乔治一定会喜欢这张的，你看这张！这可是珍品哦！”他们用了半个小时谈论邮票与他儿子的事，之后用了一个多小时的时间提供华特生所需要的资料。华特生得到了许多实证、数据、报告以及文件，此行满载而归。

虽然现在是个经济社会，但人是有感情的。只要静观我们的生活，就可以发现，人并不是奢望所有的东西，关键是能否打动他的心。不论在工作或生活上，如果你想消除对方的戒备心，使对方对你产生亲近感，就应该记住与他有关的一些细微的事情，把它们当成你们相互交往的契机。只要你找到了正确事情，他就会对你消除戒备心，并产生强烈的信任感。

在一些西方国家，政治家为了笼络人心，其笼络手段令人咋舌。例如，见到只有一面之交的人时，他会亲切地叫着对方的名字说："某某，好久不见了，你好吗？"实际上，不要说对方的名字，甚至连相貌也不记得，但是他会通过秘书知道对方的名字，结果就像是他还记得对方。如果知道对方是某重要人物的儿子，他就会马上和他握手，拍着他的肩头以表示亲近。此时他也不会忘记询问对方父亲的近况："你父亲最近身体好吗？"被亲切称呼名字后又被轻轻拍打肩膀的人很快就会信任他，最后成为他强有力的支持者。

需要提示二十几岁年轻人注意的是，培养人脉是一个长期的事情，聪明人不应当过于急功近利。有许多机遇是在交往中实现的，而在初步交往中，人们很可能没有看到这种机遇，这时，不要因为没有看到交往的价值，就冷漠这种交往。

让第一印象抢滩登陆

现代社会中，由于时间紧张，人与人往往不可能深交。若要在第一印象中就给人好感，余下的事情就会顺利得多。

二十几岁的年轻人，大都正在寻找自己人生的立足点。现代社会变化多、节奏快，我们每天要接触海量的信息，要与一个又一个的陌生人打交道。回忆一下，你是不是有这样的印象：某个人，其实你并不了解他，只是第一面觉得"讨厌"，于是就不想继续接触了。推己及人，我们自己留给陌生人的第一印象，也对双方的关系起着不可替代的作用。

人与人之间的第一次接触，就可以在彼此的心里形成一个大致的评价，并直接影响以后的关系发展。

第一印象，就是两个素不相识的人第一次见面所形成的印象。一个人给人的初次印象几乎都是视觉上的，如表情、姿态、身材、仪表、年龄、服装等方面。在我们真正了解一个人之前，在第一眼看到他时，就形成了对他的初步看法，即所谓的先入为主。例如，学校里对新来的班主任、新来的插班生，单位里对新来的领导、新来的同事，介绍恋爱对象的第一次见面等，第一印象都会发生作用，双方都对对方留下深刻的印象，同时双方也都力图让自己给对方留下好印象，作为今后交往的起点。所以，一个善于交际的人都很重视自己给别人的第一印象。

二十几岁的年轻人，因为环境、阅历所限，想第一次就给人从容镇定、堪当重任的印象是不现实的。我们所要达到的目标，也不外是让人在第一面时就对你有些好感，接纳你，并愿意给你提供空间。这其中切实可行而且我们自己可以控制的因素，首先应该是服装与表情。

犹太教里有这样的教诲：人在自己的故乡所受的待遇视风度而定，在别的城市则视服饰而定。自我推销是需要技巧的，正如推销产品，要有精美的外包装吸引人的注意力，从而顺利地推销自己。“先敬罗衣后敬人”，从道德上说是不公正的，但面对现实的社会观念，我们尚无法改变。因为要让对方了解你的内在美，尚需一段时间，而体现一个人个性的着装一目了然，给人留下一个完美的印象。许多大公司对所属雇员的装扮都有“规格”，这是自己的形象，也是公司的形象。人们见你的第一眼，就根据你的穿着给你定了位。

一位企业家这样说道：“在商界，企业家最初的合作看什么？其实很大的成分是看衣着。有一次，我想开发一种新的产品，一位朋友给我介绍了一个合作伙伴。见面的那天，他穿着西装，里面没穿衬衣，只穿了一件圆领衫，手里拎着一个彩色手机。”

“我当时看着就很别扭。你想想，西装是多正式的着装，他搭配了一件圆领衫，典型的暴发户形象。我当时就决定，不与他合作。后来，朋友说，他真的很有钱，而你正缺钱。我说，我缺钱不假，可是合作伙伴这个人才是主要的。他出钱意味着他要参与、要管理，要与我共同决策，他的水平直接影响到我的生意，所以我不选择他。”

这位企业家仅凭第一印象选人是对是错姑且不论，从这则故事中我们可以看出第一印象对于一个人的重要性。当你还没有开口说话时，衣着就是你的代言人，一个人的外在形象留给大家的潜在印象的差别是不可估量的。如果不想成为同行的笑柄，你的着装必须合体；如果不想被同行或客户鄙视，你的着装必须庄重；如果不想被人看出你的性格或爱好，你的着装必须保守、得体。

现代社会中，由于时间紧张，人与人往往不可能深交。若要在第一印象中就给人好感，除得体的着装之外，笑容也是你的另一种武器。

一个面带笑容的人和一个整天板着脸的人处事，肯定会有不同的效果。你自己放松，大家看了心里也舒服，足以避免许多无谓的冲突和猜疑。例如，本来是一件很尴尬的事，往往由于当事人富有幽默感，用几句逗趣的话逗大家一笑，事情就办通了，可是并没有得罪任何人。否则，如果一切都本着公事公办的严肃态度，不但可能处处碰钉子，还可能会被人指责是一个不通情理的木头人。

一家企业向社会招聘员工，许多年轻人前去应聘，其中不乏高学历者，但他们最后都意外地败给了一个女孩儿。女孩儿相貌平平，经历简单，只有中专文凭，是很普通的一个人。有人不服气地向负责面试的人事部经理质问，这位经理平静地说，一个女孩子能够经常发出友善的微笑，那么她即便文化程度低一些，我也愿意聘用。但是一个硕士生或者博士生，老是板着一副面孔，他就是免费来我这里工作，我也不要。

人类有一个非常动人的表情，就是微笑。微笑是走进别人内心的一张通行证，二十几岁的年轻人面带微笑，是在向周围的人传递这样的信息：我很羡慕你；我很信任你；我愿成为你的朋友；我们会合作得很愉快。

真诚的微笑体现出一个人的淳朴、坦然、宽容和信任，可以反映出一个人极高的修养，而且非常容易被人接受，会为你赢得口碑、好感和潜在的机遇。这真是一种无任何风险却有回报的、绝好的“投资项目”。

一个人的优点可以是多方面的，比如你为人善良、知识渊博、性格坚韧，但这一切，都需要一个展示的舞台。对于二十几岁的年轻人来说，如果你第一次就留下了不好的形象，所有的特长都将失去表现的机会。注意你给人的第一印象，凡事争取一个良好的开端。

培养与陌生人“一见如故”的本领

陌生人之间无疑是存在或多或少的戒备之心的，而且互相不知道彼此的背景，是很难找到话题的。当一个人特意要去结识一个陌生人时，可以通过多种渠道了解对方的背景、经历、性格、喜恶，在交往中针对对方的特点有的放矢、投其所好，从而建立新的人脉。

二十几岁的年轻人，虽然已经迈进了成人社会，但身上或多或少地还会保留一些青涩少年的味道。比起三四十岁的中年人，他们缺少一种轻松随意的亲和力，在一些社交场合，尤其是在自己不熟悉的圈子里，常常是举目四望，不知如何开口。

与陌生人交往要尽最大可能突破彼此的心理戒备，设法给对方留下好印象，让对方认为你既有情有义，又有礼有信，最好还能让对方认为你有用有利，有志有趣。这样的人，对方才可能愿意与之交往。

谈论志趣很容易引起思想上的共鸣。你看见对方带有一件乐器或一本歌本，就可以和他谈音乐、乐器或歌星等；看到对方带有画板、画夹之类，就可以和他谈绘画或和绘画有关的问题；如果对方正拿着一本书，你看清或问明是什么书后，可以从“您爱好文学吗”之类的话题入手。若对方是学生、记者、作家、文艺工作者、科技人员等，那谈论志趣最为合适了。虽然上述各方面你不一定都内行或熟悉，但可以抱着请教或询问的态度与之交流。对于那些能在陌生的圈子里如鱼得水的人，我们常常误解他们是会“说”，其实对于一个真正的社交高手，会“听”比会“说”更关键。

成功交谈的秘密在哪里？著名学者查理·艾略特说：“一点儿秘密也没有，专心致志地听人讲话才是最重要的。”

韦恩是罗宾见到的最受欢迎的人士之一。他总能受到邀请，经常有人请他参加聚会、共进午餐、担任基瓦尼斯国际或扶轮国际的客座发言人、打高尔夫球或网球。

一天晚上，罗宾碰巧到一个朋友家参加一次小型社交活动。他发现韦恩和一个漂亮女孩坐在一个角落里。出于好奇，罗宾远远地注意了一段时间。罗宾发现那位年轻女士一直在说，而韦恩好像一句话也没说。他只是有时笑一笑，点一点头，仅此而已。几小时后，他们起身，谢过男女主人，走了。

第二天，罗宾见到韦恩时禁不住问道：“昨天晚上我在斯旺森家看见你和最迷人的女孩在一起。她好像完全被你吸引住了。你是怎么抓住她的注意力的？”

“很简单。”韦恩说，“斯旺森太太把乔安介绍给我，我只对她说你的皮肤晒得真漂亮，在冬季也这么漂亮，是怎么做到的？你去哪里了？阿卡普尔科还是夏威夷？”

“夏威夷。”她说，“夏威夷永远都风景如画。”

“你能把一切都告诉我吗？”我说。

“当然。”她回答。我们就找了个安静的角落，接下来的两个小时她一直在谈夏威夷。“今天早晨乔安打电话给我，说她很喜欢我陪她。她说很想再见到我，因为我是最有意思的谈伴。但说实话，我整个晚上没说几句话。”

看出韦恩受欢迎的秘诀了吗？很简单，韦恩只是让乔安谈自己。他对每个人都这样——对他人说：“请告诉我这一切。”这足以让一般人激动好几个小时。人们喜欢韦恩就因为他注意他们。

熟悉的事物总能唤起人们心中强烈的温馨感和怀旧情绪。当我们与陌生人交谈时，如果只聊一些对方知之甚少的话题，只会使两个人更加疏远；相反，如果能根据对方的背景，多谈一些对方熟悉的事物，则能够经常勾起对方的回忆，使其“爱屋及乌”，对你产生亲近之感。

美国人赛珍珠在第二次世界大战期间，曾发表过对中国人民的广播演讲，这篇演讲深深地打动了中国人的心。在演讲中她是这么说的：“我今天说话不完全站在一个美国人的立场，因为我也是一个中国人。我一生的大半时间，都在中国度过。我出生3个月，就被父母带到中国来了。我开口说话的时候，又是先说的中国话。我小时候跟着父母，并没有住过什么通商大埠。数十年间，我们到过浙江、江苏、江西、湖南、安徽、山东各省的小城市、小村庄，清浦、镇江、丹阳、岳州、蚌埠、徐州……这些地方，是我最熟识的。可是我最爱的，是中国的农田乡村。以后我长大了，又在南京住了17年。我曾亲眼看见南京在几年之内，由一个古旧的城市变成一个新式的首都。但是无论我住在什么地方，我与中国人相处，都亲如同胞。因为小的时候，我的游伴是中国孩子；成人以后，来往的又是中国的朋友们。现在我人虽归国，心中却没有忘掉旧日的朋友。所以今天我要以这两种身份说话。我既在中国长大成人，又在美国住了多年，受了双方的教育，有了双方的经验，我觉得我是属于两个国家的。”

赛珍珠一再提及中国人熟悉的地名，强调自己与中国人关系密切，对于听众而言，这些熟悉的地方的风土人情和自己的种种经历立刻历历在目，而一个陌生的外国演讲者此时似乎也成了曾经同行的旅伴，国籍的界线模糊了，一种亲切感油然而生。

“物以类聚，人以群分”，每个人的社交圈，实际上都是以自己为圆点，以共同点，如年龄、爱好、经历、知识层次等为半径构成的无数同心圆。共同点越多，圆与圆之间交叉的面积就越大，共同语言也就越多，也最容易引起对方的共鸣。因此，在与他人搭讪时，一定要留意共同点，并不断把共同点扩大化，对方谈起来才会兴致勃勃，谈话才会深入持久。

通过询问职业，也可以找到“共同语言”。比如，对方是教师，你可以谈论当前教育中的热点问题；是工人，就询问他们的生产状况、经济效益等；是农民，就询问他的家乡变化、生产状况；是商人，就谈论物价、税利、生意情况；是大中学生，就询问其学习情况、就业状况等。总之，只要找到话题，就可天南地北地“侃”下去。

寻找与陌生人交谈的“突破口”，远不止上述几个方面。二十几岁的年轻人只要善于捕捉时机，主动发起“进攻”，又始终保持幽默风趣的语言风格，无论走到哪里，都能很快有“熟人”，你也会由此而拥有更多的朋友。

相逢一笑，尽把恩仇了

人的一生谁都会碰到个人的利益受到他人有意或无意的侵害。为了培养和锻炼良好的心理素质，你要勇于接受宽容的考验。年轻人如果可以提前拥有“一笑泯恩仇”的气度，你的人生境界将会变得更加开阔。

在日常人际交往的过程中，二十几岁的年轻人常会因为言辞轻率，而不免会与人产生些许摩擦与不快。这时，我们面对问题的态度，就往往体现了一个人的心胸与度量：心胸狭窄的人选择斤斤计较，因而“失众友”；心胸宽阔的人，选择宽容、包容过去，因而“聚众朋”。

古人有云：“海纳百川，有容乃大，壁立千仞，无欲则刚。”宽容是人生最高贵的品质，学会用宽容调味人生，生命中就会增添许多乐趣。

宽容是什么？宽容并非不讲原则，不分是非，一味盲目地姑息纵容，而是在面对一些无足挂齿的小事时，不妨潇洒地挥手，让不愉快随风而去。宽容就如缕缕和煦的春风，吹开我们心中的愁结，使快乐永驻心间。

事实上，人心往往不是靠武力征服的，而是靠宽容大度征服的。三国时期的著名军事家曹操就是这样一个不计私仇、宽以待人的人。

陈琳是有名的“建安七子”之一，曾写过一篇檄文，历数“操之罪”。檄文不仅历数曹操的罪名，而且把他的祖宗三代骂了个狗血喷头。这篇檄文传到许昌时，曹操正因头痛卧病在床，见了檄文又惊又怕，“毛骨悚然，出了一身冷汗”。曹操从此对陈琳恨之入骨。

官渡之战后，曹操生擒了在袁绍手下谋事的陈琳。但曹操没有感情用事，他认为陈琳很有才气，杀了可惜，因而下令“赦之”，并“命为从事”。

曹操与张绣多次交战，曹操的长子曹昂、爱将典韦，都死在张绣手里。曹操与张绣本应结怨很深，可是，当张绣经贾诩劝导投奔曹操时，曹操不仅撇开了以前的恩怨，反而热忱欢迎，还拜张绣为扬武将军。后来，张绣果然为曹操立了大功。

故事里的人生，或许会有不共戴天之仇，但年轻人涉世之初，有的不过是工作生活上的一点小摩擦，只要矛盾并没有发展到你死我活的境地，总是可以化解的。记住：敌意是一点一点增加的，也可以一点一点削弱。中国有句老话：冤家宜解不宜结。人与人之间，低头不见抬头见，少结冤家比较有利。

生活中常见的情况是，同事曾经与你为一个职位争得面红耳赤，不过，今天你们已分别成为不同部门的主管，虽然没有直接接触，但将来的情况谁能预料？所以你应该为将来铺好路。

如果你无缘无故去邀约对方或送礼给他，未免过于唐突，也贬低了自己，应该要见机行事。例如，从人事部探知他的出生日期，在公司发动一个小型生日会，主动集资送礼物给他……真诚的善意，谁也不会拒绝。

如果对方升职了，这就是最佳的时机，写一张贺卡，衷心送出你的祝福吧。如果其他同事为他举办庆祝会，那么无论你多忙碌，也要抽空参加，否则就私下请对方吃一顿午餐吧！恭贺之余，不妨多谈谈大家在工作方面的喜与乐，对以往的不愉快事情绝口不提，拉近双方的距离。

记住，这些亲善工作必须在平常就抓紧机会去做。否则等到你们有直接来往时才行动，为时已晚。那时，也只会给人一种“市侩”之感。

或许有些年轻人认为，宽容是软弱的表现，宽容只能让我们退让和忍受。宽容应该是相互的，如果我对他宽容，他对我却不宽容，岂不是吃了大亏？抱有这种认识和思想的人，实际上他们已经不宽容了，他们理解的宽容是片面的、极端的。

比如有甲乙两人。如果甲向乙借用镰刀，结果遭到乙的拒绝。不久乙向甲借马，甲遂答：“上次你不借我镰刀，所以这次我不借马给你。”这是报复。

如果甲向乙借用镰刀，结果遭到乙的拒绝。不久乙向甲借马，甲虽然答应，却趁借马之机向某乙说道：“上次你不借我镰刀，但是这次我借你马匹。”这是憎恶。

如果甲向乙借用镰刀，结果遭到乙的拒绝。不久乙向甲借马，甲欣然答应，不但绝口不提上次借镰刀的事，还热情地告诉乙这匹马的习性。这就是宽容。

在现实生活中，我们见到的多是具有报复之心和憎恶之情的人，而那种具有宽容的博大胸怀的人，必将在众人中脱颖而出。

另外，即便只从“利己”的一面出发，忘掉过去的仇怨，也可以使我们轻装上阵，心中充满自信与安定。

古希腊神话中有一位大英雄叫海格力斯。

一天，他走在坎坷不平的山路上，发现脚边有个袋子似的东西很碍脚，海格力斯踩了那东西一脚，谁知那东西不但没被踩破，反而膨胀起来，加倍地扩大着。海格力斯恼羞成怒，操起一根碗口粗的木棒砸它，那东西竟然长大到把路堵死了。

正在这时，山中走出一位圣人，对海格力斯说："朋友，快别动它，忘了它，离开它远去吧！它叫仇恨袋，你不侵犯它，它便小如当初；你若侵犯它，它就会膨胀起来，挡住你的路，与你敌对到底！"

一味地与仇恨计较，浪费的是自己的青春与精力。当有一天自己钻了牛角尖时，不妨换一种新的思维方式：把自己的力量都放在喜欢的、能产生成绩的事情上，你可以拍拍手转身走掉，绝不会遭到任何阻拦。

学会大度，对一些小小不言的冲突一笑而过，是年轻人成长的必学课程。

二十几岁的年轻人刚走上社会，难免与别人产生摩擦、误会，甚至仇恨，但别忘了在自己的仇恨袋里装满宽容，那样你就会少一分阻碍，多一分成功的机遇。否则，你将会永远被挡在通往成功的道路上，直至被打倒。

学会保全他人的面子

面子问题不是"中国特色"，而是全人类的通病。事实上，给人面子并不难，只要你给人光辉，给人余地，就能做到这一点。这样，投桃报李，他也不会给你难堪。

中国人是最讲究面子的，这种偏好源自五千年的文化，又扎根于伦理型的社会人际关系的网络之中，根深蒂固，几乎无人能免。

在生活中，如果你是个对"面子"无所谓的人，那么你肯定是个不受欢迎的人；如果你是个只顾自己的面子，却不顾别人面子的人，那么你肯定是个有一天会吃暗亏的人。只有给足别人面子，你才能获得好人缘。

二十几岁的年轻人常犯自以为是的毛病，自以为有见解，自以为有口才，一遇到机会就高谈阔论，把别人批评得体无完肤，自己则觉得痛快。却不知这种举动正是在为自己的祸端铺路，总有一天会自食恶果。

事实上，给人面子并不难，只要你给人光辉，给人余地，就能做到这一点。如果你乐意给别人面子，别人也就不会给你难堪，还会在内心里感激你。

古代有位大侠郭解，有一次，洛阳某人因与他人结怨而心烦，多次央求地方上有名望的人士出来调停，结果对方都不给面子。后来他找到郭解门下，请他来化解这段恩怨。

郭解接受了这个请求，亲自上门拜访委托人的对手，做了大量的说服工作，终于使这个人同意了和解。照常理，郭解此时不负人托，完成了这一化解恩怨的任务，可以走人了。可郭解还有高人一着的棋，有更妙的处理方法。

一切讲清楚后，他对那人说："这个事，听说过去有许多当地有名望的人调解过，但因不能得到双方的共同认可而没能达成协议。这次我很幸运，你也很给我面子，我了结了这件事。我在感谢你的同时，也为自己担心，我毕竟是外乡人，在本地人出面不能解决问题的情况下，由我这个外地人来完成和解，未免使本地那些有名望的人感到丢面子。"他进一步说"这件事这么办，请你再帮我一次，从表面上要做到让人以为我出面也解决不了问题。等我明天离开此地，本地几位绅士、侠客还会上门，你把面子给他们，让他们完成此美举吧，拜托了。"

人们总是尽其全力来保持颜面，为了面子问题，可以做出违背常理的事。在知道人们是如何地注重面子之后，就应当尽量避免在公众场合使你周围的人难堪，必须时时刻刻提醒自己不要做出任何有损他人颜面的事。

二十几岁的年轻人，社会关系相对简单，伤人面子的事，起源多在口无遮拦上。所以对朋友的所作所为，即使你有意见，在向别人指出时也要顾及朋友的面子。你总得先说“你的某某事做得挺好，效果、反映都不错”，然后用“就是”、“但是”、“不过”等来做文章。谁都知道“但是”后面的才是真正要说的话，但前面的话一定要说，因为在中国它不是假话，也不是废话，而是为营造一种和谐气氛的客气话。你若直来直去，对方必然会觉得你扫了他的面子，心中会大起反感。所以，“曲线救国”，拐弯抹角的话不能少。

很多人可以吃闷亏，也可以吃明亏，但就是不能吃“没有面子”的亏。要想在公司里得到发展，在社会上被人们承认，就必须了解这一点。这也是很多精于世故的人不轻易在公开场合批评别人的原因。所谓“不打脸”，就是不揭人隐私，不冲犯他人的敏感区域，即便是开玩笑，也要以对方的得意之事作为引子，如此才可避免出现尴尬的局面。

一位西方留学生有这样一篇文章：

在瑞典，如果有人的外表有什么我们不喜欢的地方，我们尽量不说，因为指出一个人的毛病是不礼貌的，比如“你胖了”或“你老了”或“那件衣服难看”等评论。但是有些中国老师用这种生硬的方法对待我们，使我们这些外国人难以理解他的做法。一天在课堂上，我们正在进行下一课生词的预习，一个生词的意思是“占”，老师想给我们解释这个“占”字的用法。他指着一个比较胖的学生说：“他太胖了，要是坐公共汽车，他得占两个位子。”

全班顿时鸦雀无声，大家怀疑地盯着地下，我们都想是否听错了。过了一会儿有人问：“对不起，你说什么？”那位老师又大声地说：“他太胖了，要是坐公共汽车，他得占两个位子。”他又重复了一遍。我们不能相信这是真的，我们都觉得很窘迫，大家都低下了头。没有人知道该说什么和该做什么。这种沉默使我感到糟糕透了，特别是让我感到对不起那位比我们任何一位都更感到局促不安的同学。

说出类似这样的话，在西方人看来，很明显是一种侮辱，有谁喜欢听别人说自己胖呢？其实这不只是东西方文化冲突的问题，还有个人修养的问题。生活中，由一个玩笑造成的悲剧颇多，皆因玩笑伤害了自尊。所以，开玩笑、打比方应有分寸，否则伤害人、得罪人而不自知，才是得不偿失。

再豁达随和的人也有自尊心，他也许可以不在乎100次、1000次的玩笑和嘲弄，但不能忍受他在乎的人或事被开玩笑、嘲弄，你若搞不清楚他的好恶，开了不得体的玩笑，他即使不发作，也会记在心里。人不可能完全了解另一个人，这点你必须承认，更何况有人天生敏感，容易受伤，你认为好玩的，他不一定认为好玩，也就是说，开玩笑要看人。总之，涉及人身的、有批评味道的玩笑要少开，宁可不开玩笑，也不要让人不愉快，如果硬要开玩笑，就自嘲一下吧。

面子的问题，关系到一个人的自尊，一旦出现裂痕，往往很难弥补。每个人都希望自己有面子，有面子就能被别人看得起，表明他在人中间有优越地位。你给别人面子就是给他一份厚礼，他也会投桃报李，尽量地捧你而不是踩你。

第⑫章

坚定一种信念，用最初的心做持久的事

人生的路上，有一览无余的坦荡大路，也有荆棘密布的丛林，困难在所难免。二十几岁的年轻人刚刚踏入社会，不免要经历社会的洗礼，尤其在追求人生价值时，更容易遭遇挫折与困难。但年轻人只要摆正自己的位置，调整好心态，给自己的未来树一面旗帜，专心于眼前的路，而不是人生路上的困难，那么这些困难就只是人生中的插曲而已。当你日后收获成功的果实时，便会发现，那些困难显得弥足珍贵！

最大的麦穗，就是身边的那一个

苏格拉底是古希腊最著名的哲学家之一，在他和弟子之间曾有这样一个有趣的小故事。一天，苏格拉底带着弟子们走到一片成熟的麦地旁，要求他们去麦地里摘一个最大的麦穗，只许进不许退，他则在麦地的尽头等着弟子们。

可是麦地里到处都是大麦穗，哪一个才是最大的呢？弟子们埋头向前走。看看这一株，摇了摇头；看看那一株，又摇了摇头。他们总以为最大的麦穗还在前面。虽然，弟子们也试着摘了几穗，但并不满意，便随手扔掉了。他们总以为机会还很多，完全没有必要过早地定夺。弟子们一边低着头往前走，一边用心地挑挑拣拣。突然，大家听到苏格拉底苍老的、如同洪钟一般的声音："你们已经到头了。"这时，两手空空的弟子们才如梦初醒。苏格拉底对弟子们说："这块麦地里肯定有一穗是最大的，但你们未必能碰见它；即使碰见了，也未必能做出准确的判断。因此，最大的一穗就是你们刚刚摘下的。"

对于我们身边的工作不也是如此吗？无论多么高的理想，不都要从一份实实在在的工作做起吗？一个刚刚毕业的年轻人，能力如何尚且不知，谁能够放心把一份关系到公司生死存亡的管理工作交给你做？因此，不要对自己的工作抱着太高的期望，期望有多少薪水、有多大的权力，能够实现怎样的理想，这些都是不现实的。一个人目标再高远也要面对现实的生活，人生最大的现实就是你眼前的这份工作。无论它有多少不尽如人意之处，有多么不符合你的理想和追求，你对它有多少不满意和抱怨，但它能解决你生存的问题，它可以给你一个展现自己能力的舞台，这就足够了。

一个人的理想无论多大，价值无论有多高，都是通过最普通、最琐碎、最具体的工作来展现的。被高尔基誉为“阳光底下最光辉的职业”的老师，他们的工作不就是我们耳熟能详的备课、讲课、批改作业吗？一个国家的最高领导人，他们的工作也不过是签署文件、开会、做演讲，看起来也是无聊乏味。无论一份多么风光无限的工作，它们实质性的内容都是无数遍的重复，都是一些琐碎的小细节，日复一日做起来难免会感到无聊，甚至是平凡。要知道一个人能够从工作中找到乐趣和激情，不知经过了多少折磨。

不要看轻自己手边正在做着的工作，它们往往有着伟大的价值。当初抬土搬砖的农民们哪里会想象到他们正在建造千百年后都令人惊叹的伟大奇迹——长城呢？因此，你手边的工作也许就是在创造另一个奇迹。即使不是，你也可以借助手边的工作作为一个展现自己非凡能力的平台，而领导们自然会把你当成一个人才，给你更重要的工作，那时候不就可以实现自己的梦想了吗？无论你觉得自己可以胜任多么重要的工作，未来会成为多么卓越的人物，但你眼前的、实实在在的工作才是最重要的。

不要轻易就决定跳槽，下一份工作不一定会更好，也许会越来越差。小丽刚毕业时，被学校分配到移动公司做速录员，大家都羡慕不已，结果她却嫌工作总是在重复相同的内容，每个星期都有考试，压力很大，并且离家远，饭菜又不合胃口。结果，3个月以后，她就辞职了。后来，她又进入一家企业做文秘工作，虽然与她的速录专业相差较远，但是压力小，虽然不如前一份工作有保障，可还差强人意，结果她又觉得薪水太低，又换了工作。4年过去了，和她一起参加工作的小姐妹们都当上了小领导，她却只能在超市里做促销员，专业知识已经忘得一干二净了，已经没有更好的路可走了。

人生往往都是由自己决定的，境遇的好坏，常常是自己选择和努力的结果。工作没有最好的，只有更好的，可是羡慕是没用的，只有能抓在手里的才是实实在在的，而只有离你最近的才能被你抓住。因此，不要这山望着那山高，安心做好手边的工作，就是人生最大的快乐，就是你可以得到的收获。

眼下的就是最好的，只有重视眼下，才能寄希望于未来。

人生中最大的敌人是自己

在人的一生当中，不少人会为自己的内心设置很多障碍，从而使自己一生都在低阶层中挣扎。由于学会征服自己比战胜对手更困难，也更有挑战性，因此不要急于战胜别人。如果一个人能够战胜自己的偏见、固执、懒惰，战胜自己内心的自我限制，就可以冲出自己设置的藩篱。然而，这比任何一种竞争都能使自己更快获得进步。

人们常说："英雄征服世界，圣贤却征服自己。"只要把自己的理想建立在战胜别人的基础上，又有什么困难呢？难道很多人不是一直在潜意识里想着和别人一比高下，并战胜对手吗？在自我的主观意识中，想要做的事，无论怎样困难，也是非常容易的。然而，征服自己并不容易。正如明知自己不喜欢做的事，却强迫自己去做；明知自己做不到的事，却还要勉强自己努力去做到。

可是，一个人想要有大的成就，想要变得成熟，就要学会勉强自己。因为，人的懒惰、偏见、狭隘以及自我设限，会毁掉自己的一生，所以人生最大的敌人，不是别人，而是自己。如果能够不断改变自己的缺点，让自己渐趋完美，并且不断挑战、超越自己，就能够让自己变得更加优秀、更加卓越。那么，如何来征服自己，以使自己更接近成功呢？敢想敢做，不要自我设限，不断征服自己身上的惰性，不断审视、监督自己的言行，就是达到这个目标的最佳方法。

人在做事之前，常常自己为自己做了限制，如什么事不能做、什么职位不能胜任等。其实，人的潜力是非常大的，通常认为自己不能够做到的事，其实只是因为自己没有尽全力，或者是因为自己缺乏危机感。记得小时候学过一首诗："林暗草惊风，将军夜引弓。平明寻白羽，没入石棱中。"那位将军在受到惊吓的情况下，射出去的箭几个士兵都拔不出来。然而，他在白天再次向石棱射箭，箭都射弯了，也射不进去。由此可见，人的潜力不可低估，想要做到最好，就不要给自己设限。30岁的年轻人，前面还有无数可能，但如果认定自己只能做到哪种程度，或者只能做一个平凡人，那么你一生就只能庸庸碌碌。想要做到更好，就要把自我设限这个"敌人"打倒。

每一个人都有惰性，这是与生俱来的。然而，成功者之所以成功，关键是因为他们善于克服自己的惰性，让自己遵守自己制订的计划。虽然，很多人都有志气，也为自己制订了宏伟的计划，但是很少有人能够实现。那是因为周围有太多的诱惑，让他们学会破例，学会破坏自己制订的计划，使它中途夭折。比如，你希望自己每天6点钟起床跑步一小时，可是今天天气寒冷，停了一天；明天下雨又停了一天；第三天，又想自己反正都停了两天了，索性明天再开始吧。人生中的很多计划和事情就是这样被耽误了。

每个人都有自己的缺点和不足，只有纠正和补充它们，才有可能成就大事。不断改变自己对这个世界的认识，就是一个人从幼稚到成熟的进程，然而这个进程是漫长的，也是艰难的。人生就是不断克服对这个世界的偏见，并慢慢对世界、社会及人生客观认识的一个过程，也只有客观认识自己，客观认识世界，才可能有卓越的成就。只有自己的认识符合客观规律，顺着规律做事，才有可能成功。

自己才是最大的敌人，因为一个人不会轻易违逆自己的思想，可事实往往与他的思想相悖。只有勇于承认和改掉那些与客观事实相悖的认识和习惯，一个人才能进步，才能不断接近完美，而这正是一个人逐渐成熟的真谛。

为难你的人，其实是你的贵人

罗曼·罗兰说："人生最可怕的敌人，就是没有明确的目标。"

在追求目标的过程中，总会出现一些令你为难的人和事，这就是困难和障碍。或许很多人会把阻碍自己成功的人视为敌人，对其恨之入骨。其实，这是一种错误的理解。的确，朋友是人生中的帮手，总会给你温馨，给你安慰和理解，失意之时帮你一把，成功之时和你一起笑逐颜开；但为难你的人也是你的贵人，他是你前进的动力，是你成功的催化剂。

清朝的康熙皇帝在位执政60年之际，举行了隆重的"千叟宴"以示庆贺。宴会上，康熙一共敬了3杯酒。第一杯酒敬给孝庄太皇太后，衷心地感谢孝庄辅佐他登上皇位，一统天下；第二杯酒敬给诸位大臣及天下万民，感谢众臣齐心协力尽忠朝廷，万民俯首农桑，天下昌盛；第三杯酒敬给谁？你能猜到吗？他恭敬地敬给了他的敌人：吴三桂、郑经、葛尔丹、鳌拜。当时几位大臣吓得目瞪口呆，不知如何是好。康熙却笑着说："是你们逼着朕建立了丰功伟绩，没有你们，就没有我的今天，所以我发自内心地感谢你们。"然后，一饮而尽。

对待曾经阻碍他统一的人，康熙皇帝感谢他们，因为没有他们，就成就不了康熙的伟业。建立丰功伟绩是康熙皇帝的人生追求，在大一统的过程中，如吴三桂等阻碍他成功的人的确是他的敌人，可也是他的"贵人"，正是这些人使康熙慢慢成长，最终完成统一大业，成为中国历史上的一代明君。

当今社会竞争激烈，年轻人追求自己的梦想时，难免会和别人的利益有冲突，于是，这些人必定会"反扑"，阻止年轻人前进的脚步，一个志在成功的年轻人不会因为这些障碍而放慢脚步，而是义无反顾地专注于前面的路。他们能心胸宽广地感谢这些为难他们的人，然后继续奋进。

林肯是美国第16任总统，他的一生充满了艰辛和坎坷。他出身贫寒，9岁时母亲去世；15岁才开始读书；24岁时他与人合伙做生意，却因经营不善而倒闭，并因此负债长达15年；25岁时他的初恋情人安妮因病去世，这使他悲痛万分，此后经常出现情绪抑郁；32岁时他与玛丽·托德小姐结婚，婚后因妻子脾气暴躁而经常有家不归；35岁时开始竞选公职，几乎输掉了每次重大竞选；52岁时他当选美国总统，结果南北战争很快爆发，北军在人员、军备上都优于南军，却在战场中一再失手，本来计划打两年的内战整整打了4年，令林肯饱受煎熬；56岁时南北战争终于结束，林肯也再次当选总统。在他成功的过程中不乏对他不满、为难他的人，但他不以为然，并不仇恨他们，而是积极争取与对方合作。

一次，林肯与竞选对手道格拉斯进行辩论。道格拉斯在辩论中指责林肯说一套做一套，是一个地地道道的两面派。待林肯上来讲话时，他首先说："道格拉斯说我有两张脸，大家说说看，如果我有另一张脸，我能带着这张脸来见大家吗？"他的话逗得大家哄堂大笑，连道格拉斯本人也跟着笑了起来。

还有一天，林肯与国务卿威廉姆·西华德、秘书约翰前往新任联邦军波托马克军团司令的麦克累伦将军的寓所拜访（他是美国内战爆发后林肯任命的第一位军团司令）。仆人告诉林肯一行，将军外出参加婚礼未归。大约等了一个小时，麦克累伦将军回来了，却不睬林肯等人，径直上了楼。又等了约半小时，仆人再次前去禀报，得到的却是一句冷冰冰的回话："将军已经上床睡觉了。"

在回家的路上，西华德和约翰都对麦克累伦的傲慢行为感到愤慨，林肯却不以为然。他反而劝慰俩人不要计较细节，末了还一脸认真地说："只要麦克累伦能为我们赢得胜利，我情愿为他牵马。"

为了胜利，为了自己的目标，应该放下一切，林肯做到了，他把很多政敌转化为自己的支持者，这些人正是他胜利路上的贵人。他说得对，只要有明确的目标，就应该努力往前冲，不要过多地在乎路上出现的那些为难你的人，这才是做大事者的风范。

二十几岁的年轻人也应该培养自己宽广的胸襟，要有成大事者的气度。即使困难重重，也不要忘记你的目标只有一个，朝着目标奋斗，才能遇难呈祥，大步迈向成功！

一个劲敌，在心胸小的人眼里才是羁绊

“心之所思，梦之所在”，这就是目标和理想，有理想才会有奋斗的动力，否则就如同无本之木，无源之流。

为目标奋斗的路途上，必定有竞争的对手，有对手存在的目标，才是有意义的目标。竞争颇似打网球，与球艺胜过你的对手比赛，可以提高你的水平。作为二十几岁的年轻人，在实现自己理想的过程中，要正视对手的存在，但不要专注于如何“清理”对手，而忘记自己的奋斗目标，努力走好自己的奋斗之路才是关键。

一个人如果没有对手，他就会甘于平庸，充满惰性，最终庸碌无为。而一个强劲的对手，会激发你旺盛的精神和斗志，也更加证明了你的目标的存在价值。

在一个生产电视机的工厂里，发生过这样的事。一天，厂长走进车间，问一位工人说：“请问，你们这一班今天制造了几台电视机？”“6台。”工人答道。厂长没再说话，只是拿了一支粉笔在地板上写下一个大大的阿拉伯数字“6”，然后转身离开车间。夜班工人接班时，看到那个“6”字，明白了厂长的用意，交班时就把地板上的“6”改写成“7”字。日班工人接班时一眼便看到了那个很大的“7”字，于是他们决定给夜班工人点“颜色”看看，抓紧干活，下班时，又把地板上的“7”字改

成了颇具示威性的“10”字。不久，这家企业便重振雄风。

这就是对手的存在对于人的内在动力的激发，很多企业就是利用员工之间的竞争心理来激发员工的斗志，为企业增加产值的。对于个人来说也是如此，当他心目中瞄准一个值得竞争的对手时，就会不遗余力地努力奋斗，赶超对手，正因为竞争对手的存在，奋斗的目标才更明确。

当今社会是个竞争日益激烈的社会，稍不留神，年轻人眼前的果实就会被比自己强劲的竞争对手攫取，年轻人只有不断地汲取养分提高自己的实力，才会在竞争中占据主动。所以，年轻人应该感谢对手的存在，若没有竞争对手，就显示不出你的能力和价值。只有在同对手的竞争中，你才能真正地磨炼自己、提升自己、完善自己。对手总会给你造成压力，逼迫你设法成为胜利者。就此而言，你的对手就是你前进的推动力、成功的催化剂。如果你不想一生平庸，就应该专注于赶超竞争对手，而不是处心积虑地陷害你的对手。

孙膑是齐国人，其祖先是齐国的世臣，同时他也是孙武子的后人，深谙祖上的兵法，并得到了鬼谷子在兵法上的真传。庞涓是孙膑的同学，他知道自己的学说不及孙膑，战国时各个学说的传人以仕于诸侯来实现自己的政治目标与发展方向。庞涓比孙膑早下山，并得到了魏王的信任，他害怕比自己强大的孙膑得到魏王的赏识从而破坏了自己的前程，于是蓄意陷害孙膑。

请孙膑到魏国，并非出于庞涓的推荐，而是一个了解孙膑才能的人向魏王讲述后，魏王自己的决定。孙膑到魏国后，先去看望了庞涓，并住在他府里。庞涓表面表示欢迎，但心里很是不安，唯恐孙膑夺走他一人独尊独霸的位置。庞涓又得知自己下山后，孙膑在先生的不断教诲下，学问才能更高于从前，因此十分嫉妒。

第二天两人上朝。魏王对孙膑很敬重：“听说先生独得孙武子秘传兵法，才能非凡。我盼您来，几乎到了如饥似渴的程度。今天您终于来到敝国，我太高兴啦！”接着问庞涓：“我想封孙膑先生为副军师，与卿同掌兵权，卿以为如何？”庞涓最担心的情况还是发生了，但他表面上说：“臣与孙膑，同窗结义，孙膑是臣的兄长，怎么能屈居副职在我之下？不如先拜为客卿，待建立功绩、获得国人尊敬后，直接封为军师。那时，我愿让位，甘居孙兄之下。”

魏王听罢，很满意庞涓的处世为人，便同意了。其实，这不过是庞涓防范孙膑与他争权的计谋。庞涓出任魏将后，因妒忌孙膑之才而将其骗至魏，施以膑刑。这也是孙膑之称的由来。后来，庞涓在一次战役中被乱箭射死。

本是同窗结义，庞涓因不能容忍比自己优秀的孙膑与自己同在一朝，于是处心积虑残害同胞，而自己也被乱箭射死，落得如此凄惨的下场。其实，他应该做的是充实自己的军事才能，和孙膑来一场正面的交锋，而不是用一些卑鄙手段陷害他人。

成大事者，必当不拘小节，更不会敌视存在的对手，而是把对手看做自己成长成才的一面镜子，取优去劣，为自己所用。因此，拥有满腔抱负的年轻人，应该善待你的对手，千万不要把他当成“敌人”，而应该把他当作一剂强心针、一台推进器、一个加力挡、一条警策鞭、一个你成功路上必不可少的朋友，和这个朋友竞争，你能不断进步！

竞争并不意味着要打败别人

竞争并不意味着要打败别人。把自己做到最好，超过对手就是一种竞争的胜利。有时候，帮助对手提高能力，进一步利用竞争机制提高自己的能力，进而实现双赢，也是一种智慧的做法。30岁前，不要总想着打败别人，能够做好自己，才是最大的收获。虽然击败对手能够让你获得胜利的快感，但是只有做好自己才能让你得到成长，而成长比胜利更重要。

在这一点上，大家不妨向那位给邻居们赠送花子的老太太学习。故事是这样的。荷兰有一位老太太，她每年种的郁金香都是小镇中最漂亮的，花商们总是愿意花很高的价钱收购她种的郁金香。人们都认为她肯定不愿意将优秀的种子流出，但出乎意料的是，到了秋天，她都会把自己最新培育的优秀种子赠送给邻居们。曾经有人问她："为什么不把种子保留下来，以维持最优秀的花朵和最高的卖价？"然而这位老太太的回答颇有智慧："如果邻居们的种子，都是那些劣等种子，蜜蜂传播花粉的时候，就会把我的花质量变差，而赠送优秀的种子，则会让自己的花开得更好。"

竞争是为了整体的提升，而不是某个人的胜利，否则即使你是一颗优秀的种子，但周围都是劣质的花粉，你又能得到什么成长呢？你以为自己打败了别人，洋洋得意，可不久你就会发现自己所处的环境，已经被大趋势淘汰了，而你也远远地落在了潮流的后面。因此，只有达到竞争的最高境界，才可能大幅度地提高自己的实力，以走在时代的前面。

第一重境界：不计一切手段，终日沉于打败别人的不正当竞争。在这种氛围里，大家互相猜忌、互相使绊，人人都想着只有打败对手，自己才能胜出。这样的自相残伤、互相倾轧，只能使单位里乌烟瘴气，不利于个人的进步和发展，更不利于共同发展，即使有人一时胜出了，最终也面临着被时代淘汰的危险。

第二重境界：独善其身的正当竞争。不关注周围的争斗，只关心自身的发展，只求做好自己，独善其身。这样的人虽然清心寡欲，能够取得进步，但是因为孤军奋斗，进步比较缓慢，这样的竞争在一个不正当竞争的氛围中，显然是适合的，最终也能够胜出。但是，如果用这样的方式寻求人生的进步，显然只能勉强跟得上时代的潮流，但想要取得人生的飞跃，是很困难的一件事。

第三重境界：双赢式的竞争。这是竞争的最高形式，取得的成果也是最大的，值得人们学习和借鉴。这种竞争的意义就是彼此赶超，相互帮助，就像那位荷兰老太太，自己取得进步的同时，把经验传授给周围的人。让大环境变成一个优秀的花粉环境，而自己再努力地改良品种。这样，不但能不断地提升自己，对周围的人也能起到带动作用。让氛围净化人心，让先进带动后进，再促使先进加倍努力提升自己，相互优化，这才是最和谐的竞争模式。只有这样的模式，才能带动时代的进步，从而使自己走在时代的前面。

一个人，不能仅仅想着自己在某个小圈子内的地位，仅仅满足于做“鸡头”，还要想着做“凤头”。而做“凤头”的方式，就是把自己所在的小圈子变成一只“凤凰”，或者跳到一个“凤凰”的圈子里。这是仅用打败别人的方式所不可能达到的，只有实现自我进步，实现共同进步，才可能达到。

如果你处在一个不正当竞争的氛围里，而且无法改变整个环境，就只能跳出那个环境。如果整个大环境都比较和谐，实现双赢式的竞争是比较容易的事，努力做好自己的同时，还要与大家一起进步，而这也并不是一件很困难的事。把“对手”看成“助手”，和“对手”联合作战，才能把那些“劣质花粉”——低劣的人格、低下的能力、不好的氛围以及不良的习惯等挡在外面。

不但能够共同进步，还能让你以最快的速度实现进步。因为，一个人的力量是有限的，如果大家都能够提出自己的看法，用相互交流弥补“智者千虑”所必有的“一失”，考虑事情就会更全面，进步也会更快。竞争并不是意味着要打败谁，而是意味着你能追得上谁，你能取得怎样的进步。因此，竞争并不是一场战争，而是一场追逐，共同进步、相互提升才是目标。

小鸭从不介意飞不高，因为游泳它很在行

人的一生有太多的选择，但是否选择正确的路，往往关系到人生的成败。小鸭从不介意飞不高，因为游泳它很在行。一位哲人曾说过：“一个

人所成就的事业，必然是这个人的特长，舍长取短是天下最愚蠢的人才做的事。”这句话告诉为理想而奋斗的二十几岁的年轻人，不要为自己的人生订立不擅长的目标，发挥自己的专长，看清自己的优势，利用优势往往更容易赢得成功。

缺点往往阻碍年轻人前进的步伐，影响年轻人前进的进度，所以，年轻人需要看清自己的优势，发挥自己的优势，创造自己的优势，只有前进动力够强，速度才能加快。

用心观察那些成功的人，无不是脚踏实地，利用自己的优势的人。

迈克生于一个物理世家，父母都是物理界的知名学者。迈克的父母希望自己的孩子将来也成为物理学家，于是夫妇俩便向小迈克灌输各种物理知识，但不知什么原因，小迈克无论如何对物理都提不起兴趣，但对经商情有独钟。他在夜里偷偷地学习有关商业及商业管理方面的知识，几乎到了如饥似渴的地步。迈克无法违背固执的父母的意愿，成年后，他不得不到父亲所在的学校教物理，但他知道，物理绝不是他的所长，他相信，他的经商才能与商业知识足以让他在商界成名。

后来，父母放弃了对他的要求，却不提供任何帮助。若干年后，迈克凭借丰富的商业知识和独到的投资眼光终于在商场上有了自己的一块领地，成为英国首屈一指的房地产大亨。

年轻人可以从这个故事里看出，一个人只有做他擅长的事，才能实现价值最大化，才更容易获得成功。假如一个人一直在为一件自己不擅长的事努力着、奋斗着，他就是在一直重复着错误，就会离真正的成功越来越远。

皮尔·卡丹曾经最钟爱的是艺术，他从小就喜欢舞蹈，可是因为家境贫寒，他上不起舞蹈学校，后来被父母送去一家缝纫店当学徒工，父母希望他学会一门手艺后能帮家里减轻点经济负担。皮尔写信给当时有着“芭蕾音乐之父”美誉的布德里，希望布德里收自己做学生，如果布德里不肯收他这个学生，他便只好为艺术献身，跳河自尽。

很快，皮尔收到了布德里的回信，但是信中并没有提收他做学生的事，只是讲述自己的人生经历。布德里告诉皮尔，小时候，他很想当一名科学家，可是因为当时家境贫穷，父母无法送他上学，他只得跟一个街头艺人过起了卖唱的日子。最后，布德里说，人生在世，现实与理想总是有一定距离的，首先要选择生存。只有好好地活下来，才能让理想之星闪闪发光。一个连自己的生命都不珍惜的人，是不配谈艺术的。

布德里的回信让皮尔猛然惊醒。后来，皮尔努力学习缝纫技术，23岁的那一年，他在巴黎开始了自己的时装事业。很快，他便建立了自己的公司和服装品牌，也就是如今举世闻名的皮尔·卡丹公司。

皮尔一心扑在服装设计与经营上，皮尔·卡丹公司发展迅速，在皮尔28岁的那一年公司就拥有了200名雇员。他的顾客中很多都是世界名人。如今，皮尔·卡丹品牌产品不仅拥有服装，还有服饰、钟表、眼镜、化妆品等。皮尔·卡丹不但成了令人瞩目的亿万富翁，以他的名字命名的产品也遍及全球。

一次皮尔·卡丹在接受记者的采访时说，其实自己并不具备舞蹈演员的素质，当舞蹈演员，只不过是少年时一个虚幻的梦。如果那时他不放弃当舞蹈演员的理想，就不可能有今天的皮尔·卡丹。

皮尔·卡丹在听到布德里的劝导之后，开始醒悟，舞蹈只是他的一个梦，而自己并不具备舞蹈演员的素质，苦苦地追寻，不如从实际出发，发挥自己在缝纫技术上的才能。果不其然，他在服装设计方面有着惊人的才能，并且这种能力帮助他走上了成功之路。

所以，年轻人不要再执迷于自己不擅长的领域了，为自己订立一个自己有优势的目标，专注于它，为之努力奋斗，成功就在不远的将来！

家有万贯之财，不如一技在手

二十多岁的年轻人，不应该再为没有更多的资本而发愁，而要努力让自己掌握一项专业技能。

过去几十年，人们主要靠获得资本，并让资本为自己赚钱，而如今知识已经变成了最大的资本，有知识有头脑的人将不会发愁自己怎样才能积累到一大笔钱用来投资，赚取更多的财富。现在有一种人，叫做风险投资者，只要你有好的创意、好的项目，就可以拿到一笔资金用来创业。

二十多岁的年轻人，不应该再为没有更多的资本而发愁，而要努力让自己掌握一项专业技能。俗话说，专家就是赢家，在这个竞争激烈的社会，我们更要注重自身的技术和能力的培养。不管这些能力是专业技术还是某种让知识转化为经济的能力。

俗话说“一招鲜，吃遍天”，人们只要有一种技能就能够很好地生存，企业也一样。古奇（GUCCI）帆布包就是利用了帆布的一种特殊处理工艺，所以才能成为一个品牌，迄今为止没有其他企业可以超越和模仿它。很多企业也有着自己的专利技术，这些专利技术是不能被抄袭的，否则就是侵犯知识产权。但所有的专利技术都可能被打破研究出来，只有自身独特的技艺不会太快遭到淘汰。

法国南部有一个小伙子，他既不精通艺术，也不会经商。他唯一会的就是把两个苹果拼成一个：把苹果的核挖掉，然后把另一个苹果拼到里面，而使得苹果更加丰满，更加香甜可口。正是凭着这一手绝活，在很多人下岗时，他却成为餐厅中不可或缺的员工。

在中国也不乏这样有着特殊技艺的老艺人，他们或有着雕刻的绝活，或有着某种食品的制作绝技。小糊涂仙酒的老板就找到了这样一位合伙人，他能够凭着一条敏锐的舌头，尝出某种酒由哪几种酒勾兑而成，并经过不断试验、调试终于勾兑出了“小糊涂仙”这种甜而不腻、辛而不辣的酒。凭着这门技艺，他获得了集团20%的股份。

随着社会的进步，无论什么样的专利，都不再成为秘密，所谓秘方也不再是秘方，所有引以为傲的技术都会落后，这就需要你不断地进步，不断地领先才能保持自己永远专业的地位。

在信息时代，信息时刻都在更新，所以，为了跟上时代的变化，你的知识必须与时俱进。你拥有的专业技能，别人通过培训也能够拥有。这时，你的技术将不再是一种优势，离开你的工作岗位，你将步履维艰。

这样的技术，就不是我们真正需要的。在这个变革的时代，一切规则都在改变。人们可能会凭一技在手，就不愁吃穿，但不可能仅凭一技在手，就会成功。一种先进的、别人不能轻易模仿的技术是必要的，但不是有了这种技术，我们就能成功。它是必要条件，却不是唯一条件。我们真正需要的是一种不会落后的东西，比如先进的思想和观念、奋斗和进取的决心、不断学习的能力。这些对于我们来说，就是暂时不会改变的、规律的东西。

在你从事的领域中，你的技能不但要是最专业的，还要是最先进的，当别人研究出你的成果时，你已经比他更进一步，这才是让我们能够永保先进，不会落后的秘方。

“20岁靠知识、体力赚钱，30岁靠人脉赚钱，40岁靠钱赚钱。”只有趁年轻时学好一门技术，掌握一门知识，才能够生存，才不会轻易被打败。知识、技能让我们生存无忧；人脉、做事的能力让我们生存得更优越；成功的原则帮助我们在人生的道路上走得更远，使自己的成就更加辉煌。

二十几岁的年轻人，不要羡慕别人的万贯家财，再大的事业，经营不善也会破产；再多的钱财，不善守业，也会化为乌有。只有技艺是不能够被剥夺的，是自己永久财产的一部分。

成功的资产中最重要的一项就是全面丰富的知识，只有拥有专业、丰富的知识和思辨的智慧，才可能获得成功。年轻的朋友，一定要记得“家有万贯家财，不如一技在手”，我们应不断增强自己在专业方面的能力，使自己更强大、更优秀。

不盲目执着，放弃需要理智

人生实际上就是一个不断选择的过程，不同的选择就使人生轨迹发生了不同的变化。

生活在五彩缤纷、充满诱惑的世界上，我们渴求的东西太多，但历史和现实生活告诉我们：必须学会选择，学会放弃！人生是复杂的，有时又很简单，甚至简单到只有取得和放弃。取得往往容易心地坦然，而放弃需要巨大的勇气。

生活有时候会逼迫你不得不改换爱好，不得不放弃你的远大理想。人生其实就是一个选择的过程，选择对了，是成功的帆；选择错了，势必会南辕北辙。尤其是遇到追求的目标不可能实现时，果断地放弃是一种明智的选择。

一个人理智地放弃他无法实现的梦想，放弃盲目的追求，是人生目标的重新确立，也是自我调整、自我保护的最佳方案。学会放弃，给自己另辟一条新路，往往会柳暗花明。

他是个农民，但他从小的理想是当作家。为此，他一如既往地努力着，10年来，坚持每天写作500字。每写完一篇，他都改了又改，精心地加工润色，再充满希望地寄往各地的报纸、杂志。遗憾的是，尽管他很用功，可他从来没有一篇文章得以发表，甚至连一封退稿信都没有收到过。

29岁那年，他终于收到了第一封退稿信。那是一位他多年来一直坚持投稿的刊物的编辑寄来的，信里写道：“看得出你是一个很努力的青年，但我不得不遗憾地告诉你，你的知识面过于狭窄，生活经历也显得过于苍白。但我从你多年的来稿中发现，你的钢笔字越来越出色。”就是这封退稿信，点醒了他的困惑。他意识到，自己不应该对某些事坚持到底。他毅然放弃写作，而练起了钢笔书法，果然长进很快。现在他已是有名的硬笔书法家，他的名字叫张文举。就这样，他让理想转了一个弯，继而柳暗花明，走向了成功。成功之后的他曾向记者感叹：一个人要想成功，理想、勇气、毅力固然重要，但更重要的是，人生路上要懂得舍弃，更要懂得转弯！

如果你以相当的精力长期从事一种事业，但仍旧看不到一点进步、一点成功的希望，就不必浪费时间了，不要再无谓地消耗自己的力量，而应该再去寻找另一片沃土。目标是一种方向，需要恰当地选择。假如你的一个目标发生了问题，应当马上更换一个目标，这样才能挖掘你自己！

放弃，并不是让你放弃既定的生活目标，放弃对事业的努力和追求，而是放弃那些已经力所不能及、不现实的生活目标。其实，任何获得都需要付出代价，付出就是一种放弃。人在生活中需要不断做出选择，选择也是一种放弃。

放弃不是退缩和隐藏，而是教你如何在衡量自己的处境后有的放矢，聪明睿智地做出正确的选择。

放弃，未必是怯懦无能的表现，未必是遇难畏惧、临阵脱逃的借口。有时候，放弃恰恰是心灵高度的跨越，是睿智思索的最佳选择。

能够放弃一些东西，是人生的一道风景。有时，放弃就是一种高远的目光，就是一种趋利避害，就是以退为进、弃旧图新。学会放弃，人生就会有一个更新、更高的目标。

习惯若不是最好的仆人，便是最差的主人

生活中，人们的行动，多半取决于习惯。习惯就是一种潜意识中某种自认为正确的行为准则，一切天性都不如习惯有力。拿破仑·希尔曾说：“习惯能成就一个人，也能摧毁一个人。”爱默生也曾说过：“习惯若不是最好的仆人，便是最差的主人。”好的习惯可以成为一个人的得力助手，而坏的习惯往往会奴役一个人，使其在坏习惯中堕落、沉沦。习惯在日常生活中起着举足轻重的作用，所以，二十几岁的年轻人，要摒弃不良习惯，培养好习惯，让习惯为你服务，助你走上成功之路。

人与人之间，并不存在太大的差异。人们在同样的环境下，接受同样的教育，后来的差距却越来越大，这往往就是由不同的习惯造成的。年轻人不要荒废了人生的大好光阴，而应该努力培养好习惯。也许，当你享受着浓浓的咖啡带来的惬意时，别人正在勤奋苦读，在为人生打好积淀；也许，当你抱怨人生多难时，别人已经在为失败做总结，开始准备踏上新的人生征程；当你还在循环往复地唱着昨日的生活论调时，别人早已完成了思想的刷新，规划好了人生。实际上，正是这些微小的习惯决定了一个人的命运。

父子俩住在山上，每天都要赶牛车下山卖柴。父亲比较有经验，坐镇驾车，山路崎岖，弯道特别多，儿子眼神较好，总是在要转弯时提醒道：“爹，转弯啦！”

有一次父亲因病没有下山，儿子一人驾车。到了弯道，牛怎么也不肯动，儿子用尽了各种方法，下车又推又拉、用青草诱之，牛依然一动不动。

到底是怎么回事？儿子百思不得其解。最后只有一个办法了，他看看左右无人，贴近牛的耳朵大声叫道：“爹，转弯啦！”

牛应声而动。

牛是动物，靠习惯活着，也只能是人类奴役的对象，而故事中的儿子是个机智的人，他也靠习惯奴役这只牛。一个成功的人知道如何培养好的习惯，当好的习惯积累多了，自然会有一个好的人生。好习惯就是成功的助手，坏习惯则是奴役我们的恶魔。

年轻人应该明白好习惯和坏习惯之间的区别和差异，更应该了解这二者带来的截然不同的结果，从而积淀好的习惯。当生活中无处不渗透着良好习惯时，年轻人的人生自然就能达到一个质的飞越。

在泰国，有很多这样的象，它们终身囚禁于牢笼，而囚禁它们的不是人类，是它们自己。有个关于林旺的小故事，它在很小的时候，就被放进了动物园，鼻子被一根铁链拴在了木桩上。有一次，林旺想挣脱铁链到猴山看看猴老弟，没想到用力过猛，铁链把鼻子拽得生疼。“哎呀，这条铁链太牢了！”林旺含泪舔着流血的鼻子，心想：“我这头小象是挣脱不开这条铁链的。”半年后，林旺又想到大街上去转转，一挣，铁链又把鼻子拽得生疼，它又想：“我这头小象是挣脱不开这条铁链的。”经过两次的失败，林旺再也不敢去挣脱那条铁链了。

日复一日，年复一年，林旺长成大象了。这时候的林旺完全可以挣脱铁链到外面走走，但是，经过前两次的失败，林旺已经习惯性地认为自己是不可能挣脱这条铁链的，它再也不想到外面去玩了。最终，林旺老死在象房里了，直到死，它也没有实现去外面看一看的愿望。

这就是坏习惯的破坏作用，生活中和这只小象一样受困于自己习惯的人也并不少见。习惯可以改变一个人的命运，也可以毁灭一个人，好的习惯就是成功的助推器，坏的习惯就是逆境的下井石。当代的年轻人，要培养良好的习惯，让好习惯为你服务，助你走上成功之路，而对于坏习惯，则应该摒弃，不要让坏习惯控制你，成为你人生路上的拦路虎、绊脚石！

第13章

白手起家正当时，灿烂人生不是梦

每个人都有一颗致富的心，但只有很少的人真正走上致富的路，很多时候我们懂得一些道理，却并不会去运用，不是不能够运用它，而是缺乏一颗运用它的心。就像人生一样，你渴望那样的生活和幸福了，却仅仅是渴望着，那它对你而言永远只能是梦想，如果你试着一步步走近它，它就变成了一个目标，就可以实现它。

白手起家正当时，灿烂人生不是梦

二十多岁的年轻朋友，现在正是我们白手起家的最好时机。尽管我们既没有渊博的知识，也没有丰富的经验，更缺少大量的资金，但我们有充足的时间和充沛的精力，有更高的热情，这是其他人无法和我们相比的。

经验和知识的价值往往被人们高估了，尽管经验确实能教给我们很多东西，但它需要太长的时间去等待，当人们从经验中获得智慧时，它的价值已随着时间的消逝而减少了。所以，成功的人往往从他人的跌倒中获得经验。“他山之石，可以攻玉”，我们没有所谓的经验，可以一边实践一边总结；没有所谓的知识，可以一边实践一边学习；没有大量的资金，可以一边实践一边赚取，当拥有更多的资金时，就可以进行更大的投资了。

在我的大学时代，当暑假学生们都在休息玩乐或兼职打工时，我的一个同学决定创业，他首先在最繁华的服装街摆了一个地摊，但不久就发现自己是在赔钱，他没有更便宜的进货渠道，没有相熟的顾客，于是他很快放弃了这个古老的行业。但他并没有气馁，继续寻找可以赚钱的机会。他的一位中学朋友告诉他，他们厂有一批印坏了的图书，但仅仅是有几页印得不很清楚，并不妨碍阅读，却因为出版社要求太严格，不肯收这几千本图书，他们只好准备当废品卖掉。朋友当即意识到“机会来了”，于是拜托这个朋友把书拿来给他看一看。后来他觉得这本书内容很好，决定试销，就直接从印刷厂拿了一部分摆到各书店去销售，不久书店要求他把书拿走，因为书销得不快。他去调查原因，发现原因是书店没有把它摆在显眼的位置，于是亲自动手把书摆好，约定一个星期之后如果还卖不出去，就来把书拿走。结果不到一星期各书店就催他送书过来，他立刻把印刷厂所有的书买下来拿到书店销售。因为是印坏了的书，价格只比废纸贵一点点，但很快他就赚到了人生的第一桶金。这个其貌不扬的男孩子很快成了我们学校的传奇。

所以，经验和知识并不是最重要的，最重要的是时机和勇气，如果他在卖服装赔钱之后，不再进行尝试，只是努力打工来弥补赔掉的钱而不再拥有创业的勇气，就可能成为一个真正的打工者。

所以，如果要想创业，要想白手起家，就要学会勇敢地坚持下去，做生意本来就有赔有赚。只要你看准时机，该出手时就出手，就可能成功。如今，政府为了鼓励扶持大学生创业，不但创办了很多大学生创业的免费培训，更有很多大学生创业基金，很多风险投资也愿意给初创业的年轻人投资。而如果我们的专业和IT业有关，和网络或者游戏有关，说明我们更是进入了一个好的领域。所以，这个时机正是白手起家的最好时机。

如果我们不想自己的创业计划胎死腹中，就必须马上抓住现在的好时机，立刻行动。让梦想离自己越来越近，让我们拥有更灿烂的人生。

思想决定行为，行为形成习惯，习惯决定性格，性格决定命运。今天如果你有白手起家的想法，就要把所有的精力都放在这个事情上面，一旦找到好的项目，遇到好的时机，就马上去做，而不是左顾右盼。这样才可以让你的时间精力更有价值，更能体现你的人生价值。

我们拥有更多的时间和更充沛的精力，去寻找成功的机遇，去追求成功。但我们也一定要记住，如果要实现更高的人生价值，就要珍惜时间的价值，每分每秒都不能够浪费。并且还要学会合理地利用时间，提高时间的利用价值，在有限的时间里，做更多的事。

所以，现在就是白手起家的最好时机，如果你想获得财富，就不要再迟疑。否则，等到你获得了足够的经验和智慧再去获取财富，你的人生就过去了一大半。没有任何一位妈妈会等到孩子足够大了，绝对不会摔跤了，再去教孩子走路。我们也一样，不能等待时机成熟了再去创业，只要你想，现在就是最好的时机。

年轻的朋友，不要再将时间浪费在无谓的挣扎和幻想中，立刻行动就能拥有更加丰富多彩、饱满灿烂的人生。我们能够等待机会，却不能等待时机，我们要一边努力做事，为机遇的到来做准备，一边等待机会。所以，随时都是创业的时机，我们要做的，就是要寻找一个好项目，及时地介入，这样成功才会向我们敞开大门。

处处有黄金，关键在于用心

很多年轻人爱说："你以为钱那么好挣，那不是一般人能够做到的。"的确，那不是一般人可以做到的，只有拥有财富眼光的人才能做到。可做生意的头脑和眼光是通过不断锻炼炼就的，只要我们勤于锻炼，万事肯用心，也能够做到。

一个家庭主妇看到蒸汽会想到锅开了；一个科学家看到蒸汽会研究蒸汽机；一个侦探家看到蒸汽会想到也许刚刚那位死者就是有人运用蒸汽原理杀死的；一个合格的商人看到蒸汽会想到用它可以开桑拿室赚钱。所以，你的心用在什么地方，你就会收获什么。如果想收获财富，就要把所有事情、所有得到的信息和财富联系在一起。敏感的商人会把每天的新闻、国家发布的每一个政策，都和自己的生意联系在一起。

所以，如果你是一个希望赚取财富的年轻人，就要对任何事都用心一点，这样全世界的黄金才会对你闪闪发光。画家经常觉得风景人物对自己发光，文人经常觉得文字对自己闪闪发光，如果哪天你觉得财富在对你闪闪发光，就可以成大器了。

有一个年轻的女孩去一个电脑店买鼠标垫，那时，电脑装饰品、汽车装饰品还不像现在这么普及。她发现店里只有黑色的鼠标垫，而且只是一个黑黑的正方形的垫子，她很不满意，就没有买。她想，也许可以自己做一个，结果花费了大半天的时间，画出了自己想要的图形，可是用什么去加工又成了新的难题。于是，她想干脆去要鼠标垫生产厂家的地址，由自己开发一系列的鼠标垫，让厂家来生产，一定能赚到不少钱。不久她就联系到了厂家，但厂家不肯为她生产，除非她出一笔制造模子的钱，她便四处筹钱，同时要求厂家未经她允许不能向其他经销商供货。不久，她就获得了她人生的第一笔财富。

对现有的生活不满意，并试图进行改进的人会成为科学家，唯有把这一切都和财富联系起来、和推广联系起来的人，才能成为企业家。科学家会在历史上获得名誉，企业家会在现实中获得财富和名望。我们不是每个人都能成为科学家，但我们每个人都有成为企业家的潜质。只要我们善观察，肯用心，那么无论是创业还是从事哪个行业，都会非常成功。

我曾经看过这样一个故事。有一个很不快乐的部门经理，他觉得每月四五千块钱的生活让自己很不快乐、很压抑，于是他决定做一个快乐的车夫。他用一年的时间考取了驾照，并拿下了出租车三证。他每个月都能挣到8000元，可一个普通的司机每个月只能拿2000～5000元。他并不比别人卖力，那么，他赚钱的奥妙是什么呢？他经常的动作不是在开车中，而是在等人中。因为他精确地计算到如果他带一个只有几公里路程的人，扣去燃油费以及每天交的例份，他就是在赔钱。所以要赚钱就要搭乘那些要去50公里以外地方的人。然后他每天都观察各样的人，看什么样的乘客会去远方：一个拿公文包的等车人肯定是趁午休去不远的地方去办理业务，他不可能去更远的地方；商场前的一对情侣肯定是在附近的学校上学，他们的外地口音暴露了他们不可能去更远的地方；那些带着大件行李箱的可能是要去机场，司机就会停在他的面前。经常进行这样的观察分析，他每个月都能赚到别人两倍的钱。

所以，不论你现在在从事什么职业，它都是很有前途的，关键在于你是否用心。美国石油大亨约翰·洛克菲勒的成功来自一滴小小的焊液，当他看着焊液一滴一滴地焊上油桶时，发现可以节省一滴焊液，于是报告了上司，使公司每年节省了上百万美金。他的工作曾被人嘲笑为白痴都可以做的工作，但他在微小的岗位上，做出了不凡的成绩。今天我们所有人的岗位，也许都不会比他更平凡，我们更要发挥自己善于观察、凡事用心的优点，让自己的事业得到长足的发展。

很多二十几岁的年轻人只注重做大事，而不善于从细微之处、平凡之地观察赚钱的商机。要知道我们还没有太多的资金，也没有更多的知识，唯有用心可以让我们与众不同，让我们获得更多的财富。记住这句话：“遍地出黄金，只怕不用心。”

雄心和决心是亿万富翁的致富秘诀

那些顶尖富豪们的成功，常令还未能拥有自己事业的二十几岁的年轻人羡慕不已。但是你要知道，只盯着别人的光环上是没有作用的，更重要的，是要知道自己能从他们身上学习到什么。

巴拉昂，法国前50名大富翁之一，靠推销装饰用的肖像画起家，在不到10年的时间里，迅速成为法国年轻的媒体大亨。1998年，他因前列腺癌去世。临终前，他留下遗嘱，把他4.6亿法郎的股份捐献给博比尼亚医院，用于前列腺癌的研究，另有100万法郎作为奖金，奖给揭开贫穷之谜的人。

巴拉昂去世后，法国《科西嘉人报》刊登了他的一份遗嘱。

随后，《科西嘉人报》收到大量的信件，多数人认为，穷人最缺少的是金钱，有了钱，就不再是穷人了。

有的人认为，穷人最缺少的是帮助和关爱。还有一部分人认为，穷人最缺少的是技能，现在能迅速致富的都是有一技之长的人。另外一部分人认为，穷人最缺少的是机会。一些人之所以穷，就是因为没遇到好时机。

谜底在巴拉昂逝世周年纪念日揭晓，在48561封来信中，有一位叫蒂勒的小姑娘猜对了巴拉昂封在保险箱里的秘诀。蒂勒和巴拉昂都认为穷人最缺少的是野心，即成为富人的野心。

在颁奖之时，《科西嘉人报》带着所有参与者的好奇的问号，问年仅9岁的蒂勒，为什么想到是野心，而不是其他。蒂勒说："每次，我姐姐把她11岁的男朋友带回家时，总是警告我说不要有野心！不要有野心！我想也许野心可以让人得到自己想得到的东西。"

巴拉昂的谜底和蒂勒的回答见报后，引起不小的反响，这种反响甚至超越法国，波及英美。其他行业几位年轻的富翁和部分好莱坞的新贵都毫不掩饰地承认：野心是永恒的特效药，是所有奇迹的萌发点。

如果说亿万富翁生来就有与穷人不同之处，那就是他们具备控制财富的野心，把追求财富作为自己人生的终极目标。强大的野心，可以充分调动一个人的主观能动性。特别是在一个人小的时候，就有可能最大限度地挖掘他的潜力和天赋，增进他为人处世的积极性。

富人之所以富，是因为强烈的欲望催生了奇迹。几乎世界上所有的大富豪，在其没有成为富豪之前，都非常渴望富有而憎恨贫穷，成为大富豪是他们矢志不渝的追求。

在心理王国中，所有的力量都可以转化为现实的力量，你只需索要它、想象它、相信它，把它变成现实。这是你的正当所得，因为你的"野心"会给你力量去左右环境，获取财富。

而穷人之所以一直穷下去，缺乏的正是这种改变自己生存状态的野心。他们中的许多人早已习惯并且适应了旧有的一切，哪怕这种生存方式、生活环境一无是处，但只要还能在这样的环境里生存下去，他们就不会考虑其他的东西。有一个最经典的段子是这样的：

大城市来的记者，采访一个贫困山区的小羊倌。

"你放羊干什么？"

"攒钱。"

“攒钱干什么。”

“娶媳妇。”

“娶媳妇干什么？”

“生娃。”

“生娃干什么。”

“放羊。”

羊倌的可悲不在于他的穷困，不在于他从事的职业，更不在于他攒钱的方式，而是他正陷入一种麻木的生存状况之中而不自知。比如在一群二十几岁的年轻人中间，一部分人想出人头地成为社会精英，另一部分人则以为按月拿薪水就是天下乐事。几年、十几年后，他们的命运也必不相同。有野心、有抱负的人不一定人人都能实现自己的梦想，但得过且过的人注定要继续潦倒。

野心不能和成功对等，却是造就成功的先决条件。把野心贯彻到底的是智慧、毅力和勤奋，真正具有雄心壮志的人，在行动中往往能表现出极大的顽强和坚韧。

桑德斯上校是“肯德基炸鸡”连锁店的创办人，他在年龄高达65岁时才开始做这件事。他不甘心靠那点可怜的退休金维持生活，决心开创自己的事业。他的目标，就是把自己的炸鸡秘方推销给餐馆，然后从他们的营业额中抽成。

桑德斯上校的想法最终被接受，你可知先前被拒绝了多少次吗？整整1009次之后，他才听到第一声“同意”。在过去两年的时间里，他驾着自己那辆又旧又破的老爷车，足迹遍及美国每一个角落。困了就和衣睡在后座，醒来逢人便诉说他那些想法。他为人示范所炸的鸡肉，经常就是果腹的餐点，往往匆匆便解决了一顿。历经1009次的拒绝，整整两年的时间，有多少人还能锲而不舍地继续下去呢？真是少之又少了，也无怪乎世上只有一位桑德斯上校。我们相信很难有人能承受20次的拒绝，更别论100次或1000次了。然而这也正是成功的可贵之处。

那些成大功、立大业的人物，他们都有一个共同的特点，不轻易被“拒绝”打败而退却，不达成他们的野心就绝不罢休。华特·迪斯尼为了实现建立“地球上最欢乐之地”的美梦，四处向银行融资，可是被拒绝了302次之多。今天，每年都有上百万游客享受到前所未有的“迪斯尼欢乐”，这全都出于一个人的野心。

多方努力去尝试，凭毅力与弹性去追求所企望的目标，最终必然会得到自己想要的，千万不要在中途便放弃希望。

如果说富人的富还有什么秘诀可以供二十几岁的年轻人借鉴，那么也不外乎他们向上的欲望和不达到目的绝不放弃的坚定。拥有这两种优秀品质的年轻人，不管他当前的处境如何，他的前程都是不可限量的。

贫穷并不可耻，可耻的是安于贫穷

富兰克林曾经说过：“贫穷本身不可怕，可怕的是自认为命定的贫穷，或必须老死于贫穷的心态。”换一种更为明确的表达方式就是：生于贫穷无罪，因为我们无法选择；死于贫穷可悲，因为你并没有活出像模像样的一生。

中国古人历来有“人命在天”、“听天由命”的说法，包括贫穷和富有。信天由命使得千百年来的许多人安于贫困，不思进取。

时至今日，安贫乐道仍是许多人尊崇的一种生活态度，即便一些二十几岁的年轻人，也因为抱有这种思想而活得暮气沉沉。他们抱怨家庭出身，抱怨社会环境，抱怨客观机遇，却从来没考虑过这一切都治标不治本，要彻底摆脱贫穷，还要靠自己，要学会自己拯救自己。

生活中有很多人一直在等待，他们隐约觉得会有好运降临，或是会有机会发生，或是会有贵人相助，这样他们就可以在没受过教育、没有充分的准备和资金的情况下为自己获得一个开端，或是继续前进。他们等着从别人那里获得财富，等着那个被称为“运气”、“发迹”的神秘东西来助他一臂之力。

我们从没听说某个习惯等候帮助、等候别人的钱财或是等着运气降临的人能够真正成就大事。要彻底改变自己的命运，就应当把自己的智慧和力量都充分调动起来，踏踏实实地做出一番事业来。

经营自己的人生仅靠一双手是远远不够的，更重要的是还要用心。

5年前，陈明18岁，高中毕业后进城谋生。在城里奔波了两天，终于找到了一份工作，就是当一名送水工。他一没阅历，二没工作经验，有的只是年轻力壮，当送水工正好合适。

他对每一位客户都很有礼貌，敲门总是轻轻地，进门总是把鞋子脱了，光着脚进屋，而且每送一位客户的水，他都会记下客户的地址，并在心里默念上几遍。这样，下次送水时，就不用走弯路，可以走最近的路。如此一来，他的效率大大提高了，每天，他都能比别人多送些水，这样，他的收入也大大提高了。

一个送水工，一般每个月只有500元的收入，而他也不过只有600元左右。那些送水工做了一年半载就另谋高就了。而他，做了一年又一年。

5年，对于一个工作辛苦的人来说，很长，但是对于一个工作快乐的人来说，则很短。5年，他开开心心地当一名送水工。5年过后，他终于辞职了。

他用自己这些年的积蓄开了一家送水公司。人们觉得他必定失败，城里的人家，早就订了水，谁会订他的水？

但是人们都错了，他没有失败，而是有很多人订他的水，订他水的人，就是他这些年认识的客户，以及客户的亲朋好友。每天，他的送水工来来往往地将公司的纯净水一桶一桶地送出去。现在，他送水的业务占据了全城的一半。

有人问他是怎么出人意料地创造了这个奇迹的？他说，在城里，能够做5年送水工的人有几个？他们大多只做一年半载，而我做了5年，在这5年里，我结识了不少客户，还跟他们的亲朋好友认识了。我给他们的印象都很好，我说我要开公司了，问他们订不订水，结果他们都表示愿意订我的水。况且，他们根本不记得我以前的那个送水公司，也不认那个公司，他们只认我这个人。如此一来，我的公司一开张就赢得了这么多的客户！

即使同在穷困之中，人与人对现实的认识也是不同的。穷人在一无所有时，往往会心安理得地受穷。他不仅对自己说，也对别人说：人的命，天注定，胡思乱想没有用。他们很快被环境同化，并且从心理到生理都习惯了这种坐井观天式的安乐。而那些具备成功潜质的人，即使在逆境之中，也不会因为环境不利而放弃希望，因为条件艰苦而放弃准备。他们总是能想出办法、创造出条件去学习、去思考、去实践。把每件事都当成一项事业去经营，脚踏实地开创自己的成功之路。

有许多人，他们一生最快乐的时刻，正是他们与贫穷作斗争、逐渐摆脱贫穷的时候。正是这段时间，他们为了将来的自立放弃眼前的享乐，一方面每天为面包而辛苦，一方面又滋养自己的心灵，努力使自己的智慧更多、境况更好，生活更幸福，对社会更有贡献。

其实，人生就是一个不断奋斗的过程，勇于面对困难、克服困难，迎接下一个挑战的人，才是最后的赢家。

所以，对于穷人来说，贫穷并不可怕，可怕的是没有斗志。一个人如果想方设法努力奋斗，付出了劳动、精力、诚实和勤俭，就能改善自己的处境。对自己的穷困处境，不仅不要悲叹自己生存艰难，相反，还应抱有喜悦之心，做到穷不失志。任何人都与财富有缘，只要他想方设法努力奋斗。在人类历史上，许多获得成功的卓越人物，在开始时都是穷苦的孩子，往往是因为受了贫困的刺激，不断进取，努力挖掘自身的潜力，才一步步走向成功和富裕。

一个人在二十几岁时，贫穷一点并不可怕，只要我们还有青春和锐气，就拥有一笔巨大的财富。在贫穷中保持精神的独立，是一件难能可贵的事情。

在小钱上精明才能培养大富翁的素质

“不做无把握的投资，节约一点一滴，让每一分钱都发挥出应有的效力。”这条定律既适用于白手起家的年轻人，也同样适用于已经拥有巨额财富的人，因为很多富可敌国的巨富都是按照这条定律走过来的。富人对该花的钱毫不吝惜，不该花的钱，一个铜板也不浪费。了解富人对待金钱的态度，对二十几岁的年轻人将是一种很好的激励和约束。

犹太人出门买东西，不管花费多少，不管东西便宜或是贵，都一定要有账单。所以许多犹太人到一些地方，看到一般餐厅只报账而没有账单的情况，就会觉得有些不可思议。许多民族对待金钱的态度要比犹太人马虎得多。据说有一位希腊人经常光顾某家餐厅，每次吃大致相同的饭菜，但每次结账，价钱都互不相同。他的犹太朋友听到这件事，十分惊讶，要追究所以然。希腊人说：“这么一点小钱，何必认真？”犹太人一边摇头，一边口呼上帝，仿佛犯了什么大罪过。

犹太人很吝啬吗？并非如此，他们只是不付没有道理的钱。犹太人认为这是他们自己的优点，是重视金钱的表现。

富豪保罗·盖蒂被人称为野人，他也是一位精于计算，让每一分钱都百分之百地发挥效力的人。

在伦敦，保罗住在里兹饭店最小、最便宜的一间套间里。当保罗不在饭店居住时，他指示门房将邮件改写地址，而不是装入新信封寄出，因为这样可以节省邮资。即便在保罗蜚声国际之后，还是经常抱怨人们总是要他为聚餐埋单，尽管他很少这样做。有次，随笔专栏作家马克斯·韦尔交给保罗一张账单，安排他为召集来的一群国际大人物支付饭钱。保罗却十分吝啬地仅仅留下了自己的那一份饭钱便扬长而去，任凭马克斯·韦尔在那里目瞪口呆，气得七窍生烟。

保罗曾经在萨顿庄园里装有一部投币电话。这部电话装在一个公共场所的墙壁上。庄园里的各个部门，总共仅有几部普通电话并且还装上了锁，只有某些内部人员才有钥匙。

保罗这样解释电话上锁的原因："第一，萨顿庄园不是我私人的，而是属于保罗石油公司下面的一家子公司。因此，萨顿庄园实际上是属于保罗石油公司的股票持有人。第二，萨顿庄园买下来后不久，进进出出的人很多，有些是来拜访的商界人士，有些是来改装的工匠和工人，还有一些是送商品来的店员。第三，萨顿庄园里的电话费突然增高了许多。原因很简单，屋子里的所有电话都可以和外面联络，各种人都利用这种机会。他们利用萨顿庄园的电话，打给日内瓦或佐治亚的女朋友……他们闲聊的电话费用，自然是记在萨顿庄园的电话账单上。"

这就是富人们对待金钱的态度，在公司扩张的投资甚至在慈善事业中，他们绝不吝惜金钱的投入，但前提条件是这种钱必须花得有价值。而在生活中看重每一分钱的态度，反映了富人们严格的价值观念，当一个人真正把钱当成一回事时，金钱才愿意与你为伍。

为了获得独立，生活上量入为出是必不可少的条件。节俭既不需要超人的勇气，也不需要卓越的美德，而只需要一般的力量和普通人的克制能力。实际上，节俭只不过是秩序原则在事务管理中的运用，它意味着统筹安排、合乎规划、精打细算和避免浪费。

许多人不屑一顾地随手扔掉的零钱和其他一些不当回事的支出，往往是人生中的财富和独立人格的基础。节俭是年轻人最实用的励志课之一，年轻人节俭，是在责任心上向富人看齐，以持久的恒心为自己赢得尊重。

实际上，很多富人并不是一走上社会就取得如此业绩，很多大富豪就是从伙计当起，很多政治家就是从小职员当起，很多将军就是从小兵当起，很少有人一走上社会就真正“做大事，赚大钱”。所以，当你的条件只是“普通”，又没有良好的家庭背景时，那么“先做小事，先赚小钱”绝对没错。你绝不能拿“机遇”来赌，因为“机遇”是看不到、抓不到而又难以预测的。

“先做小事，先赚小钱”最大的好处是可以在低风险的情况之下积累工作经验，同时也可以借此了解自己的能力。当你做小事得心应手时，就可以做大一点的事。赚小钱既然没问题，那么赚大钱就不会太难。而且小钱赚久了，也可累积成“大钱”。

此外，“先做小事，先赚小钱”还可以培养二十几岁年轻人踏实的做事态度和金钱观念，这对日后“做大事，赚大钱”以及一生都有莫大的助益。

每个二十几岁的年轻人都千万不要以为自己是个“做大事，赚大钱”的人，而不屑去做小事、赚小钱。要知道，连小事也做不好，连小钱也不愿意赚或赚不来的人，别人是不会相信你能成大事、赚大钱的。

天上掉馅饼，你必须“站对地方”接

人们常说：“天上不会掉馅饼，如果哪天掉下馅饼，说不定就是一个陷阱。”总以为只有靠勤劳才能致富，只有拥有资本，才能够赚更多的钱。

很多年轻人经常抱怨自己虽然想创业，但苦于没有资本、没有经验，所以只好先找个工作养活自己。这样的想法常常会禁锢一个人的思想，让一个人只顾得工作赚钱，却忘了寻找赚钱的机会。

事实证明，“钱是能够从天上掉下来的”，只要你站对地方，让钱砸到你身上，并勇敢地接受，不要畏惧它是不是所谓的“陷阱”。

在美国有一个年轻人，经常来往于各大码头之间。有一次，他得到一个消息，日本的一船布，因为运输途中货仓进水，布染色了，各大服装厂都不肯接受这样的布，日本布商打算把这些染色的布倾倒在海里，但这样他们要交一大笔环境污染处理费用。小伙子立刻觉得机会来了，他不费吹灰之力就说服了布商，把所有染色的布免费送给他。既然能省下一笔费用，日本布商也很高兴。小伙子连夜找到了服装厂，让他们用这些布做了一批服装。本来大家以为这样的衣服一定会滞销，但小伙子把他们提供给了野战军队。这就是今天大家都见过的迷彩服。

可以说，这个年轻人没有花一分钱成本就赚了个“满堂红”。他的钱说是从天上掉下来的也不为过。细心观察就知道小伙子只不过是把合适的东西提供给了需要他们的人，所以他站在了对的地方，接到了天上掉的“馅饼”。很多人害怕这一船布会成为自己的陷阱，所以他们注定与成功无缘。

我有一个经商的朋友经常说：“只要跟对人，做对事，选对项目，站对位置，钱就会像从天上掉下来一样，砸到你的头上，不怕天上不掉钱，就怕把你砸晕了。”

我们一定要找到一个适合自己的领域，适合自己的市场，适合自己的机遇，给自己定好位，才能更快地获得成功。

排名全球500强企业第一的沃尔玛公司，他们的市场是从农村开始的。因为在农村投资一家超市需要的资本要小得多，而且超市在农村市场上还是空白，没有竞争对手。所以他们能一步步壮大，最终获得了成功。如果他们当初就从城市开始，也许就会淹没在城市日益壮大的零售队伍里。他们对自己有信心，站对了位置，于是获得了巨大的财富。

只有认准趋势，才能站对位置，只有站对位置，才能获得财富。这是每一个梦想成功的人必须懂得的。财富不会掉到那些站错位子的人身上，机遇也不会降临到做了错误准备的人身上。

怎样才能站对地方，接到财富呢？这就要求我们从多方面进行努力。

首先，眼光一定要精准，不要把“陷阱”当成了“馅饼”。这就要求我们对生活中的事要时刻留心，明白哪些是大势所趋，哪些只是一时风光，哪些东西看起来虽然有风险但一定会有收益，哪些东西虽然此时风光无限，但已是强弩之末，有可能在不久的将来要遭淘汰。只有我们运用自己的眼光和智慧看出大势所趋，才能站在未来赚钱的地方等待机会。

其次，我们要有足够的勇气，不要怕天上掉下来的是陷阱。只要好好经营，陷阱也可能变成机遇。某老板曾借给别人一笔钱买马，成立马术俱乐部。结果，那个人害怕风险临阵脱逃了，几百万元的资产一下子变成了几十匹马，老板只好关掉原来的生意，做起了马术俱乐部。后来马术受到上流社会的追捧，老板的生意立刻红火起来。勇气是一切的源泉，如果一直前怕狼后怕虎，即使天上掉下钱来，你也会因为怕砸痛了自己的头而错过财富。

再次，一定要有耐心。如果你找到了对的位置，就要有等待的耐心，天上会掉下钱来，但不是随时都会掉下来。你要耐心等待机遇的来临，随时做好迎接的准备。财富和机遇就像雨水，如果你不及时接住它，它就会白白流走。

二十多岁的年轻人，不要以为“钱不会从天上掉下来”，只是你必须“站对地方”接。现在就开始寻找属于你的正确位置吧，也许财富不久将会光临。

没有创新的灵感时，不妨先从模仿开始

二十几岁以后，怎样赚到自己人生的第一桶金？成功应从武装自己的头脑开始，但如果我们还没有足够的能力去创新，暂时还没有灵感，怎么

办？难道要等待灵感的到来吗？

灵感来自经验，“文章本天成，妙手偶得之”。只有成为个中妙手、高手，才能灵感不断。所以我们要做的不是等待灵感的到来，而是先从模仿开始。

很多年轻人不屑于模仿他人，总喜欢自己另辟蹊径。自己创新固然是好事，但如果你暂时还没有创新的灵感，不妨从模仿开始，要知道模仿并不丢人。

一家啤酒公司向各大策划公司诚征宣传海报，开价50万美元，结果很多策划公司铩羽而归，只有一幅作品勉强入眼。内容大致是：一只啤酒瓶的上半身，瓶内啤酒汹涌。在瓶颈处，握着一只手，拇指跷起，正欲顶起瓶盖。它的广告语是“忍不住的诱惑”，但是老总否决了，他觉得这种创意略显生硬。一位艺术系的学生知道了这件事以后，反复地琢磨这幅画，他觉得这个创意还不错，但不知为什么，总觉得有些生硬，缺少活力，到底是什么呢？这位学生不知不觉地模仿起这幅画来，当画到那个拇指的时候，他终于发现了问题，这根拇指待错了地方，他应该去瓶盖上方阻止啤酒喷涌而出，而不是帮助啤酒喷涌出来。于是他重新构图，一切不变，只是把顶起瓶盖的那个拇指，紧紧压在了瓶盖上，结果啤酒还是汩汩溢了出来。他把广告语改成“啤酒，精彩按捺不住”。这一次，老总欣喜地站了起来：“太棒了！这才是我想要的。”结果，学生也如愿以偿地拿到了50万美元的稿酬。

有时候，当创意的灵感还没有到来，我们不能消极地等待，而是要试着模仿他人，在模仿中发现它的不足，得到经验，这样也许创意的灵感很快就会到来。

很多从事创作的人都会有这样的感触，即在创作时灵感迟迟不至。对于这种情况，一般的人都会选择等待，转而做其他的事，比如看书，或许这时所有的灵感都会涌现。但有经验的人都会试着胡乱写写，画画，也许灵感就从某一段话、某一根线条里面冒出来了，这样的事是经常有的。财富法则也是一样，如果你还没有想到怎样用创新赚钱，不妨模仿成功人士的赚钱方法。要知道赚钱也是有规律可循的，你循着成功者的脚步，就能找到获取财富的规律。

创新是经验的结晶，只有不断地模仿他人，才能找到他们的不足，而他们的不足之处就是你要努力去突破的地方，在这些地方进行创新，你才能获得新突破。所以，模仿也是一种为成功做准备的方法，而且是行之有效的方法。

当你还没有明确的成功模式之前，自己发明出来的方法大多数效果都非常有限，你需要先模仿再创造。这是一般的做事步骤，只有掌握了成功的规律，才可能打破常规去创造。

有人说，一个真正富有创意的人，就是能从废墟中挖到金矿的人。如果用在这里，模仿就变成了废墟，创意则变成了金矿。可是，如果没有千百次的模仿，就不会出现废墟，你也无法确定金矿的方位，创新又从何说起呢？写毛笔字第一步要描红，画画第一步要临摹，这些都是在模仿。然而模仿得好，又有自己的小创意，就是成功。模仿得不好，反而“画虎不成反类犬”，不是他没有创意，而是创意太歪了。所以说，创意也是有章可循的，不是随随便便就可以做到的。

灵感不能凭空得到，看得多了，眼界广了，模仿得多了，经验丰富了，才可能有灵感，才可能有突破。这里所说的模仿就是一种准备工作，是在为自己的创新奠定基础。众所周知，“磨刀不误砍柴工”，为什么要反对模仿呢？

二十几岁的年轻人，还没有太多的生活经验，有很多思想不够现实，从这样的思想中提取出来的创新，就像是无根之草，即使一时能够抢得先机，如果不努力补足缺憾，也不能够长久。所以模仿不仅仅是创新的补充，还是我们在成功路上必经的一步。我们要努力从模仿成功人士的想法中找到成功的规律再试图求新求变，形成自己独特的风格。

在财富法则中，一个重要规则就是要从模仿成功模式开始自己的创富历程，用为他人打工的经验来武装自己的头脑，实现创新。所以，亲爱的朋友，如果你还不知道从哪里开始，就先从模仿开始吧！

利用大家的智慧，赚取无穷的财富

一个人终生努力能够赚到多少钱？假使你20岁开始赚钱，你的年薪是100万元，到你50岁退休为止，30年你一共能够赚到3000万元，这看上去似乎很多。但是，除去各项花销，其实你几乎所剩无几。

每个阶层有每个阶层的生活方式，如果你是个年薪百万元的精英，一套西装花去两万元对于你来说就是必须的，每年4套西装，就是8万元，这样30年下来，你仅仅用来买衣服的钱，就需要32万元。更何况是生活、娱乐、旅游、健康、物业费、燃油费、子女教育费，每一项都要有几倍于服装的开销。每年用去所挣工资的70%的费用，花费就不算太多了。到你退休时，你就还有收入的30%，就只能剩下900万元了。但你还有至少20年的寿命，需要花费更多的费用，这其中生活费也许会下降，但医疗费用会飞速上升，你的平均生活水平就会下降。这样，你只能用晚景凄凉来形容。这仅是建立在消费教育水平一直不会提高太多，你既不会失业，也没有遇到大的经济风暴的前提下。如果一旦遭遇了这些，生活可能更加悲惨。

这样分析看来，即使年薪百万元的人，生活都可能没有保障，更何况我们这些月薪几千元的“月光族”小白领。所以，一个人的能力是有限的，一个人穷尽一生所挣到的钱也是有限的。但如果你拥有一个100人的小公司，每个人每天自己赚100元给你赚10元，这样你每天就有1000元的固定收入，你每个月就能拿到3万元，每年就能拿到300万元。这样不费吹灰之力，你就能拥有300万元的年薪。

10年前有一个擦鞋匠，每天擦一双鞋挣一元，他每大能挣到30元。

他经常望着对面的大楼想，什么时候自己才能拥有自己的房子呢？在对面的大楼买一所最便宜的房子要用50万元，这就意味着自己不吃不喝50年才能拥有自己的房子。他常常望着对面的大楼发呆。当他终于赚到了第一个一万元的时候，他在对面的大楼里租了一所房子，开了一个擦鞋店，雇佣了10个人帮自己擦鞋，后来他的店不断扩大，他开了一个擦鞋公司。10年后，他买下了对面大楼里最贵的那所房子。

所以，只有把任何事都和别人为自己赚钱联系起来的人，才能赚到更多的钱。

一个总经理开员工大会时说，你们每个人每月能拿到2000多元的工资，但你们每个月有没有给公司创造这些价值？大家都低下了头，觉得钱拿得亏心。但是公司的老板为什么还是比员工赚的钱多？因为他有2000多名员工，每个人如果每个月都给他赚2000元，那他一年就能赚到5000万元。虽然每个员工给公司赚到的钱不如自己的工资多，但老板还是最赚钱的。

我们要创造财富，就要学会让别人帮我们赚钱，让钱帮我们赚钱。你拥有越多的人才，就会有越大的财富。相反，如果你只是依靠自己一个人的努力，就会入不敷出。

俗话说“众人拾柴火焰高”，就是这个道理。为什么我们每月只纳两元的税，国库里的钱永远还是比我们兜里的多呢？因为它拥有十几亿的人口。

做事情只凭借一个人的力量是微小的，离开与他人的合作，任何人，无论是伟人还是凡夫，都无法实现远大的抱负。如果我们想要取得成功，就一定要养成与人合作的习惯。只有每个螺丝钉都发挥自己的作用，才能让大机器运转起来。

所以我们要获得财富，也一定要让更多的人分享我们的财富。一个人如果不想让其他人分享你的财富，而要依靠别人给你钱，他就是在挣工资，在工作。但一个人给别人钱，同时让别人给他赚钱，他就是在创造财富。利用他人的才华和能力，你就拥有了无限才华。利用他人的时间，你就拥有了大量时间。利用他人的人脉，你就拥有了无限人际关系。只要拥有了无限的才华和时间，我们就拥有了巨大的价值。一个人每天肯为我们工作一小时，我们就多了几十年的时间，而时间是有巨大的价值的。

愿意让大家分享自己财富的人，会让更多的人愿意为你赚钱。每个人都拥护你，你才会拥有更多的好员工，每个人才会愿意为你赚更多的钱，你的财富才会实现价值最大化。任何事都是这个道理。

编写《春秋》运用了吕不韦门下上百人，书成能改一字者，奖励五百金。而编写薄薄的一本《史记》用了司马迁一个人的一生。编撰四库全书用了十几年时间，几百个拥有无限才华的人，参阅了上千本史料和各种书籍，它的内容无所不含，历史、礼记、音乐等。只是读完它就要花费一个人最宝贵的10年时间，更不要说写了。所有世界上最伟大的奇观，都是众人的结晶，非一个人穷尽所有力量能完成的。

二十几岁的年轻人一定要记住一点，无论他有多强大，一个人的力量都是有限的，我们要赚取无穷的财富，就要学会利用大家的智慧，这样才能建立更大的功业，获取更多的财富。

“宁愿赚100个人努力的1%，也不赚取个人努力的100%”，希望创业的年轻人一定要记牢这句话，让别人为自己的事业服务，才能拥有更多财富，这也是财富法则之一。

旁观者的姓名永远爬不到比赛者的计分板上

前几年，很多年轻人都喜欢玩“快乐农场”，觉得自己在虚拟中赚了很多钱，很有成就感。可据你所知有多少人是在虚拟中成为百万富翁的呢？

有很多人看着别人赚钱甚是羡慕，而抱怨自己没有做生意的头脑。有很多人每天都在网上虚拟炒股，在现实中却没有投资过一分钱。网上有很多模拟赚钱的游戏，比如“大富翁”、“快乐农场”、“虚拟炒股”等，有的其中含有赚钱的道理，有的甚至跟每天的股市行情是相同的。在虚拟中都会输掉不少钱的人，或许是没有头脑，如果你虚拟中赚了不少钱，可现实中仍然一文不名，就要反思自己是不是没有勇气了。因为旁观者的姓名永远爬不到比赛者的记分板上。

在1998年世界杯的看台上，很多人都记得那个很惹眼的观众——喋喋不休的贝利。他曾是倾倒亿万球迷的球王，他是绿茵场上所向披靡的英雄。但当他站在一个旁观者的位置上时，便不名一文了。只因为他是一个观众，他没有办法和那些哪怕最差劲的球员一较高下，所以他就不能成为英雄。

球场上的球员是由各个球队决定的，生活中我们是成为财富的创造者，是拥有者还是旁观者却是由我们自己决定的。只要我们勇于尝试，勇于参与赚钱，就有机会登上富翁排行榜，如果我们只是观望和虚拟，就永远没有机会与那些成功人士一较高下。

在虚拟世界中，可能每个人都有参与的勇气和资格。但在现实生活中，我们往往因为担心、恐惧、害怕失去，而只是旁观别人成为一个又一个的冠军。我们愿意为他们鼓掌，羡慕他们精彩的生活，却从来不敢奢想自己也能参与追逐。要知道对于财富和成功的追逐是没有入场限制的，只要你有足够聪明的头脑，有足够的勇气，你就可以参与，就可以与那些最成功的人一较高下。

成功是有路径的，如果我们今天不规划好未来想做到的事，不努力做今天应该做的事，只是旁观别人的成功，也许有一天我们就永远失去了参赛的资格。如果我们在二十几岁时还没站在人生的起跑线上，三十几岁时还没开始跑步，40岁时就会远远地落在了人后。当50岁时，很多你的同龄人都已经到达了终点，实现了全面的成功，你还要和那些比你小的人比赛吗？他们比你年轻，比你有力量，比你有精力，比你拥有更长的时间。那时，你就永远失去了参赛资格，早已败下阵来。

有两个薪水相差无几的小职员，他们都没有房子，只是大城市的寄居者。A每天看着那些搬进新房的人喋喋不休，而妻子提到买房时，他总是习惯地抱怨道："咱们连首付款都付不起，如果到银行贷款，咱们人生地不熟，又没有担保人。"结果总是借口一大堆，办法没一个，只能眼睁睁地看着别人搬进了新楼房，自己每天生闷气。B则相反，他发现自己每月的房租与新房每月的分期付款相差不多，就不再犹豫，找了一处合适的房产，然后向老板承诺每星期多上一天班，说服了他做自己的担保人，从银行贷到了款，不多久就高高兴兴地搬进了新房。

所以旁观者永远都不能获得相应的财富，只有积极想办法的参与者才能获得自己想要的。有句话说"临渊羡鱼，不如退而结网"。退而结网，就是在为自己的参赛资格主动想办法，就是在为自己能够参与捕鱼而做准备。人不可能一辈子做旁观者，想要获得财富，赢得漂亮的人生，就要早做准备，勇于参与。

今天我们二十几岁，但我们已经到了为成功做准备的时候了。我们要为即将来到的比赛准备些什么呢？智慧的头脑，这是我们已经准备了20年的；广泛的人脉，这是我们可以一边比赛一边获得的；足够的资本，这是我们正在准备的；参与的勇气，这是我们正在准备的。

今天，只有参与的勇气我们还完全没有准备好，现在就让我们每天为自己加油，鼓励自己。每天用我们希望达到的目标来激励自己，参与到与成功者比赛的赛场中来。别让自己因太长的准备工作，耽误了比赛，失去了资格，只能成为精彩人生的观众。

成功不是等待，不是旁观，只有行动才能决定一个人在商场上的价值。若想获得"财富"这个为成功者准备的奖品，就必须亲自参与比赛，获得胜利。

记住萤火虫的启迪，只有在振翅的时候才能发出光芒。只有行动才能带给你成功和财富。无论幻想多么美好，它不能自己实现。无论地图多么精准，它不能带你来到你要去的地方。无论多么羡慕别人的胜利，别人的果实都不属于你，若想摘到它，就要自己付出努力。

二十几岁的年轻人，记住这句名言："旁观者的姓名永远爬不到比赛者的记分板上。"不要做财富的旁观者，主动地抓住机遇的双手，为自己的人生搏一搏吧。

互助一年石成玉，合作二年土变金

很多年轻人不屑与人合作，觉得自己有能力、有智慧，成功是早晚的事，为什么要让别人分享自己的成功？

持有这样想法的人就是一个不够成熟的人。有些人善于思索，制定策略；有些人善于执行；有些人善于用人；有些人善于感染他人，平衡各方面的关系。每个人都有自己善于做的事，如果认为一个人就能成事，就是一种幼稚的想法。每个人的性格不一，决定了每个人应该扮演的角色不同。而每个人拥有的东西不同，决定了你必须跟不同的人合作。如果你有很好的想法策略，却没有运作资金，就要与风险投资合作；如果你才华横溢，却恃才傲物或者脾气倔强看不得别人脸色或者不善交际，就要和善于交际的人合作；如果你善于谋划，行动力却很差或者意志薄弱，就要和坚强乐观行动力强的人合作。

一个人只有清楚自己的优点和缺点，与不同的人合作，才能发挥更大的作用，实现更高的人生价值。所谓"互助一年石成玉，合作二年土变金"就是这个意思，我们要善于同他人合作，实现双赢。

合作的基础是大家有共同的目标，"道不同不相为谋"，如果没有相同的目标就会削弱彼此的战斗力，这样的合作就不是在追求共赢，而是在彼此消耗内力。只有心往一处想，劲儿往一处使才可能获得更大的成功。因此很多人在选择合伙人时都非常挑剔，不但要和自己有相同的目标和追求，更要有同样的魄力，对未来有一致的预期。这样两个人合作时，才能亲密无间。

有了共同的合作基础，还要有明确的权力划分，很多合并企业就是这样，两个总经理，不知道该听谁的，两个重复的部门主任，不知道要怎么合作，结果内斗严重，导致人心惶惶，在内耗中令企业的力量削弱了。这样的合作，如果不能调整各部门好关系，迟早会出现问题。

我们所说的合作，是有一定基础的，首先要有共同的目标；其次要各有优势，各管一块；最后要互帮互助，精诚合作，这样才能实现共赢。如果一起合作的人，都是技术狂人，没有一个善于交际，他们能取得的成就就是有局限的。如果合作的人都是自私自利的人，没有人为他人着想，只想着做好自己的事，不关心合伙人反馈的信息，那么，他们成功的可能性也会很小。所以，要实现“石成玉，土变金”的目标只有合作是不够的，还需要我们对合作有清醒的认识。我们可能在合作后受到哪方面的限制，享受到哪方面的利益，分别负责哪方面的事，有多大的权限，在哪方面我们可以像原来一样自由，在哪方面我们必须向谁请示等，都要达成共识，合作才能完美，无懈可击。如果出现貌合神离的状况，就会内耗严重，这时，就要着手解决，如果不能解决，就会拖累所有人。

成功者的美德是在成功的路上能够团结他人和自己合作，成功之后能够和团队成员共享劳动成果。

李嘉诚认为，一个人独享成果，是一种“吃独食”的心态，这样会引起其他人的反感，从而为下一次合作带来障碍。而要正确对待荣誉，需要学会3种态度，那就是感谢、分享、谦卑。这是保证长久合作成功的品质。

连续创办“携程”和“如家”两家成功企业的四人团队梁建章、沈南鹏、季琦、范敏，被称为当下中国“第一团队”，这个队伍里包括“技术神童”梁建章、投资银行家沈南鹏、“永不停息的创业者”季琦、国营旅游业的老手范敏。在这个组合里，他们的性格、爱好迥然不同，经历各异；他们创立的“携程”和“如家”虽然经历了多次高层人事变更，却从来没有发生过震荡，都在纳斯达克成功上市，并且一直保持着优异的业绩。更重要的是，他们都很有远见地选择了向前，追寻前面更大的成功，而不是迷恋于权力，这几点，从季琦身上可以看得最清楚，他一手创办了“携程”，他遵照董事会的决议让出“携程”CEO位置；之后他创办了“如家”，再次让出CEO位置。他们互相协助，互相尊重，最后达到了共赢，为中国企业树立了一个高效合作的榜样。

二十多岁的年轻人要以他们为榜样合作，互相尊重，互相协助，共同分享利益。而不是学习中国的某些权谋之术，那样只会改变合作的初衷，毁掉大家的情谊。不能分享成功的人，是不会有人愿意与他一起奋斗、共同合作的。

要实现合作的目的，达到共赢，就必须遵守合作的原则：共同的目标、清晰的权限、互助的精神。这样才能得到共同的财富。

年轻人一定要养成与他人合作的习惯，这样才能实现人生更大的价值。互助一年石成玉，合作二年土变金，善于合作让我们更卓越。

参考文献

[1] 苏芩. 20岁定好位，30岁有地位 [M]. 长沙：湖南文艺出版社，2010.

[2] 熊谷正寿. 你的时间有限，不要为别人而活 [M]. 北京：同心出版社，2014.

[3] 奥里森·斯威特·马登. 白手起家：从一无所有到富足人生 [M]. 北京：现代出版社，2015.

[4] 筱漾，白山. 女人30到40，你拿什么过10年 [M]. 广州：广东旅游出版社，2014.